U0190135

安徽省地质灾害防治手册 上册

安徽省自然资源厅
安徽省地质环境监测总站
◎编

中国科学技术大学出版社

内 容 简 介

本书主要介绍安徽省地质灾害防治的基本常识，在厘清地质灾害基本概念和分类的基础上，重点阐述灾前怎么防、临灾怎么办、遇灾怎么救、灾害怎么治、灾后怎么处置等常识性问题，旨在提高识灾、辨灾、防灾、避灾意识，提升自救、互救能力与水平。书中还阐述了安徽省地质灾害情况，捋清了安徽省地质灾害隐患的历史与现状，分析了地质灾害分布与发育特征，探讨了安徽省地理地质环境与地质灾害的关系，总结了全省及各市地质灾害的防治情况。

本书语言通俗易懂，资料详实准确，既是一本防灾手册，也是一本技术手册，更是一本科普读物。

图书在版编目(CIP)数据

安徽省地质灾害防治手册．上册/安徽省自然资源厅，安徽省地质环境监测总站编．—合肥：中国科学技术大学出版社，2024.3

ISBN 978-7-312-05819-6

Ⅰ．安…　Ⅱ．①安…②安…　Ⅲ．地质灾害—灾害防治—安徽—手册　Ⅳ．P694-62

中国国家版本馆CIP数据核字(2024)第031073号

安徽省地质灾害防治手册(上册)

ANHUI SHENG DIZHI ZAIHAI FANGZHI SHOUCE (SHANG CE)

出版　中国科学技术大学出版社
安徽省合肥市金寨路96号，230026
http://press.ustc.edu.cn
https://zgkxjsdxcbs.tmall.com

印刷　安徽联众印刷有限公司

发行　中国科学技术大学出版社

开本　787 mm×1092 mm　1/16

印张　16.5

字数　380千

版次　2024年3月第1版

印次　2024年3月第1次印刷

定价　168.00元

组织委员会

编　委　会

前　言

自然灾害始终伴随着人们的生活，人类也一直在与自然灾害进行斗争，防灾减灾、抗灾救灾是人类生存发展的永恒课题。自然灾害防治关系到国计民生，是对我们党执政能力的重大考验，党中央、国务院高度重视自然灾害防治工作，习近平总书记多次深入灾区考察，并就防灾减灾救灾工作作出系列重要指示批示。2016年7月28日，习近平总书记在视察河北纪念唐山地震40周年之际，提出了综合防灾减灾救灾工作“两个坚持、三个转变”的重要论述。2018年，习近平总书记在主持召开中央财经委员会第三次会议时，从实现“两个一百年”奋斗目标、实现中华民族伟大复兴中国梦的战略高度，深刻阐述了防治灾害的重要意义，明确提出了提高我国自然灾害防治能力的“九个坚持”原则以及针对关键领域和薄弱环节必须推动建设的“九大重点工程”。这“九个坚持”和“九大重点工程”深刻揭示了应对自然灾害“防”与“治”的辩证关系，充分体现了以习近平同志为核心的党中央以人民为中心的发展思想，是对习近平新时代中国特色社会主义思想的进一步丰富，是今后一个时期切实提升我国自然灾害防治能力的重要遵循。

国务院早在2003年、2011年就先后出台了《地质灾害防治条例》和《国务院关于加强地质灾害防治工作的决定》，极大地推动了全国地质灾害防治工作，逐步完善了地质灾害防治“四大体系”建设。原国土资源部于1999年启动了全国1∶100000地质灾害调查与区划工作，2003年同时启动全国16个省地质灾害气象预警工程，2010年启动了全国1∶50000地质灾害详细调查评价，先后实施了《全国地质灾害防治“十二五”规划》《全国地质灾害防治“十三五”规划》和《全国地面沉降防治规划(2011—2020年)》，为我国地质灾害防治奠定了坚实的基础，有力支撑了国家重大工程建设、城镇规划、脱贫攻坚和生态文明建设。自然资源部于2021年启动了全国地质灾害1∶50000风险调查和风险普查工作，精细识别风险区，推动地质灾害防控重点由“隐患点”单一防控向“隐患点+风险区”双控转变。2022年12月，自然资源部发布了《全国地质灾害防治“十四五”规划》，明确了当前和今后一个时期地质灾害防治目标与具体任务。

安徽省委、省政府对地质灾害防治工作也高度重视。2012年9月,安徽省人民政府以皖政〔2012〕84号下发了《关于加强地质灾害防治工作的意见》,明确要求构建与安徽省经济社会发展相适应的地质灾害调查评价、监测预警、防治和应急等地质灾害防治四大体系。2014年10月,安徽省人民政府又出台了《安徽省地质灾害易发区农村村民建房管理规定》,对丘陵山区地质灾害易发区申请建房程序、申请建房批准时限、建房质量标准和不予建设规划许可等作了明确规定。2020年,安徽省自然资源厅印发《安徽省地质灾害防治行动实施方案》,明确要求着力提升全省地质灾害风险防控能力。安徽省先后发布实施了《安徽省地质灾害防治"十二五"规划》《安徽省地质灾害防治"十三五"规划》《安徽省地质灾害防治"十四五"规划》,全省地质灾害防治取得了显著成效。

地方各级人民政府对地质灾害防治也非常重视,真正担负起了地质灾害防治第一责任人的重任。汛前组织隐患排查,寻找已出现变形迹象的隐患,编制全年地质灾害防治方案;汛期24小时值班,风雨无阻组织巡查,及时发现灾险情,及时组织排危除险;汛后组织开展核查,将新发生、新发现的隐患点纳入地质灾害数据库对其进行严格监管。各级政府积极组织地质灾害避险搬迁,稳步推进地质灾害工程治理。2012—2023年共实施搬迁避让7714户,工程治理493个,消除隐患2860处,极大地保障了人民群众生命财产安全。

安徽省地质灾害主要有崩塌、滑坡、泥石流、地面塌陷、地面沉降五种类型,其中崩塌、滑坡灾害约占95%,其他灾种约占5%。2008年底,全省1∶100000地质灾害调查与区划项目最早查清了地质灾害隐患家底为6480处;《安徽省地质境公报》统计2014—2023年全省新增地质灾害点7152处,核销地质灾害隐患点8745处;截至2023年汛后,全省尚有地质灾害隐患点3270处,隐患点数量已大幅减少,中型以上地质灾害隐患点已基本消除,且2016—2023年连续八年实现了地质灾害"零死亡"。但是,安徽省地质构造复杂,丘陵山地广布,地震威胁长期存在,极端气候愈加频发,人类工程活动不断加剧,地质灾害防治形势十分严峻;更因安徽省地质灾害多由切坡建房、切坡修路引发,全省30万～50万处切坡在梅雨、暴雨、台风影响下,发生地质灾害的可能性较大,地质灾害防治任务异常艰巨。

安徽省地质灾害防治始于20世纪90年代,已由群测群防阶段步入了群专结合阶段，目前正在部署全面智防。二十多年防灾减灾有成绩、有亮点，也有不足和缺陷。安徽省地质灾害防治取得了连续八年无人员伤亡的成绩，但仍面临诸多困难和问题：一是安徽省地质灾害隐蔽性强、突发性强、蠕变过程短、隐患早期识别难，每年80%新发生的灾害点均不在已查明的隐患点上，"隐患在哪里"始终是横挡在地质灾害防治人员面前的重大课题，亟待攻克。二是丘陵山区每个斜坡的地质结构均有差异，孕育地质灾害的地质环境条件各不相同，很多地质灾害隐患点的地质结构尚未查清，监测预警阈值尚难设定，山区尚存30万～50万处切坡，还有数百万处山体斜坡风险有待进一步管控。因此，"隐患在哪里""结构是什么"仍将是安徽省今后相当长的时期内地质灾害防治有待解决的基本问题，尤其是地质灾害隐患密集的集镇亟待部署1∶10000、1∶2000地质灾害精细化调查。三是最难解决的技术问题，即"地质灾害何时发生"的问题。安徽省3270处隐患点已全部安排群测群防员进行日常监测，其中1335处隐患点部署1306个雨量站、4366套普适型监测设备。目前，安徽省地质灾害的形成机理研究还有待深化，风险管控能力还有待提升，防灾责任还需层层压实；组织、资金、技术、宣传等保障措施还需进一步加强。

"多难兴邦，殷忧启圣。"为全面贯彻落实党的二十大精神，深入贯彻习近平总书记关于防灾减灾系列指示批示精神，提高全省地质灾害防治能力，安徽省自然资源厅部署了《安徽省地质灾害防治手册》（以下简称《手册》）的编写工作。要求坚持人民至上、生命至上，以提升调查评价与监测预警能力为抓手，以减轻地质灾害风险为主线，以保障人民生命财产安全为目的，聚焦"灾前怎么防""突发地质灾害怎么办""灾后怎么治"三大关键问题，旨在普及防灾减灾救灾知识，指导基层防灾人员做好地质灾害防治工作，推动全省地质灾害防治工作再上新台阶。

《手册》包含四个部分，主要阐述地质灾害如何防、如何救、如何治，重在从源头上避免或减轻地质灾害风险。《手册》收集整理了地质灾害防治相关文件，系统梳理了适宜我省地质灾害防治的规范条款，从管理和技术两个层面努力为防灾人员和社会公众提供参考。《手册》语言通俗易懂，资料详实准确，既是一本管理手册，也是一本技术手册，更是一本科普读物。书中提及的经验和做法，不仅为安徽省各类地质灾害防治提供了切实可行、经济高效的技术措施，还为防灾人员明晰职责、管控地质灾害提供了详细指导。希望《手册》能够吸引更多的地质工作者、更多的干部群众加入到地质灾害防治工作中来,提高识灾、辨灾、防灾、避灾意识,提升自救、互救能力与水平,不断增强安徽省地质灾害防治队伍的整体实力,以科技为引领,筑牢筑实地质灾害安全防线,推动地质灾害防治工作取得更大成效。

本书数据和图片主要来自网站公开数据、本文作者(编制单位)研究和创作成果、公开发表的论文及著作、项目报告等,未能逐一标注,在此一并表示感谢!

编　者

2024年1月

目　　录

第一篇　地质灾害防治常识

一、地质灾害基本概念

2003年国务院颁发的《地质灾害防治条例》规定,地质灾害是指由自然因素或者人为活动引发的,危害人民生命和财产安全的山体崩塌、滑坡(图1-1-1)、泥石流、地面塌陷、地裂缝、地面沉降等与地质作用有关的灾害。

地震、火山喷发虽然与地质作用有关(图1-1-2、图1-1-3),但不纳入地质灾害管理,由应急部门管理。矿山生产、建筑施工过程中产生的崩塌、滑坡、泥石流等灾害也不纳入地质灾害管理(图1-1-4至图1-1-6),纳入安全事故管理。采空区上无威胁对象的采空塌陷不纳入地质灾害管理,作为矿山地质环境问题管理。山洪灾害(图1-1-7)与泥石流灾害的区别:当洪水容重不超过1.3吨/立方米或洪水中的砂石土体积含量不超过25%时,不作为泥石流管理,而视为山洪灾害。此外,特殊岩土体、人工填土及不合理人工开挖、工程支护等引发的岩土体工程地质问题亦不纳入地质灾害管理。

2020年汛期,六安市霍山县落儿岭镇发生一处滑坡,竹林滑下、后墙穿洞,这类滑坡在安徽省极具代表性。

图1-1-1　六安市落儿岭竹林滑坡

2008年5月12日，四川汶川发生里氏8.0级特大地震，在这场新中国成立以来破坏性最强的大地震中，仅四川省就有68712人遇难，17912人失踪。因此，我国将每年的5月12日设为全国“防灾减灾日”。

图1-1-2　2008年5月12日汶川发生特大地震

北京时间2022年1月15日，太平洋岛国汤加的一座火山大喷发，喷涌的气体裹挟大量火山灰冲出洋面形成壮观的蘑菇云，喷发高度最高达到25千米以上，其规模之大，在卫星上都清晰可见。

图1-1-3　火山喷发

2015年12月20日,深圳市光明新区的红坳余泥渣土受纳场发生了特大滑坡事故,33栋建筑物被损毁、73人死亡、4人失踪,直接经济损失8.8亿多元。

图1-1-4 泥渣土滑坡

2008年9月8日,山西省襄汾县新塔矿业有限公司新塔矿区980平硐尾矿库发生特别重大溃坝泥石流事故,277人死亡、4人失踪、33人受伤,直接经济损失9619.2万元。

图1-1-5 尾矿库溃坝泥石流

图1-1-6 人工填土地基坍塌

图1-1-7 山洪灾害

（一）崩塌

崩塌又称崩落、垮塌或塌方，是指陡坡上的岩体或土体在重力作用下突然脱离母体发生以垂直运动为主的破坏，最终堆积在坡脚或沟谷的地质现象（图1-1-8）。

图1-1-8　崩塌

（二）滑坡

滑坡是指斜坡上的土体或岩体，受降雨、河流冲刷、地下水活动、地震及人工切坡等因素的影响，在重力的作用下，沿着一定的软弱面或软弱带，整体或分散地顺坡向下滑动的地质现象（图1-1-9）。

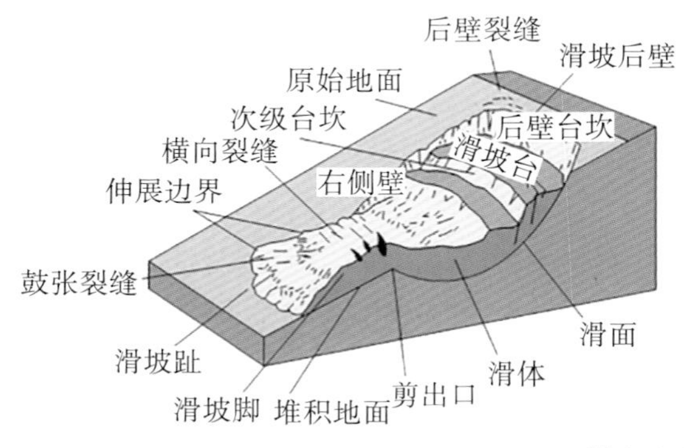

图1-1-9　滑坡

(三)泥石流

泥石流是指由于降水在沟谷或山坡上产生的一种挟带大量泥砂、石块和巨砾等固体物质的特殊洪流(图1-1-10)。泥石流具有突然性以及流速快、流量大、物质容量大、破坏力强等特点,常常会冲毁公路铁路等交通设施甚至村镇等,造成巨大损失。

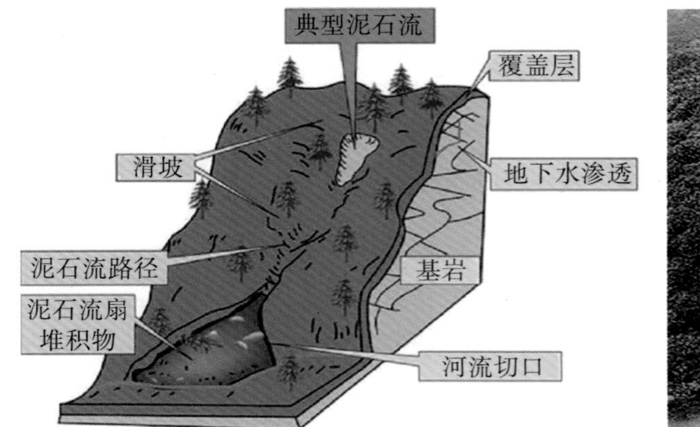

图1-1-10　泥石流

(四)地面塌陷

地面塌陷是指地下空洞上覆岩土体在自然或人为因素影响下发生失稳、塌落,在地面形成坑(洞)的现象(图1-1-11)。主要为岩溶地面塌陷和采空地面塌陷。

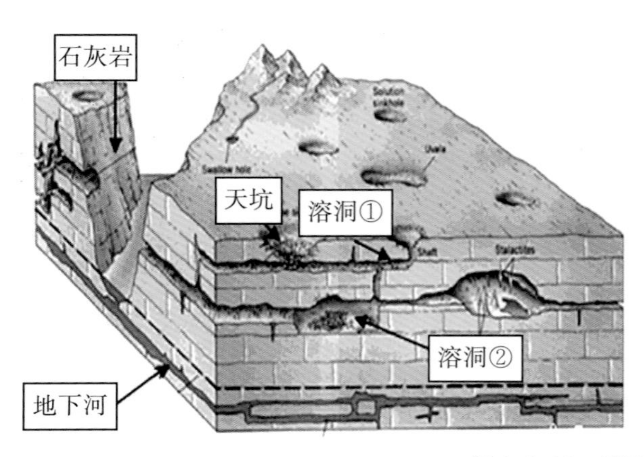

图1-1-11　地面塌陷

(五) 地面沉降

地面沉降指因自然因素或人为活动引发松散地层压缩所导致的地面高程降低的地质现象(图1-1-12)。

图1-1-12　地面沉降

(六) 地裂缝

地裂缝是一种在自然或人为因素(如抽取地下水等)作用下,地表开裂、差异错动,在地表形成的具有一定长度、宽度和深度的裂缝(图1-1-13)。如:断层活动(蠕滑或地震)或过量抽取地下水造成的区域性地面开裂。

图1-1-13　地裂缝

二、地质灾害分类分级

(一)地质灾害灾情等级

根据人员伤亡和经济损失的大小,地质灾害灾情分为特大型、大型、中型、小型四个等级(表1-2-1)。

表1-2-1 地质灾害灾情等级划分

灾情等级	特大型	大型	中型	小型
死亡人数n(人)	$n \geqslant 30$	$10 \leqslant n < 30$	$3 \leqslant n < 10$	$n < 3$
直接经济损失S(万元)	$S \geqslant 1000$	$500 \leqslant S < 1000$	$100 \leqslant S < 500$	$S < 100$

(二)地质灾害险情等级

根据直接威胁人数和潜在经济损失的大小,地质灾害险情分为特大型、大型、中型、小型四个等级(表1-2-2)。

表1-2-2 地质灾害险情等级划分

险情等级	特大型	大型	中型	小型
直接威胁人数n(人)	$n \geqslant 1000$	$500 \leqslant n < 1000$	$100 \leqslant n < 500$	$n < 100$
潜在经济损失S(万元)	$S \geqslant 10000$	$5000 \leqslant S < 10000$	$500 \leqslant S < 5000$	$S < 500$

(三)崩塌分类分级

基于物质组成,崩塌可分为土质崩塌和岩质崩塌;基于诱发因素,崩塌可分为自然动力性崩塌和人为动力性崩塌(表1-2-3)。

基于形成机理,崩塌可分为倾倒式崩塌、滑移式崩塌、鼓胀式崩塌、拉裂式崩塌和错断式崩塌(表1-2-4)。

表 1-2-3　基于物质组成、诱发因素的崩塌分类

分类因子	崩塌类型	特 征 描 述
物质组成	土质崩塌	发生在土体中的崩塌，也称为土崩
	岩质崩塌	发生在岩体中的崩塌，也称为岩崩
诱发因素	自然动力性崩塌	由降雨、冲蚀、风化剥蚀、地震等自然作用形成的崩塌
	人为动力性崩塌	由工程扰动、爆破、人工加载等人为作用形成的崩塌

表 1-2-4　基于形成机理崩塌的分类

类型	倾倒式崩塌	滑移式崩塌	鼓胀式崩塌	拉裂式崩塌	错断式崩塌
岩性	黄土、直立或陡倾坡内的岩层	多为软硬相间的岩层	黄土、黏土、坚硬岩层下伏软弱岩层	多见于软硬相间的岩层	坚硬岩层、黄土
结构面	多为垂直节理，陡倾坡内直立的层面	有倾向临空面的结构面	上部为垂直节理，下部为近水平结构面	多为风化裂隙和垂直拉张裂隙	垂直裂隙发育，通常无倾向临空的结构面
地貌	峡谷、直立岸坡、悬崖	陡坡通常大于55°	陡坡	上部突出的悬崖	大于45°的陡坡
受力状态	主要受倾覆力矩作用	滑移面主要受剪切力	下部软岩受垂直挤压	拉张	自重引起的剪切力
起始运动形式	倾倒	滑移、坠落	鼓胀伴有下沉、滑移、倾倒	拉裂、坠落	下错、坠落
示意图					

基于崩塌（含危岩体）的体积，崩塌规模可分为特大型、大型、中型和小型四个等级（表 1-2-5）。

表 1-2-5　崩塌（含危岩体）的规模等级划分

规模	特大型	大型	中型	小型
体积 V（$\times 10^4\ m^3$）	$V \geqslant 100$	$10 \leqslant V < 100$	$1 \leqslant V < 10$	$V < 1$

(四)滑坡分类分级

基于物质组成,滑坡可分为土质滑坡和岩质滑坡;基于成因类型,滑坡可分为工程滑坡和自然滑坡;基于受力形式,滑坡可分为推移式滑坡和牵引式滑坡;基于发生年代,滑坡可分为新近滑坡、老滑坡和古滑坡(表1-2-6)。

表1-2-6　基于物质组成、成因类型、受力形式和发生年代的滑坡分类

分类因子	滑坡分类	特　征　描　述
物质组成	土质滑坡	滑体物质主要由土体或松散堆积物组成的滑坡
	岩质滑坡	滑坡前滑坡主要由各种完整岩体组成的滑坡,岩体中有节理裂隙切割
成因类型	工程滑坡	由人类工程活动引发的滑坡
	自然滑坡	由自然作用而产生的滑坡
受力形式	推移式滑坡	滑坡的滑动面前缓后陡,其滑动力主要来自坡体的中后部,前部具有抗滑作用,来自坡体中后部的滑动面推动坡体下滑,在后缘先出现拉裂、下错变形,并逐渐挤压前部产生隆起、开裂变形等
	牵引式滑坡	坡体前部因临空条件较好,或受其他外在因素(如人工开挖,库水位升降等)影响,先出现滑动变形,使中后部坡体失去支撑而变形滑动,由此产生逐级后退变形,也称为渐进后退式滑坡
发生年代	新近滑坡	现今发生或正在发生滑移变形的滑坡
	老滑坡	全新世以来发生滑动,现今整体稳定的滑坡
	古滑坡	全新世以前发生滑动,现今整体稳定的滑坡

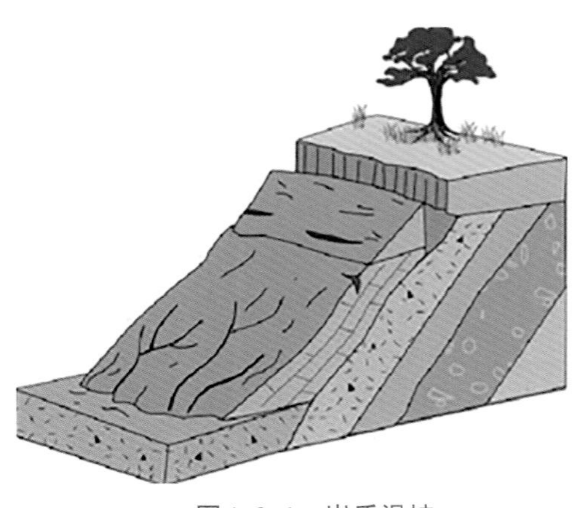

图1-2-1　岩质滑坡

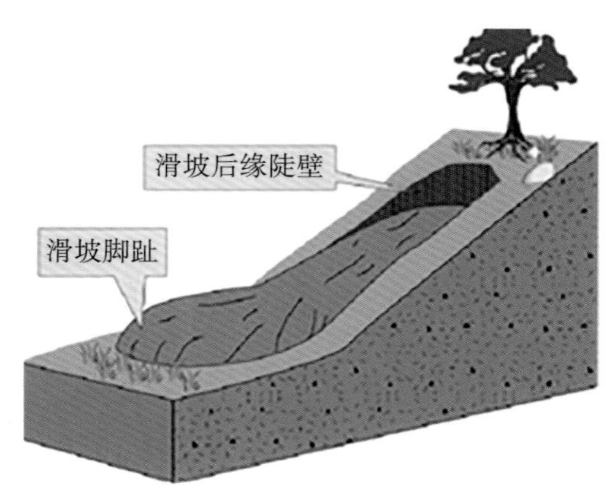

图1-2-2　土质滑坡

基于颗粒大小和物质成分，滑坡可分为堆积层滑坡、残坡积层滑坡、人工堆积层滑坡、黄土滑坡、黏性土滑坡、软土滑坡、膨胀土滑坡和其他细粒土滑坡（表1-2-7）。

表1-2-7　基于颗粒大小和物质成分的土质滑坡分类

滑坡类型	物质成分分类	特征描述
粗粒土滑坡	堆积层滑坡	滑体由各种成因的块碎石堆积体（如滑坡、崩塌、泥石流、冰水等）构成，沿基覆界面或堆积体内部剪切面滑动
	残坡积层滑坡	滑体由基岩风化壳、残坡积土等构成，沿基覆界面或残坡积层内部剪切面滑动
	人工堆积层滑坡	滑体由人工开挖堆填土、弃渣等构成，沿基覆界面或堆积层内部剪切面滑动
细粒土滑坡	黄土滑坡	发生在不同时期的黄土层中的滑坡，滑体主要由黄土构成，在黄土体内或沿基覆面滑动
	黏性土滑坡	发生在黏性土层中的滑坡
	软土滑坡	滑坡土体以淤泥、泥炭、淤泥质土等抗剪强度极低的土为主，塑流变形较大
	膨胀土滑坡	滑坡土体富含蒙脱石等易膨胀矿物，内摩擦角很小，干湿效应明显
	其他细粒土滑坡	发生于其他类型的细粒土（砂性土、淤泥土等）中的滑坡

基于运动形式，滑坡可分为超高速滑坡、高速滑坡、快速滑坡、中速滑坡、慢速滑坡、缓慢滑坡、极慢速滑坡（表1-2-8）。

表1-2-8　按照运动速度对滑坡分类

滑坡类型	速度限值	破坏力描述
超高速滑坡	＞5 m/s	灾害破坏力巨大，地表建筑完全毁灭，滑体的冲击或崩解造成巨大人员伤亡
高速滑坡	5 m/s～3 m/min	灾害破坏力大，因速度快而无法转移所有人员造成部分伤亡
快速滑坡	3m/min～1.8 m/h	有时间进行逃生和疏散；房屋、财产和设备被滑体破坏
中速滑坡	1.8 m/h～13 m/month	距离坡脚一定距离的固定建筑能够幸免，位于滑体上部的建筑破坏极其严重
慢速滑坡	13 m/month～1.6 m/a	如果滑动时间较短并且滑坡边缘的运动分布于广泛的区域，则经过多次的大型维修措施，道路与固定建筑可以得到保留
缓慢滑坡	1.6 m/a～0.016 m/a	一些永久建筑未产生破坏，即使因滑动产生破裂也是可修复的
极慢速滑坡	＜0.016 m/a	事先采取了防护措施的建筑不会产生破坏

基于滑坡体体积大小,滑坡规模可分为巨型、特大型、大型、中型、小型五个等级(表1-2-9)。

表1-2-9　滑坡规模等级划分

规模等级	巨型	特大型	大型	中型	小型
滑坡体体积 V($\times 10^4$ m^3)	$V \geqslant 10000$	$1000 \leqslant V < 10000$	$100 \leqslant V < 1000$	$10 \leqslant V < 100$	$V < 10$

(五)泥石流分类分级

基于物质组成,泥石流可分为泥流型、泥石型、水石(砂)型(表1-2-10)。

表1-2-10　基于物质组成的泥石流分类

类型	物质组成	流体属性	残留表现	泥石流启动坡度	分布地域
泥流型	以粉砂、黏粒为主,粒度均匀,98%的颗粒粒径小于2.0 mm	为非牛顿流体,有黏性,黏度大于0.15 Pa·s	表面有浓泥浆残留	较缓	多集中发生于黄土及火山灰地区
泥石型	可含黏、粉、砂、砾、卵、漂各级粒度,很不均匀	多为非牛顿流体,少部分为牛顿流体。有黏性的,也有无黏性的	表面有泥浆残留	陡(坡比>10%)	广见于各类地质体及堆积体中
水石(砂)型	粉砂、黏粒含量极少,多为粒径大于2.0 mm的各级粒度,粒度很不均匀(水砂流较均匀)	为牛顿流体,无黏性	表面较干净,无泥浆残留	较陡(坡比>5%)	多见于火成岩及碳酸盐岩地区

基于积水区地貌特征,泥石流可分为沟谷型泥石流和坡面型泥石流(表1-2-11)。沟谷型泥石流一般形成于沟谷之中,沟谷的长度可达几千米甚至十几千米,具有明确的形成区、流通区和堆积区(图1-2-3);坡面型泥石流一般规模较小,主要发育在没有形成明显沟谷而且陡峻的山坡上;山坡上具有能够汇聚水流的凹形坡面,且具有一定厚度的松散土石。坡面型泥石流规模一般较小(图1-2-4)。

表1-2-11　基于积水区地貌的泥石流分类

类型	特　征　描　述
坡面型泥石流	① 无恒定地域与明显沟槽,只有活动周界。轮廓呈保龄球形。 ② 一般发育于30°以上的斜坡,下伏基岩或不透水层顶部埋深浅,物源以坡残积层为主,活动规模小,物源启动方式主要为浅表层坍滑。西北地区的洪积台地、冰水台地边缘,也常常发生坡面泥石流。 ③ 发生时空不易识别,单体成灾规模及损失范围小。若多处同时发生汇入沟谷也可转化为大规模泥石流。 ④ 坡面土体失稳,主要是地下水渗流和后续强降雨诱发。暴雨过程中的狂风可能造成林木、灌木拔起和倾倒,使坡面局部破坏。 ⑤ 在同一斜坡面上可以多处发生,呈梳齿状排列。
沟谷型泥石流	① 以流域为周界,受一定的沟谷制约。泥石流的形成、堆积和流通区较明显。轮廓呈哑铃形。 ② 以沟槽为中心,物源区松散堆积体分布在沟槽两岸及河床上,崩塌滑坡、沟蚀作用强烈,活动规模大。 ③ 发生时空有一定规律性,可识别,成灾规模及损失范围大。 ④ 主要是暴雨对松散物源的冲蚀作用和汇流水体的冲蚀作用。 ⑤ 地质构造对泥石流分布控制作用明显,同一地区多呈带状或片状分布。

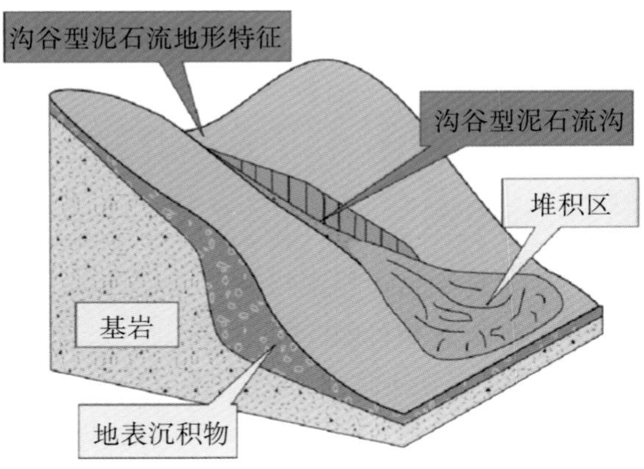

图1-2-3　沟谷型泥石流

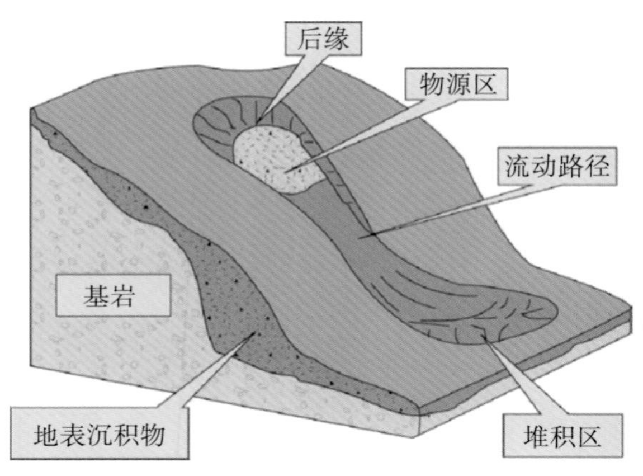

图1-2-4　坡面型泥石流

基于液体性质,泥石流可分为黏性泥石流和稀性泥石流(表1-2-12)。

表1-2-12　基于流体性质的泥石流分类

特征	黏性泥石流	稀性泥石流
容重(t/m^3)	1.6～2.3	1.3～1.6
固体物质含量(kg/m^3)	960～2000	300～1300
粘度(Pa·s)	≥0.3	<0.3
物质组成	以黏土、粉土为主,以及部分砾石、块石等,有相应的土及易风化的松软岩层供给	以碎块石、砂为主,含少量黏性土,有相应的土及不易风化的坚硬岩层供给
沉积物特征	呈舌状,起伏不平,保持流动结构特征,剖面中一次沉积物的层次不明显,间有"泥球",但各次沉积物之间层次分明,洪水后不易干枯	呈垄岗状或扇状,洪水后即可通行,干后层次不明显,呈层状,具有分选性
流态特征	层流状,固液两相物质呈整体运动,无垂直交换,浆体浓稠,承浮和悬托力大,石块呈悬移交换状,有时滚动,流体阵性明显,直进性强,转向性弱,弯道爬高明显,沿程渗漏不明显	紊流状,固液两相做不等速运动,有垂直交换,石块流速慢于浆体,呈滚动或跃移状,泥浆体混浊,阵性不明显,但有股流和散流现象,水与浆体沿程易渗漏

根据泥石流一次堆积总方量和泥石流洪流峰量,泥石流的规模可分为特大型、大型、中型、小型四个等级(表1-2-13)。

表1-2-13　泥石流的暴发规模等级划分

规模	特大型	大型	中型	小型
泥石流一次性堆积总方量V($\times10^4\ m^3$)	$V\geq50$	$10\leq V<50$	$1\leq V<10$	$V<1$
泥石流洪峰流量Q(m^3/s)	$Q\geq200$	$100\leq Q<200$	$50\leq Q<100$	$Q<50$

注:"泥石流一次堆积总方量"和"泥石流洪峰流量"任一界限值只要达到上一等级的下限即定为上一等级类型。

(六)地面塌陷分类分级

基于主导因素,地面塌陷可分为岩溶地面塌陷、采空地面塌陷和其他地面塌陷(表1-2-14)。

表1-2-14　基于主导因素的地面塌陷分类

类型	分　类　描　述
岩溶地面塌陷	岩溶地区由于隐伏下部岩溶洞穴扩大而致顶板岩体塌陷或上覆岩土层的洞顶板在自然或人为因素作用下失去平衡产生下沉或塌陷而引发的地面塌陷
采空地面塌陷	地下采掘活动形成的采空区,其上方岩土体失去支撑,引发的地面塌陷
其他地面塌陷	由于自然作用(如水流入渗、水位涨落、重力作用、地震作用等)引起的地面塌陷;由于大量抽取地下水与气体资源引起的抽汲型地面塌陷

根据塌陷坑直径和影响范围,地面塌陷规模可分为巨型、大型、中型和小型四个等级(表1-2-15)。

表1-2-15　地面塌陷规模等级划分

规模等级	巨型	大型	中型	小型
塌陷坑直径D(m)	$D\geq50$	$30\leq D<50$	$10\leq D<30$	$D<10$
影响范围S(km^2)	$S\geq20$	$10\leq S<20$	$1\leq S<10$	$S<1$

(七)地面沉降分类分级

基于主导因素,地面沉降可分为土体固结(压密)型地面沉降和非土体固结(压密)型地面沉降(表1-2-16)。

表1-2-16　基于主导因素的地面沉降分类

类型	分类描述
土体固结（压密）型地面沉降	由于欠固结土层压密固结而引起的地面下沉，如土体自然固结作用形成的地面沉降；由于大量抽取地下液体与气体资源引起的抽汲型地面沉降；由于重大建筑及蓄水工程使地基土发生压密下沉引起的荷载型地面沉降；由大型机械、机动车辆及爆破等引起的地面振动导致土体压密变形而引起动力扰动型地面沉降等
非土体固结（压密）型地面沉降	由于自然作用形成的地面沉降，如构造活动型地面沉降、海面上升型地面沉降、地震型地面沉降、火山型地面沉降、冻融蒸发型地面沉降等；由于采掘地下矿藏形成的大范围采空区以及地下工程开发引起的地面沉降等

根据沉降面积和累计沉降量，地面沉降规模可分为巨型、大型、中型和小型四个等级（表1-2-17）。

表1-2-17　地面沉降规模等级划分

规模类型	巨型	大型	中型	小型
沉降面积S（km^2）	$S \geqslant 500$	$100 \leqslant S < 500$	$10 \leqslant S < 100$	$S < 10$
累计沉降量h（m）	$h \geqslant 1.0$	$0.5 \leqslant h < 1.0$	$0.1 \leqslant h < 0.5$	$h < 0.1$

注：“沉降面积”和“累计沉降量”任一个界限值只要达到上一等级的下限即定为上一等级类型。

（八）地裂缝分类分级

基于主导因素，地裂缝可分为构造性地裂缝和非构造性地裂缝（表1-2-18）。

表1-2-18　基于主导因素的地裂缝分类

类型	主导因素	分类描述
非构造型地裂缝	以人类活动作用为主	由于过量开采地下油气资源及水资源引起地面沉降过程中的岩土体开裂而形成的不均匀沉降地裂缝；地下工程开发与采掘活动形成的地裂缝，如采空区塌陷地裂缝；由于地面建筑静荷载等附加作用以及动荷载附加作用致使地基土发生变形集中形成地面负重下沉地裂缝；由于人类爆破和机械振动引起岩土体开裂形成的地裂缝等
非构造型地裂缝	以自然外营力作用为主	特殊土变形形成的地裂缝，如膨胀土因胀缩作用形成的地裂缝、黄土因湿陷作用形成的地裂缝、冻土因冻融作用形成的地裂缝、盐丘因盐胀作用形成的地裂缝、干旱地裂缝等；自然外营力作用下，地表发生塌陷与陷落或者崩塌与滑坡产生的地裂缝等
构造型地裂缝	以自然内营力作用为主	由地震活动作用产生的地裂缝；由断层运动作用引起的速滑地裂缝和蠕滑地裂缝等

根据累计长度和影响范围，地裂缝规模分为巨型、大型、中型和小型四个等级（表1-2-19）。

表1-2-19　地裂缝的规模等级划分

规模类型	巨型	大型	中型	小型
累计长度L(m)	$L \geqslant 10000$	$1000 \leqslant L < 10000$	$100 \leqslant L < 1000$	$L < 100$
影响范围S(km^2)	$S \geqslant 10$	$5 \leqslant S < 10$	$1 \leqslant S < 5$	$S < 1$

注："累计长度"和"影响范围"任一个界限值只要达到上一等级的下限即定为上一等级类型。

三、地质灾害基本术语

地质灾害调查：通过资料收集、遥感解译、地形测绘、地面调查、物探、钻探、山地工程、实验试验等手段，查明地质灾害类型、空间分布、发育特征、危害特征，评价其稳定性、发展趋势、威胁范围、危险区范围，分析研究其形成条件、成因机理、成灾模式，为地质灾害防治提供地质依据。

地质灾害风险调查：重点开展孕灾地质条件调查，开展易发性、危险性、易损性和风险性评价，提出隐患点和风险区双控措施与建议，为国土空间规划和地质灾害防治提供依据。

地质灾害应急调查：是针对突发性地质灾害或险情而采取的快速获取地质灾害体及危害特征信息的地质灾害调查，是进行应急灾情评估，提出应急处置措施的前提。

地质灾害遥感调查：以遥感数据和地面控制数据为信息源，获取地质灾害及其发育环境要素信息，确定滑坡、崩塌、泥石流等地质灾害的类型、规模及空间分布特征，分析地质灾害形成和发育的地质环境背景条件，编写地质灾害类型、规模、分布遥感解译图件等各项工作的总称。

地质灾害勘查：是用专业技术方法调查分析地质灾害状况和形成发展条件的各项工作的总称。主要调查了解灾区地质灾害分布情况、形成条件、活动历史与变化特点，灾区社会经济条件、受灾人口和受灾财产数量、分布及抗灾能力；地质灾害防治途径、措施及其可行性。地质灾害勘查的目的是为评价与防治地质灾害提供基础依据。

地质灾害群测群防：群众性预测预防地质灾害工作的统称。主要通过宣传培训，使当地群众增强减灾意识，掌握防治知识，并依靠当地政府组织，在地质灾害易发区开展以当地民众为主体的监测、预报、预防工作。

地质灾害群专结合：现阶段主要指地质灾害群专结合型监测，即群测群防与专业监测、普适型监测相结合,捕捉地质灾害前兆信息,及时预报预警,为受威胁群众逃生提供宝贵时间。

地质灾害监测:指运用各种技术和方法监视地质灾害活动以及各种诱发因素动态变化的工作。包括专业技术监测和简易监测。

地质灾害简易监测:借助普通的测量工具、仪器装置和简易的量测方法,对灾害体、房屋或构筑物裂缝位移变化进行观察和量测,达到监控地质灾害活动的目的。常用的简易监测方法有埋桩法、埋钉法、上漆法和贴片法等。

地质灾害预警:指在地质灾害发生之前,根据地质灾害发展演化的规律或监测和观察得到的前兆信息,当地政府向公众发出预警信号,报告危险情况,以便采取相应的应对措施,从而最大程度地减轻地质灾害造成的损失的行为。

地质灾害监测预警:基于遥感技术、地理信息系统和全球定位系统及地质灾害监测技术,以一定范围的滑坡、泥石流、崩塌等地质灾害体为监测对象,对其在时空域的变形破坏信息和灾变诱发因素信息实施动态监测,通过对变形因素、相关因素及诱因因素信息的相关分析处理,对灾害体的稳定状态和变化趋势作判断,以及分析灾害可能出现的时间、规模、危害范围,制订临灾紧急避让行动方案等相关工作。

地质灾害气象风险预警:指在一定地质环境和人为活动背景条件下,根据气象变化趋势,预测某一区域、地段或地点在某个时间段内发生地质灾害的风险大小,由县级以上人民政府自然资源主管部门会同气象主管机构向群众发出预警信号的行为。

地质灾害应急:为应对突发性地质灾害而采取的灾前应急准备、临灾应急防范措施和灾后应急救援等应急反应能力,同时,也泛指立即采取超出正常工作程序的行动。

突发地质灾害应急预案:指针对发生和可能发生的突发地质灾害,事先研究制定的应对计划和方案。一般包括国家区域的突发性地质灾害应急预案,以及单体地质灾害应急预案。

地质灾害应急响应:指各级应急组织根据突发地质灾害灾(险)情实际情况,为避免灾害的进一步发生、降低灾害影响所进行的一系列决策、组织指挥和应急处置行动。

地质灾害应急演练:指各级人民政府及其部门、企事业单位、社会团体等组织相关单位及人员,依据有关应急预案,可以应对突发地质灾害应急处置过程的活动。

地质灾害应急值守:指为有效应对和处置突发地质灾害,确保政令畅通和信息及时报告,在重要时段、重点区域安排专人负责值班守护的工作,是地质灾害应急工作的关键环节。

地质灾害信息管理系统:支持多源异构地质灾害信息数据,包括基础地质、水文地质、工程地质、灾害地质等空间数据及属性数据的采集、存储、管理、处理、提取、传输、交叉访问与分析应用的专题信息系统。

地质灾害避险搬迁:是指对居民正常生活安全有严重威胁且短期内有治理困难的地质灾害区域,对当地危险区域内房屋进行重新选址的搬迁工作,其主要目的是避免地质灾害损毁居民正在使用的居住建筑,减少居民财产损失,避免人员伤亡。

地质灾害排危除险:对险情紧迫、治理措施相对简单的地质灾害隐患点,采取投入少、工期短、见效快的工程治理措施。

地质灾害工程治理:是指对山体崩塌、滑坡、泥石流、地面塌陷、地裂缝、地面沉降等地质灾害或者地质灾害隐患,采取专项地质工程措施,控制或者减轻地质灾害的工程活动。

地质环境条件:专指与地质灾害形成和发展有关的所有地质要素和相关圈层要素的综合。具体包括气象、水文、地形地貌、地层岩性、地质构造、水文地质、岩土类型及其工程性质以及人类活动。

工程地质条件:与工程建设有关的所有地质要素(或条件)的综合,具体包括地形地貌、岩土类型及其工程性质、地质构造、水文地质、工程动力地质作用和天然建筑材料等。

水文地质条件:与地下水的埋藏、分布、补给、径流、排泄以及水质、水量有关的所有地质要素(或条件)的综合。

四、灾前怎么防

(一)早期识别

地质灾害隐患遥感早期识别主要采用光学遥感技术、合成孔径雷达干涉(InSAR)技术、激光雷达(LiDAR)技术、无人机航空摄影测量技术等手段,结合"形态""形变""形势"对边坡进行综合判断,识别地质灾害隐患。

1. 光学遥感识别

利用优于1 m空间分辨率的卫星遥感影像,对地表形变区域或地灾易发区的地形地貌、地质构造、山体裂隙、人类工程活动等信息进行提取,可与InSAR结果相互印证,增加灾害识别准确性(图1-4-1)。

2. InSAR技术识别

InSAR技术具有全天时、全天候、获取大面积地面高精度形变信息的能力。利用时序InSAR分析技术,可以获得mm/a级的地表形变速率,分析形变趋势,圈定重点关注区(图1-4-2)。

图1-4-1　光学遥感识别岳西县五河镇思河村良上组滑坡

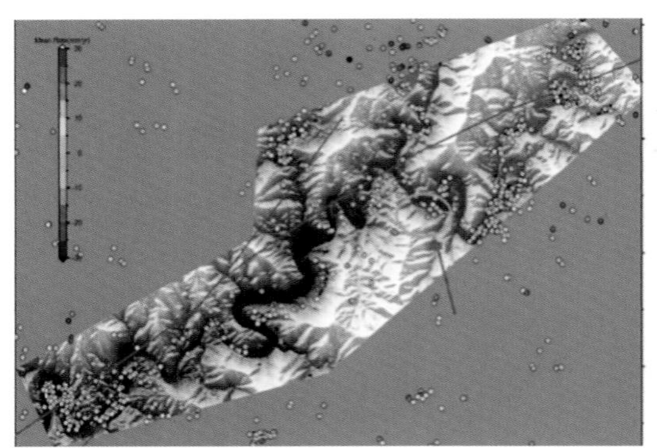

图1-4-2　InSAR测量形变速率

3. LiDAR技术识别

针对山区山高林密、气候条件复杂,传统地质灾害调查无法有效全面精准识别地质灾害时,可采用机载LiDAR。机载LiDAR技术在地质灾害隐患识别方面具有一定优势,可有效提高植被茂密区域地质灾害隐患识别率。通过机载LiDAR点云数据获取、数据处理、构建三维解译标志,在三维实景模型上进行地质灾害遥感解译,可为地质灾害隐患调查、风险调查等提供技术支撑(图1-4-3)。

4. 无人机航测识别

对于有地表形变或存在山体裂隙,局部发育垮塌的边坡,可利用无人机航空摄影测量获取目标区的超精细影像和高分辨率三维地形数据,详细分析目标区的微地貌和裂隙发育情况,辅助适当的地面调查,识别地质灾害隐患(图1-4-4)。

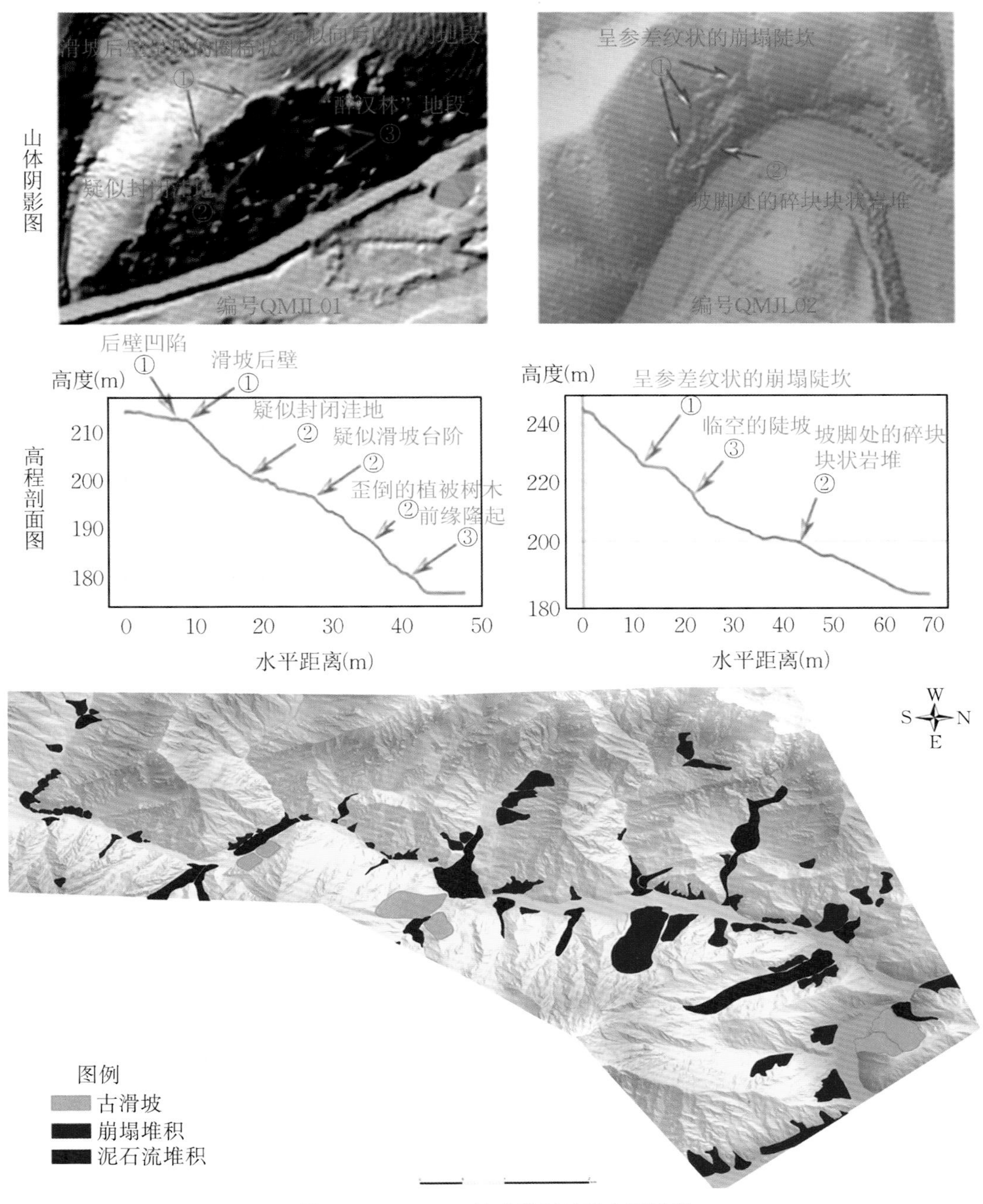

图1-4-3　LiDAR技术识别地质灾害隐患

图1-4-4　霍山县磨子潭镇砂子岭滑坡无人机三维实景模型

(二)现场辨识

1. 崩塌

崩塌灾害(俗称“垮山”),是高陡斜坡(含人工切坡)上的岩土体完全脱离母体后,向下倾倒、翻滚、跳动、坠落,大小不等,凌乱无序的岩块(土块)呈锥状堆积在坡脚,称崩积物或倒石堆(图1-4-5至图1-4-9)。

倾倒式崩塌:在河流峡谷区、黄土冲沟地段或岩溶区等陡坡上,岩体以垂直节理或裂隙与稳定的母岩分开。通常坡脚遭受掏蚀,在重力作用下或有较大水平力作用时,岩体因重心外移倾倒产生突然崩塌。

① 在重力作用下,长期冲刷掏蚀直立岩体的坡脚,由于偏压失去重心,使直立岩体倾斜,最终导致崩塌;

② 当附加特殊的水平力(地震力、静水压力、动水压力以及冻胀力等)时,岩体可倾倒破坏;

③ 当坡脚由软岩层组成时,雨水软化坡脚产生偏压,引起崩塌;

④ 直立岩体在长期重力作用下,产生弯折也能导致这种崩塌。

图1-4-5　倾倒式崩塌野外识别

图1-4-6　滑移式崩塌野外识别

鼓胀式崩塌:陡坡上不稳定岩体之下存在较厚的软弱岩层,上部岩体重力产生的压应力超过软岩天然状态的抗压强度后软岩即被挤出,发生向外鼓胀。随着鼓胀的不断发展,不稳定岩体不断下沉和外移,同时发生倾斜,一旦重心移出坡外即产生崩塌。

图1-4-7　鼓胀式崩塌野外识别

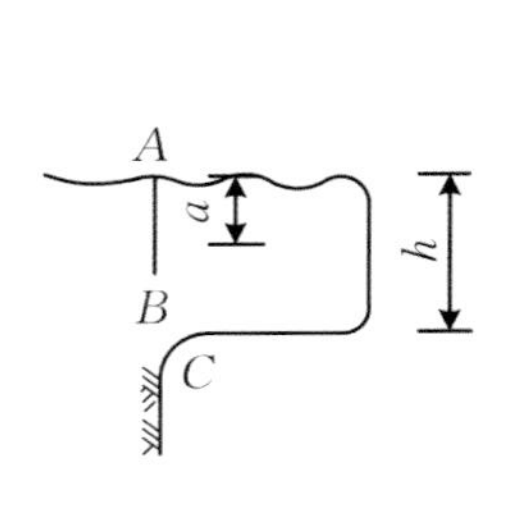

拉裂式崩塌:陡坡由软硬相间的岩层组成时,由于风化作用或河流的冲刷掏蚀作用,上部坚硬岩层在坡面上常常突悬出来。突出的岩体通常发育有构造节理或风化节理,在长期重力作用下,分离面逐渐扩展。一旦拉应力超过连接处岩石的抗拉强度,拉张裂缝就会迅速向下发展,最终导致突出的岩体突然崩落。

图1-4-8　拉裂式崩塌野外识别

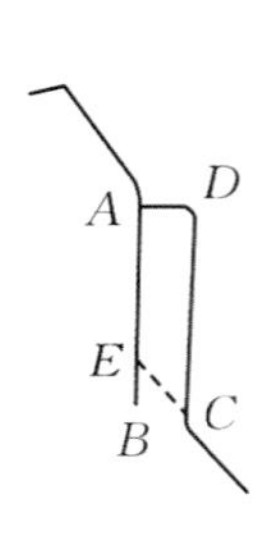

错断式崩塌:长柱或板状不稳定岩体的下部被剪断,从而发生错断崩塌。

悬于坡缘的帽沿状危岩,后缘剪切面的扩展,剪切应力大于危岩与母岩连接处的抗剪强度时,则发生错断崩塌。

锥状或柱状岩体多面临空,下伏软基抗剪强度小于危岩体自重产生的剪应力或软基中存在的顺坡外倾裂隙与坡面贯通时,发生错断-滑移-崩塌。

图1-4-9　错断式崩塌野外识别

崩塌灾害的野外识别可从裂、陡、空、落四个方面判断。

“裂”是指岩土体裂隙发育,存在多组结构面,如节理、片理、劈理、层面、破碎带、断层面等,尤其是发育外倾、顺层、顺向结构面;“陡”是指地形地貌为陡坡或凹形坡,坡度多在55°以上;“空”指发育有临空面,高差多在数米、数十米以上;“落”就是指危岩体崩落,堆于坡前或山脚呈“倒石堆”,由于崩塌产生的气浪作用,细小颗粒的运动距离更远一些,因而在水平方向上有一定的分带性。崩塌地质灾害隐患最大特征就是在陡坡之上发现有危岩体,下有临空面,且威胁住户和人员。

崩塌体为土质者,称为土崩;崩塌体为岩质者,称为岩崩,大规模的岩崩,称为山崩;崩塌体与坡体的分离界面称为崩塌面。

2. 滑坡

滑坡灾害俗称“走山”，是斜坡上的岩土体受河流冲刷、地下水活动、地震及人工切坡等因素的影响，在重力的作用下，沿着一定的软弱面或软弱带，整体或分散地顺坡向下滑动的现象，滑坡的形成有一定的过程。

滑坡的野外识别可从裂、蠕、滑、停四个方面判断。

第一阶段是“裂”，首先在山坡的上部出现弧形或密集的小裂缝，并沿一定的方向延展（俗称后缘裂缝），然后是两侧裂缝逐渐贯通，前缘出现鼓胀开裂，或喷水、冒砂等现象；第二阶段是“蠕”，即滑坡体渐渐向坡下蠕动，是岩土层被剪断的过程，这个过程有时很短，有时很长，可历时数年、数十年，甚至上百年；第三阶段是“滑”，指滑坡体沿滑床快速向下滑动，速度最快可达到每秒20～30 m；第四阶段是“停”，滑坡体一旦到了平地，坡度变缓，能量耗尽，滑动变慢，最后停止（图1-4-10）。

图1-4-10　滑坡形成的四个阶段

滑坡的识别要素有如下几点（图1-4-11）：

地形地貌特征：滑坡形态特征地貌不协调或反常等，阶地、夷平面高程对比明显，剪出口岩层破碎、反翘等。斜坡上常呈现圈椅状或马蹄状地貌，或斜坡上出现异常台坎、裂缝、鼻状凸丘、斜坡坡脚侵占河床等。

地质构造特征：滑体上多产生小型褶曲和断裂，斜坡上常有岩、土松散现象或小型坍塌；含有软弱夹层的顺向坡，当坡角大于岩层倾角，而岩层倾角又大于10°时，容易发生滑坡；岩层倾角在20°～30°时，滑坡较多；倾角大于30°时一般都会发生滑坡。

水文地质特征：潜水位不规则，无一定流向；斜坡坡脚常有成排的泉水溢出，泉、井的水量、水质有突变等异常现象;滑体表面出现积水洼地或有湿地现象。

植物特征:坡体植被歪斜,醉汉林表明坡体近期产生了滑动;马刀树的分布则是山坡暂趋稳定的古老滑坡存在的特征。

建筑物特征:建筑物歪斜、变形,地面及墙体开裂等。

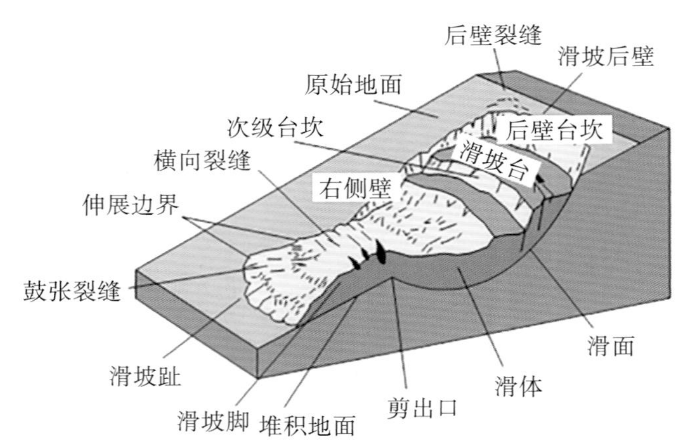

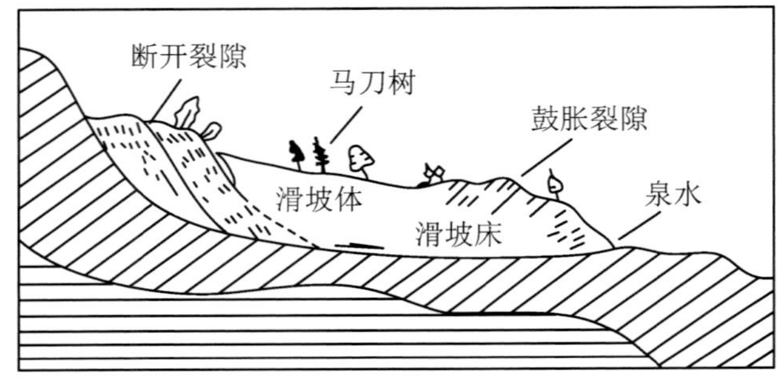

图1-4-11 滑坡要素识别

图1-4-12 泥石流沟

3. 泥石流

泥石流是山区沟谷中或坡面上,因暴雨、冰雪融水等水源激发的,含有大量的泥砂、石块的特殊洪流。其特征是往往突然暴发,浑浊的流体沿着陡峻的山沟前推后拥,奔腾咆哮而下,地面为之震动、山谷犹如雷鸣。在很短时间内将大量泥砂、石块冲出沟外,在宽阔的堆积区横冲直撞、漫流堆积,常常给人类生命财产造成重大危害。

进入山区,应查看山沟,如果沟内泥砂石块较多,且杂乱无序堆积,含有杂草树木,可判断为泥石流沟(图1-4-12)。如果沟内干净,沟口泥砂石块近大远小堆积，说明没有发生过泥石流，只是山洪；坡面泥石流容易识别，凹坡汇水地形，有泥砂堆积，雨间雨后发生滑动，状似“猫爪脸”。

4. 地面塌陷和地裂缝

地面塌陷、地裂缝根据其形态即可识别。地面塌陷多发生在山前或平原，洞口多近圆形，坑壁多陡直，深度可达数米或数10米。下伏石灰岩溶洞发育，覆盖洞上的松散层厚度多小于30米，周边地下水开采强烈或矿山疏干排水强烈，形成一定范围的漏斗区。采空塌陷位于采空区之上，岩溶塌陷位于溶洞之上。城区地面塌陷，多位于输送水管道之上。部分地区工程施工揭露了流砂层，也会引起地面塌陷。

5. 地面沉降

地面沉降主要与地下水过量开采有关，多表现为井管周边地面下沉、井管相对“抬升”建筑物地基与地面形成“空隙”、建筑物向同一方向歪斜、独立建筑物不断下沉。主要分布在平原区，主要由地下水超采引发。淮北平原多发生在地下水位降深超过20米的区域，地面变形迹象不明显，局部出现井管“抬升”假象，主要是井管底部地层相对较硬，压缩变形量小于浅部，地面下沉所致（图1-4-13、图1-4-14）。

地面沉降最著名的标志是墨西哥独立战争100周年天使纪念碑沉降。墨西哥总统1910年为墨西哥独立战争100周年天使纪念碑剪彩时，纪念碑基座仅有9层台阶，但因地面严重沉降，基座加了14个台阶，这14个台阶的高度也就是这片区域地面沉降的深度。

图1-4-13　墨西哥天使纪念碑

（三）调查评价

调查评价是发现隐患，查明其分布特征、发育特征、危害特征、稳定情况、风险大小的重要手段，分为区域地质灾害调查和场地地质灾害调查。

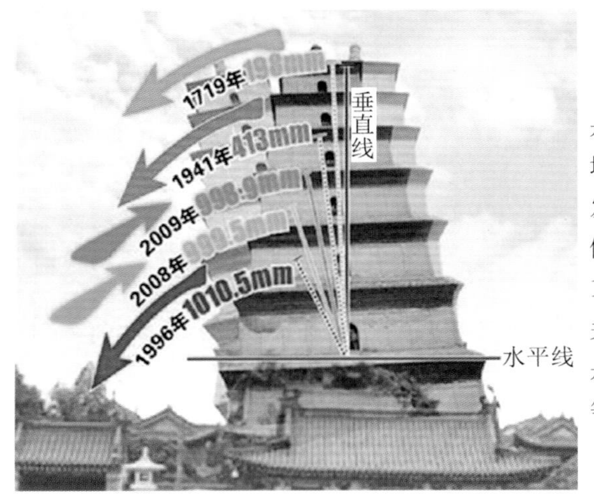

我国地面沉降比较有名的标志是西安大雁塔倾斜。古城西安大雁塔已有1300多年历史,1719年就被发现切斜,至1985年已向西北方向倾斜998毫米,至1996年倾斜达到1010.5毫米,平均每年倾斜1毫米,有关研究表明,古塔倾斜的主要原因就是周边挖掘防空洞、过量开采地下水等导致的地面沉降。

图1-4-14　西安大雁塔

1. 区域地质灾害调查

以行政区为单元,开展不同精度的地质灾害调查,主要是调查地质灾害形成的区域地形地貌条件和地质环境,特别是新构造运动以来的地球表层动力作用(图1-4-15)。

图1-4-15　区域地质调查

(1) 调查的目的任务

开展地质灾害与孕灾地质条件、承灾体调查,判识地质灾害隐患;总结调查区地质灾害分布规律、发育特征,分析地质灾害成灾模式。开展地质灾害易发性评价(安徽省早期1∶100000调查只开展此项评价)、危险性评价(安徽省1∶50000详细调查开展了易发性评价和危险性评价)、风险评价(安徽省1∶50000风险调查开展了易发性、危险性、易损性、风险性评价),编制地质灾害风险调查评价相关图件、建立地质灾害调查空间数据库,提出地质灾害防治与管控对策及建议,为防灾减灾管理、国土空间规划和用途管制等提供基础依据。

(2) 执行的技术标准

1:100000地质灾害调查按照《县(市)地质灾害调查与区划基本要求》实施细则执行。

1:50000地质灾害详细调查评价按照《滑坡崩塌泥石流灾害调查规范(1:50000)》(DZ/T 0261—2014)执行。

1:50000地质灾害风险调查按照《地质灾害风险调查评价规范(1:50000)》执行。

(3) 调查的工作手段

地质调查工作均采用七大手段:资料收集、遥感调查、地面调查、物探、钻探、山地工程、实验试验。

(4) 调查工作量要求

地质调查工作的工作量投入主要依据其精度要求,多按照每百平方米或每千平方米确定调查点数、剖面长度、物探米数、钻探米数、山地工程方量、采样测试点数等。

1:100000地质灾害调查区划没有工作量要求,只要求对不稳定斜坡与地质灾害点逐点开展调查。1:50000详细调查和风险调查每千平方千米调查区基本工作量如表1-4-1所示,1:50000万风险调查每百平方千米基本工作量如表1-4-2所示。

表1-4-1　1:50000详细调查每千平方千米调查区基本工作量表

工作内容	单位	工作量	
		一般调查区	重点调查区
1:50000遥感调查	km^2	1000	1000
1:10000遥感调查	km^2		50~100
1:50000地质灾害测量(正测)	km^2		1000
1:50000地质灾害测量(简测或草测)	km^2	1000	
1:10000地质灾害测量	km^2	0~10	10~30
观测点	点	100~1000	1000~5000
实测剖面	条/km	2~10	10~20
物探	m	0~500	0~2000
钻探	m	0~200	0~1000
浅井	m	0~50	0~100

表1-4-2　1:50000风险调查每百平方千米基本工作量表

工作内容		实测剖面(km)	钻探(m)	岩土样(组)
工作量	一般调查区	不少于2	不少于30	不少于5
	重点调查	不少于5	不少于100	不少于10

(5) 调查的质量要求

各手段各方法执行其相关规范,单项工程独立自验;各调查单位严格按照质量体系管理要求执行三级质量管理(项目组、分管科室、单位总工办);管理部门开展设计评审、项目中期检查、野外工作验收、成果报告验收、资料归档等工作。

(6) 调查的成果要求

主要包括四个方面:一是调查成果,包括地质灾害类型、灾害点数、隐患点数、孕灾点数;二是区划成果,如易发性分区、危险性分区、易损性分区、风险区划、防治区划;三是管控建议,如哪些户要搬迁、多少人要移民、哪些规划要调整、哪些工程要停建、哪些隐患点要避让、哪些隐患点要治理、哪些隐患点要安装监测设备、哪些隐患点要加强巡查;四是规范建设调查数据库。

2. 场地地质灾害调查

以建设工程场地为调查范围,现阶段主要针对地质灾害危险性评估开展场地地质灾害调查。

(1) 调查的目的任务

主要是对拟建设项目遭受地质灾害的可能性和该工程建设中、建成后引发地质灾害的可能性作出评价,提出具体的预防治理措施。主要包括以下内容:阐明工程建设区和规划区的地质环境条件基本特征;分析论证工程建设区和规划区各种地质灾害的危险性,进行现状评估、预测评估和综合评估;提出防治地质灾害措施与建议,并做出建设场地适宜性评价结论。

(2) 执行的技术标准

《地质灾害危险性评估技术要求(GB/T 40112—2021)》。

(3) 调查的工作手段

资料收集、地面调查,必要时采用遥感、物探、钻探、山地工程、实验试验手段。

(4) 调查工作量要求

只对资料收集和地面调查作了要求,其他手段没作要求。

一级评估应有充足的基础资料,须对评估区内分布的各类地质灾害体的危险性和危害程度逐一进行调查。

二级评估应有足够的基础资料,须对评估区内分布的各类地质灾害的危险性和危害程度逐一进行初步调查。

三级评估应有必要的基础资料,须对评估区内分布的各类地质灾害的危险性和危害程度逐一进行概略调查。

(5) 调查的质量要求

如果工作中采用了遥感、物探、钻探等手段，各手段各方法执行相关规范要求即可，调查单位也应严格执行其质量体系管理要求和三级质量管理(项目组、分管科室、单位总工办)要求；管理部门只进行备案。

(6) 调查的成果要求

评估工作没有独立的调查成果要求；如果是地质灾害专项调查，提交调查报告即可。

(四) 群测群防

群测群防是群众性预测预防的总称，地质灾害群测群防是指地质灾害易发区的县、乡两级人民政府和村(居)民委员会组织辖区内企事业单位和广大人民群众，在自然资源主管部门和相关专业技术单位的指导下，通过开展宣传培训、建立防灾制度等手段，增强防灾减灾意识，掌握简易监测技术，对已有地质灾害隐患点和切坡建房点开展巡查、监测，快速捕捉灾害体变形信息和地质灾害前兆信息，实现对地质灾害及时发现、快速预警、有效避让的主动减灾措施(图1-4-16)。

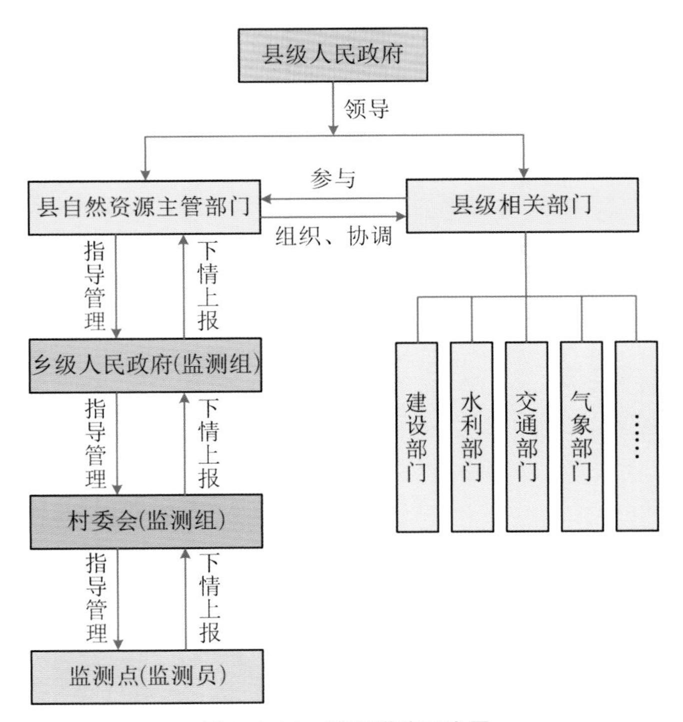

图1-4-16　群测群防网络图

群测群防在我国以及安徽省地质灾害防治中已取得巨大成效，安徽省“十三五”以来的

61起地质灾害成功避险案例均是群测群防功劳。在我国历史上,群测群防还有过成功预报大地震的奇迹,在世界上也是第一次,即1975年2月4日19时36分发生在辽宁海城的大地震。因群测群防网点收集到了大量的地震前兆信息,如蛇、鼠、鸡、青蛙等动物异常及水异常等,并及时汇总汇报,原辽宁省地震办公室和国家地震局做出大地震即将发生的判断,随即发出预警预报,100多万人及时撤离,两个半小时后发生7.3级强烈地震,此次地震造成6市10县毁房508万平方米,农村民房毁坏86.7万间,此次预警挽救了无数人的生命。

由于安徽省地质灾害数量多、分布广,受财力限制,难以对所有地质灾害全部进行重点防范,目前只能对那些威胁严重的地质灾害进行专业防治,对一般性地质灾害以群测群防为主。目前,我省已在多处已安装普适性监测设备,地质灾害防治已经由群测群防向群专结合型转变。

1. 警示标牌安装

地质灾害隐患点认定后须设立警示标牌,隐患点名称须写明县、乡镇、村、组名称。若一个组有多个隐患点,可按从小到大顺序用数字进行编号或使用门牌号进行编号,不可出现户主姓名;若只威胁一户,可用门牌号进行编号,不可出现户主姓名。

地质灾害隐患点警示标牌应采用不锈钢或铝合金制作,形状为长方形,横长150 cm,竖高100 cm,附着式或双立柱支撑。标牌内容分为三个部分。上部:"安徽省地质灾害隐患点警示牌"字样;中部左侧:逃生路线图(采用正射全景影像图标绘),图的左下角为图例,右下角为标准二维码;中部右侧:基本情况表,从上至下依次为隐患点名称、行政区位置、地理坐标、规模性质、威胁情况、预警信号、临时安置点、避险方式、逃生方式、网格责任人和联系电话、网格管理员和联系电话、网格协管员和联系电话、网格专管员和联系电话、网格监测员和联系电话、禁止破坏标语。

2. 两卡一表发放

两卡一表,即崩塌、滑坡、泥石流等地质灾害防灾工作明白卡(以下简称"工作明白卡"),崩塌、滑坡、泥石流等地质灾害防灾避险明白卡(以下简称"避险明白卡")以及地质灾害隐患点防灾预案表(以下简称"预案表")(表1-4-3至表1-4-5)。"工作明白卡"由乡级人民政府发放给防灾责任人,告知责任人该灾害点的基本情况、监测手段、监测方法及主要迹象,及时作出临灾预报的判断,组织人员按预定信号、疏散线路,向预定避灾地点迅速转移,为应急避险赢取宝贵时间。"避险明白卡"由隐患点所在村负责发放,通过填制避险明白卡摸清受威胁对象的房屋类型、人数、家庭成员情况,告知灾害类型、规模、灾害体与本住户的位置关系及注意事项,同时告知预警信号、撤离路线、安置地点、预警信号发布人、监测人及联系电话等防范内容,提高受威胁人员的自我防范能力。"预案表"由隐患点所在乡(镇)自然资源所会同所在村编制,并报乡(镇)人民政府批准公布实施,及时对各户进行粘贴上墙工作。

表1-4-3　崩塌、滑坡、泥石流等地质灾害防灾工作明白卡

<table>
<tr><td rowspan="4">灾害
基本
情况</td><td>灾害位置</td><td colspan="7"></td></tr>
<tr><td>类型及其规模</td><td colspan="7"></td></tr>
<tr><td>诱发因素</td><td colspan="7"></td></tr>
<tr><td>威胁对象</td><td colspan="7"></td></tr>
<tr><td rowspan="3">监测
预报</td><td>监测负责人</td><td colspan="2"></td><td colspan="3">联系电话</td><td colspan="2"></td></tr>
<tr><td>监测的
主要迹象</td><td colspan="2"></td><td colspan="3">监测的主要手段
和方法</td><td colspan="2"></td></tr>
<tr><td>临灾预报的
判断</td><td colspan="7"></td></tr>
<tr><td rowspan="5">应急
避险
撤离</td><td>预定避灾
地点</td><td></td><td colspan="2">预定疏散
路线</td><td colspan="2"></td><td>预定报警
信号</td><td></td></tr>
<tr><td>疏散命令
发布人</td><td colspan="2"></td><td colspan="2">值班
电话</td><td colspan="3"></td></tr>
<tr><td>抢、排险单位、
负责人</td><td colspan="2"></td><td colspan="2">值班
电话</td><td colspan="3"></td></tr>
<tr><td>治安保卫单位、
负责人</td><td colspan="2"></td><td colspan="2">值班
电话</td><td colspan="3"></td></tr>
<tr><td>医疗救护单位、
负责人</td><td colspan="2"></td><td colspan="2">值班
电话</td><td colspan="3"></td></tr>
</table>

本卡发放单位：（盖章）　　　　　　　　持卡单位或个人：

联系电话：　　　　　　　　　　　　　　联系电话：

日　　期：　　　　　　　　　　　　　　日　　期：

表1-4-4　崩塌、滑坡、泥石流等地质灾害防灾避险明白卡

<table>
<tr><td>户主姓名</td><td colspan="2"></td><td colspan="2">家庭人数</td><td colspan="3"></td><td colspan="2">房屋类别</td><td colspan="2"></td><td colspan="5">灾害基本情况</td></tr>
<tr><td>家庭住址</td><td colspan="11"></td><td>灾害类型</td><td></td><td>灾害规模</td><td colspan="2"></td></tr>
<tr><td rowspan="6">家庭成员情况</td><td>姓名</td><td colspan="2">性别</td><td colspan="2">年龄</td><td colspan="3">姓名</td><td colspan="2">性别</td><td>年龄</td><td rowspan="2">灾害体与本住户的位置关系</td><td colspan="4" rowspan="2"></td></tr>
<tr><td></td><td colspan="2"></td><td colspan="2"></td><td colspan="3"></td><td colspan="2"></td><td></td></tr>
<tr><td></td><td colspan="2"></td><td colspan="2"></td><td colspan="3"></td><td colspan="2"></td><td></td><td rowspan="2">灾害诱发因素</td><td colspan="4" rowspan="2"></td></tr>
<tr><td></td><td colspan="2"></td><td colspan="2"></td><td colspan="3"></td><td colspan="2"></td><td></td></tr>
<tr><td></td><td colspan="2"></td><td colspan="2"></td><td colspan="3"></td><td colspan="2"></td><td></td><td rowspan="2">本住户注意事项</td><td colspan="4" rowspan="2"></td></tr>
<tr><td></td><td colspan="2"></td><td colspan="2"></td><td colspan="3"></td><td colspan="2"></td><td></td></tr>
<tr><td rowspan="5">监测与预警</td><td colspan="2">监测人</td><td colspan="4"></td><td colspan="3">联系电话</td><td colspan="2"></td><td rowspan="5">撤离与安置</td><td>撤离路线</td><td colspan="3"></td></tr>
<tr><td colspan="2" rowspan="2">预警信号</td><td colspan="9" rowspan="2"></td><td rowspan="2">安置单位地点</td><td rowspan="2"></td><td>负责人</td><td></td></tr>
<tr><td>联系电话</td><td></td></tr>
<tr><td colspan="2" rowspan="2">预警信号发布人</td><td colspan="4" rowspan="2"></td><td colspan="3" rowspan="2">联系电话</td><td colspan="2" rowspan="2"></td><td rowspan="2">救护单位</td><td rowspan="2"></td><td>负责人</td><td></td></tr>
<tr><td>联系电话</td><td></td></tr>
</table>

本卡发放单位:(盖章)　　负责人:　　联系电话:　　户主签名:　　联系电话:　　日期:

表1-4-5　地质灾害隐患点防灾预案表

<table>
<tr><td>名称</td><td colspan="3"></td><td rowspan="5">地理位置</td><td colspan="2">××市××县××乡(镇)××村××组</td></tr>
<tr><td rowspan="2">野外编号</td><td rowspan="2" colspan="3"></td><td rowspan="4">坐标</td><td>X：</td></tr>
<tr><td>Y：</td></tr>
<tr><td rowspan="2">统一编号</td><td rowspan="2" colspan="3"></td><td>经度：</td></tr>
<tr><td>纬度：</td></tr>
</table>

<table>
<tr><td>隐患点类型</td><td colspan="2"></td><td colspan="2">规模等级</td><td colspan="3"></td></tr>
<tr><td>威胁人口(人)</td><td></td><td>威胁财产(万元)</td><td></td><td>险情等级</td><td></td><td>曾经发生灾害时间</td><td></td></tr>
<tr><td>地质环境条件</td><td colspan="7"></td></tr>
<tr><td>变形特征及活动历史</td><td colspan="7"></td></tr>
<tr><td>稳定性分析</td><td colspan="7"></td></tr>
<tr><td>引发因素</td><td colspan="7"></td></tr>
<tr><td>潜在危害</td><td colspan="7"></td></tr>
<tr><td>临灾状态预测</td><td></td><td>监测方法</td><td></td><td>监测周期</td><td colspan="3"></td></tr>
<tr><td>监测责任人</td><td></td><td>电话</td><td></td><td>群测群防人员</td><td></td><td>电话</td><td></td></tr>
<tr><td>报警方法</td><td></td><td>报警信号</td><td></td><td>报警人</td><td></td><td>电话</td><td></td></tr>
<tr><td>预定避灾地点</td><td colspan="2"></td><td colspan="2">人员撤离路线</td><td colspan="3"></td></tr>
<tr><td>防治建议</td><td colspan="7"></td></tr>
</table>

3. 群众监测（群测）

群众监测主要是对滑坡、崩塌、泥石流开展日常巡查和简易测量。

（1）滑坡群测

日常巡查是滑坡群测的主要方法，应经常性地对滑坡体及其上建筑物的宏观变形迹象进行巡查（图1-4-17）；在汛期、台风、暴雨或连续降雨时，还应加密巡查；要对滑坡前缘、中部、后缘进行全方位巡查，捕捉滑坡前兆信息。巡查内容主要包括：滑坡前缘是否有浑水流出；泥土是否出现鼓包；地面或其上墙体是否出现裂缝或变形；滑坡体上树木发生是否发生新的歪斜或倾倒；滑坡体上是否出现局部坍塌；滑坡后缘原有裂隙张口是否加大，是否出现新的裂缝；滑坡后缘是否形成陡坎；滑坡体上是否出现滑动台阶；池塘或水田的水是否突然干枯，井泉水位水量是否有异常；已建挡墙是否出现臌胀甚至被推倒；动物是否出现惊恐、逃窜等异常行为。

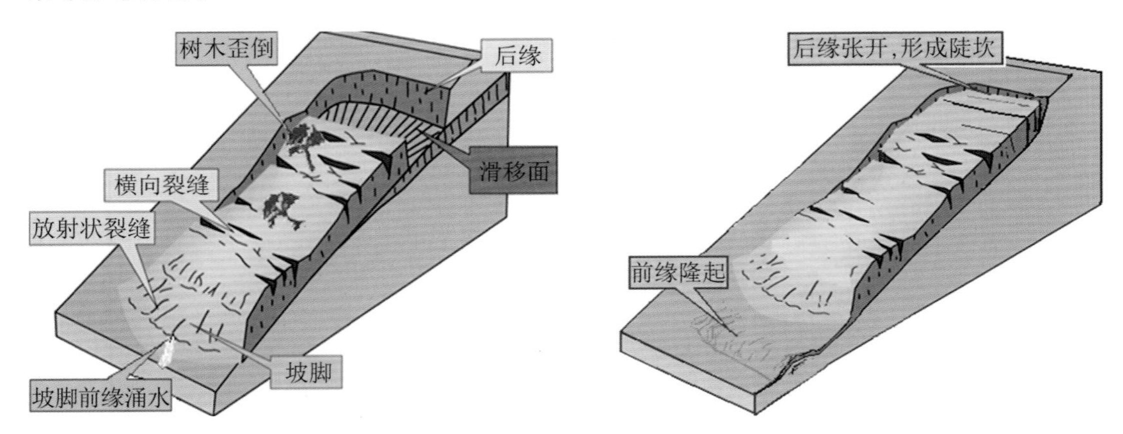

图1-4-17　滑坡目视监测图

简易监测是滑坡群测的重要手段，即采用简易工具对滑坡体、地面和建筑物的变形进行简易测量（图1-4-18）。简易监测方法主要有埋桩法、埋钉法、上漆法、贴片法和灾害前兆观察等。还可以借助简易、快捷、实用、易于掌握的位移、地声、雨量等群测群防预警装置和简单的声、光、电警报信号发生装置，来提高预警的准确性和临灾的快速反应能力（图1-4-19）。

（2）崩塌群测

崩塌群测主要采取日常巡查和简易测量（图1-4-20）。

日常巡查也是崩塌群测的主要方法，应经常性地对危岩体及其周边建筑物的宏观变形迹象进行巡查；在汛期、台风、暴雨或连续降雨时，还应加密巡查；要对边坡上的危岩进行全面巡查。崩塌灾害从出现前兆到崩落，时间一般较短，认真进行巡视，捕捉前兆信息，是成功避灾的关键。巡查主要包括以下几个方面:危岩体后缘裂隙开口是否加大或出现新的裂隙;危岩体下方裂隙是否遭受挤压出现岩石压裂或挤出或脱落;切割崩塌体的裂隙是否已整体贯通,雨期危岩体下方裂隙是否流出浑水;危岩体是否不断掉落土石块;动物是否出现惊恐、逃窜等异常行为。

图1-4-18　滑坡简易监测方法示意图

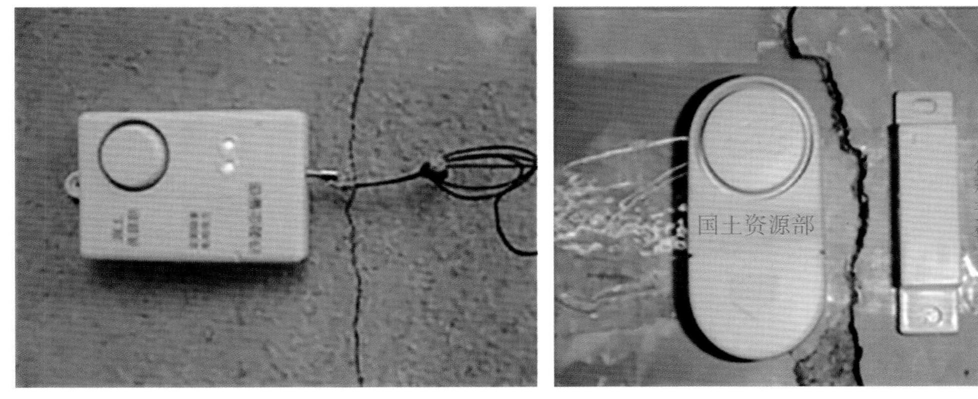

裂缝报警监测法是用于地面和墙体裂缝位移的自动监测预警,仪器由专业人员将其安装在裂缝两侧,并设定报警阈值,当裂缝张开程度超过设定的报警阈值时,便会发出警报,报警声响达105分贝,群测群防员听到后须立即查看并通知人员避灾。

图1-4-19　裂缝报警监测法

图1-4-20　崩塌变形迹象、崩塌简易监测

(3) 泥石流群测

泥石流群测主要采取日常巡查和简易测量(图1-4-21,图1-4-22)。

日常巡视是泥石流群测的主要手段,目的是及时捕捉泥石流暴发的前兆信息,特别是在暴雨期间,为预防泥石流灾害赢得宝贵的时间。巡视主要内容包括:泥石流物源区(沟谷上游)山坡是否产生崩塌与滑坡;沟谷内杂草与树木及砂石是否在不断增多;泥石流沟谷流通区(中游)是否出现积水;泥石流沟口(下游)水流是否浑浊,泥砂含量是否在不断增大;泥石流沟谷内是否传来类似火车的轰鸣或闷雷声;泥石流沟谷深处是否突然变得昏暗并伴有轻微震动;泥石流沟谷附近的动物是否出现惊恐、逃窜等异常行为。

图1-4-21　泥石流物源区巡查、监测

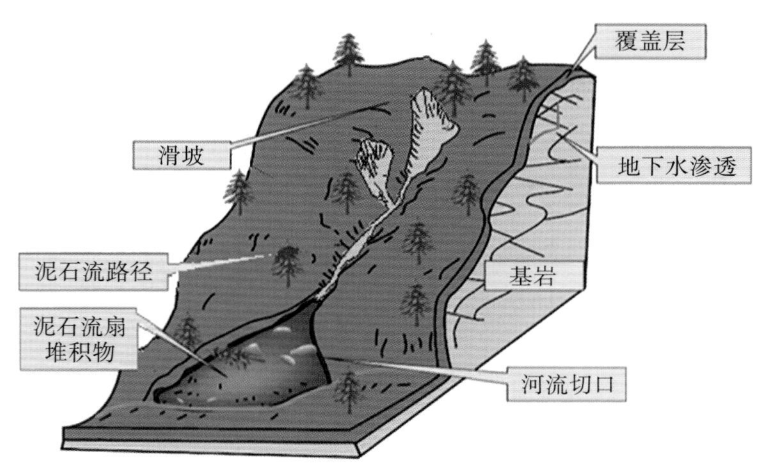

图1-4-22　泥石流形成特征示意图

沟口堆积扇监测:降雨后,可用皮尺量出沟口堆积扇的半径。从沟口至扇缘选择3～6个点,通过事先打入钢钎,测量一次性堆积厚度。

雨量监测:采用普通雨量计,布设在沟谷两侧或居民居住区内,并设置雨量预警值。当降雨量达到预警阈值时,警报器便会发出警报报警。仪器由专业技术人员安装,交群测群防员使用(图1-4-23)。

图1-4-23　雨量报警器监测

地声监测:采用地声报警仪,将振动检波器沿泥石流沟岸向下游依次埋入地下,并设置振动预警振幅阈值(图1-4-24)。当发生泥石流时,便会发出声、光警报。仪器由专业技术人员安装,交群测群防员使用。

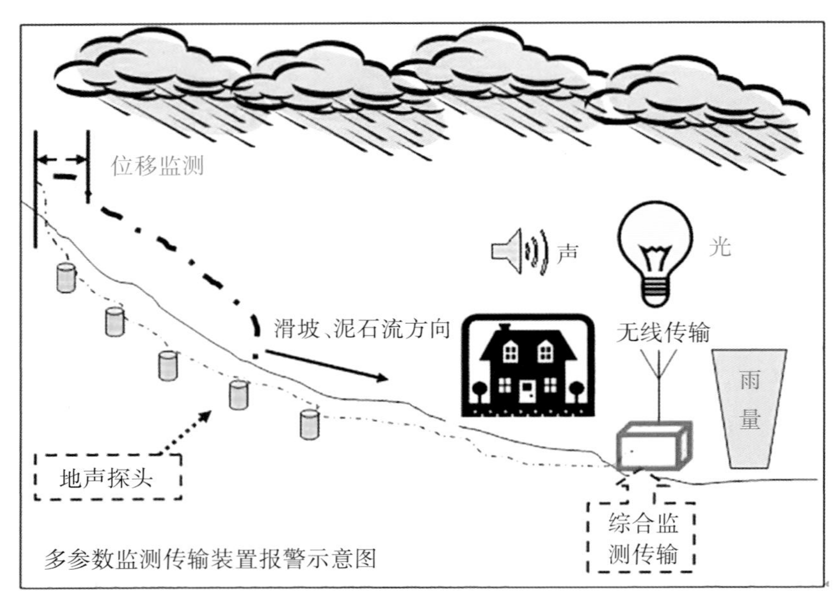

图1-4-24　地声报警器监测

4. 群众防灾（群防）

宣传培训：明确宣传培训工作的目的意义及原则，县级以上人民政府每年组织有关部门开展地质灾害防治知识的宣传培训的期次、内容、形式、对象，使培训人员达到“六个自我”“四应知”“四应会”，普及地质灾害防治知识，不断提高全民识灾、防灾、减灾、避灾的意识与自救、互救能力，增强全民地质灾害防御的意识（图1-4-25）。

图1-4-25　宣传培训

避险演练：避险演练由自然资源管理部门负责，各级自然资源部门要对受地质灾害威胁的城镇、村庄、学校、医院、厂矿等人口聚居区，按照最大限度避免人员伤亡和财产损失的目标要求，组织日常避险演练，检验安全避灾场所、预警信号、撤离路线是否明确、有效，确保出现险情时能及时转移并妥善安置受灾群众(图1-4-26)。

图1-4-26　避险演练

群测群防人员发现地质灾害前兆后及时发出警报,群众即可按预定方案紧急避险转移(图1-4-27)。

图1-4-27　避险警报

(五)科学选址

丘陵山区村民建房、建设工程选址均应以人地关系和谐为目标,以确保安全为最大原则,以自然环境为约束条件,若无视地质环境条件和容量,迷信风水,随意切坡建房,或把房屋建在不稳定的坡体上、易发生崩塌的危岩脚下或依泥石流沟谷而建,不仅可能导致自然资源与环境的破坏,浪费建设资金,还可能遭受地质灾害危害,人财两空(图1-4-28)。

选址应考虑以下因素:

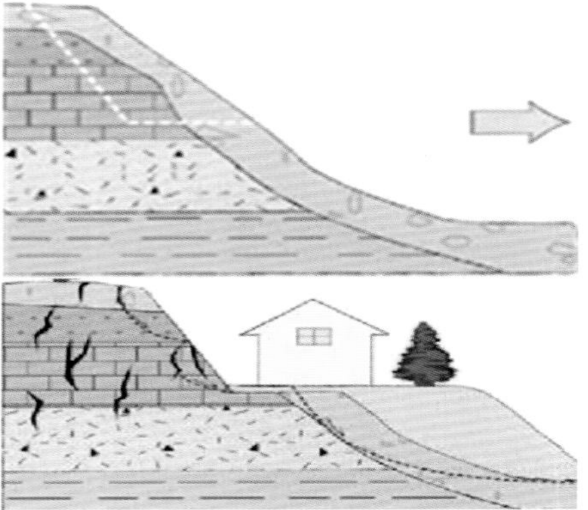

图1-4-28　科学选址

1. 气象水文因素

选址首先要考虑气象水文因素,尽可能避开江、河、湖、水库、沟谷的坡岸,不得不临近沟谷时,应留出安全距离,绝不能在沟口建房,绝不能挤占行洪通道,避免遭受崩塌、滑坡、泥石流危害(图1-4-29至图1-4-31)。

河流冲刷陡坡坡脚,建在岸边的房屋非常危险。

建在岸边的房屋,遭遇强降雨时危险加重。

滑坡灾害发生,建在岸边的房屋遭受破坏。

图1-4-29　江、河、湖、水库、沟谷坡岸的房屋易遭受危险

村庄建于冲沟沟口。

泥石流暴发冲毁村庄。

城、镇、村建于山沟沟口,遭山洪泥石流袭击,损失巨大。

图1-4-30　沟口建房易遭泥石流

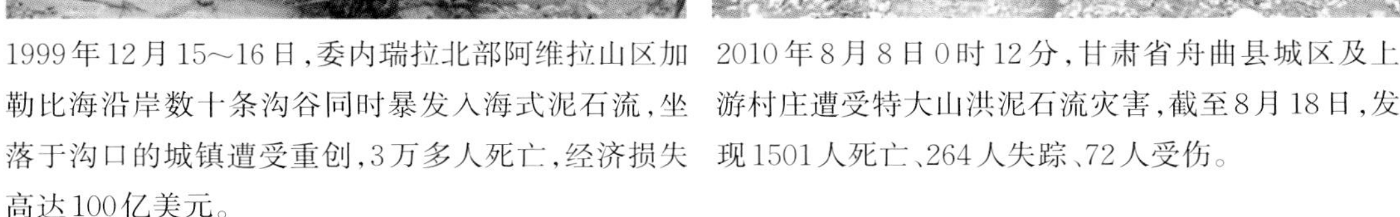

1999年12月15～16日，委内瑞拉北部阿维拉山区加勒比海沿岸数十条沟谷同时暴发入海式泥石流，坐落于沟口的城镇遭受重创，3万多人死亡，经济损失高达100亿美元。

2010年8月8日0时12分，甘肃省舟曲县城区及上游村庄遭受特大山洪泥石流灾害，截至8月18日，发现1501人死亡、264人失踪、72人受伤。

图1-4-31　沟口村落遭遇泥石流灾害

2. 地形地貌因素

丘陵山区工程选址可保留一定的地形起伏，既能有效地保护地质环境，又可保留行洪通道，可避免滑坡、山洪泥石流危害，还可使建筑物布局错落有致，在一定程度上提高建设品位。过度追求场地的绝对平整，不仅会增加建设费用，挖填方形成的不稳定边坡还可能诱发崩塌、滑坡、地面沉降等灾害。

丘陵山区切坡建房应执行《安徽省地质灾害易发区农村村民建房管理规定》（安徽省人民政府令第253号）。丘陵山区建房宜选择地形平缓、坡度适宜、无明显地质灾害风险的地段，乱挖、乱填、乱切易诱发地质灾害，尤其是在植被茂密、岩层风化强烈的斜坡地段随意开挖又不采取必要的支护，极易遭受地质灾害危害（图1-4-32）。

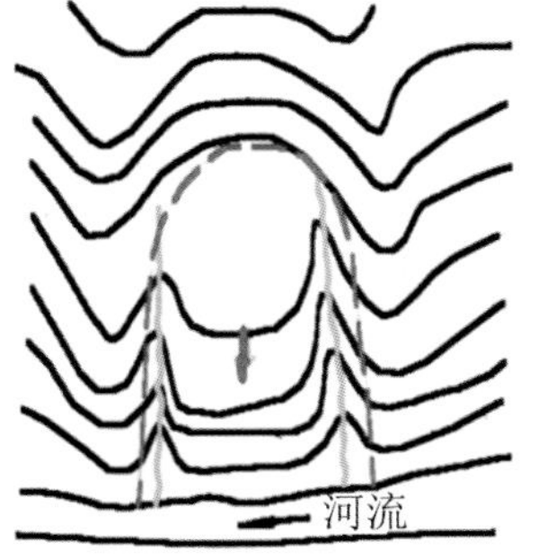

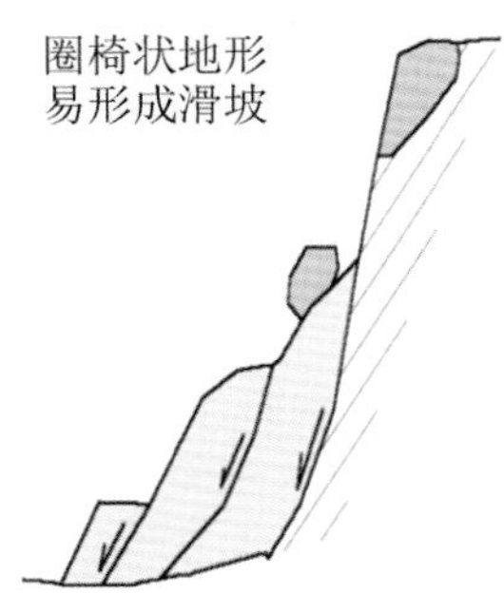

图1-4-32　地形不当易遭受地质灾害

丘陵山区建房选址应仔细察看地形地貌,若山坡陡峭,留出3～5 m的安全距离,避免落石直接砸毁房屋。当山坡地形为圈椅状时,有可能是古老滑坡或老滑坡,应注意查看是否有台坎、裂缝,可邀请专家对古老滑坡和坡体的稳定性进行确认,圈椅状地形易汇集雨水,强烈的地表径流和地下径流,加上房屋加载,易使古老滑坡复活,还易形成新的地质灾害。尤其是屋后有圈椅状地形时,一定要排查其汇水量大小、土层的疏松程度,尽早实施搬迁避让,避免遭受地质灾害危害。

丘陵山区兴建池塘应避开不稳定斜坡,滑坡体上的池塘极易拉裂,导致地表水渗入坡体内,加剧滑动,如若兴建,应谨慎做好防渗措施(图1-4-33)。

对岩土工程活动中形成的废石、废土,应避免顺坡堆放,特别是应避免堆砌在乡镇上方的斜坡地段。当废弃土石量较大时,必须经科学选址设置专门的弃土场(图1-4-34)。

图1-4-33　坡顶池塘开裂,影响斜坡稳定

图1-4-34　坡顶堆弃渣石废土,威胁下方居民安全

3. 地质构造因素

丘陵山区经常展现岩石的层面或裂隙面，居民多称为大面或小面，还有岩层的弯曲褶皱区域、一定宽度的破碎带或碎石土分布区，这均与地质构造运动有关。大面往往是断层面，破碎带也多是断层破碎带；小面多是结构面。这些地段都是地质灾害易发地段，建房选址应与这些地段留有足够的安全距离。此外，紧挨陡崖的地段、坡上有危岩体的坡脚、突出的山嘴、孤立的山包、坡脚有较多土石堆积的场地，建房时也应远离(图 1-4-35)。

重庆云阳新城场地为砂岩泥岩互层，开挖后易于滑动

房屋可选择在反向坡坡上、坡下

图 1-4-35　地质构造影响建筑物安全

在岩质边坡建房时，首先要看岩石的破碎程度，如果呈大块状、厚层状，且岩石坚硬，则发生地质灾害的风险小；如果岩石破碎，山坡或坡顶还有要掉落的危岩或大小不等的石块，则应远离。其次要看山的结构，如果岩层的倾向与坡向一致，而且岩层软硬相间，则坡下不可建房；如果岩层的倾向与坡向相反，若岩石中裂隙也不发育，则可以在保有安全距离的情况下建房。

4. 植被因素

在安徽省，竹林发生滑坡最多且最典型。竹林是浅根系，盘根错节在一起，降雨时茂密的竹叶易汇集雨水，摇动的竹林又易将雨水送至根系，加上挖竹笋留下大大小小的孔洞，导致雨水大量下渗。我省地质灾害高发的两山地区地表松散层分布较薄，竹林根系层下多为岩层，透水性差，地下水受阻后源源不断向坡下流动，对竹林的根系层形成润滑与推动。另外，竹林坡脚多被切坡建房掏空，根系层往往临空，降雨之后竹林易向坡下滑动，形成滑坡灾害。竹林一般高大茂密，遇风摆动，在狂风暴雨天气也增加了地质灾害发生的可能性(图 1-4-36)。此外皖南山区广泛种植的山核桃、两山地区广布的茶园，因表土松动，雨水下渗加速加大，也易形成滑坡地质灾害，建房选址时应加以排查。

5. 其他因素

已发生过崩塌、滑坡、泥石流的坡段不宜选址建房；地下有溶洞，上覆松散层薄，可能发生岩溶塌陷的坡段不可选址建房;地下开采矿山可能引发地面塌陷,或者已经发生采空塌陷,目前仍不稳定的地段不应选址建房;生态保护区、水源地保护区、基本农田区、公益林区、具有开采价值的矿区不得选址建房,避免造成自然资源损失;现有铁路用地、机场用地、军事用地、高压输电线路穿越地段、地下管线穿越的地段不得选址建房,以免与工程建设规划发生冲突。

竹林、山核桃园、茶园植被覆盖的斜坡等易发生地质灾害,建房选址时应加以排查

图1-4-36　植被影响房屋安全

(六)建前评估

在地质灾害易发区建房,如果是农村村民个人建房,应执行《安徽省地质灾害易发区农村村民建房管理规定》(安徽省人民政府令第253号):"因选址困难确需切坡建房的,应当在乡(镇)国土资源、村镇建设管理人员和技术人员的监督与指导下,按照有关技术规范实施,并做好坡体的防护。""集中建设农民新村,应当委托有地质灾害危险性评估资质的机构对建房选址进行地质灾害危险性评估。"在地质灾害易发区开展工程建设,在可行性研究阶段须进行地质灾害危险性评估。

评估流程如图1-4-37所示。

地质灾害危险性评估分级进行,根据地质环境条件复杂程度与建设项目重要性划分为三级,见表1-4-6。

表1-4-6　地质灾害危险性评估分级表

项目重要性	复杂	中等	简单
重要建设项目	一级	一级	一级
较重要建设项目	二级	二级	二级
一般建设项目	三级	三级	三级

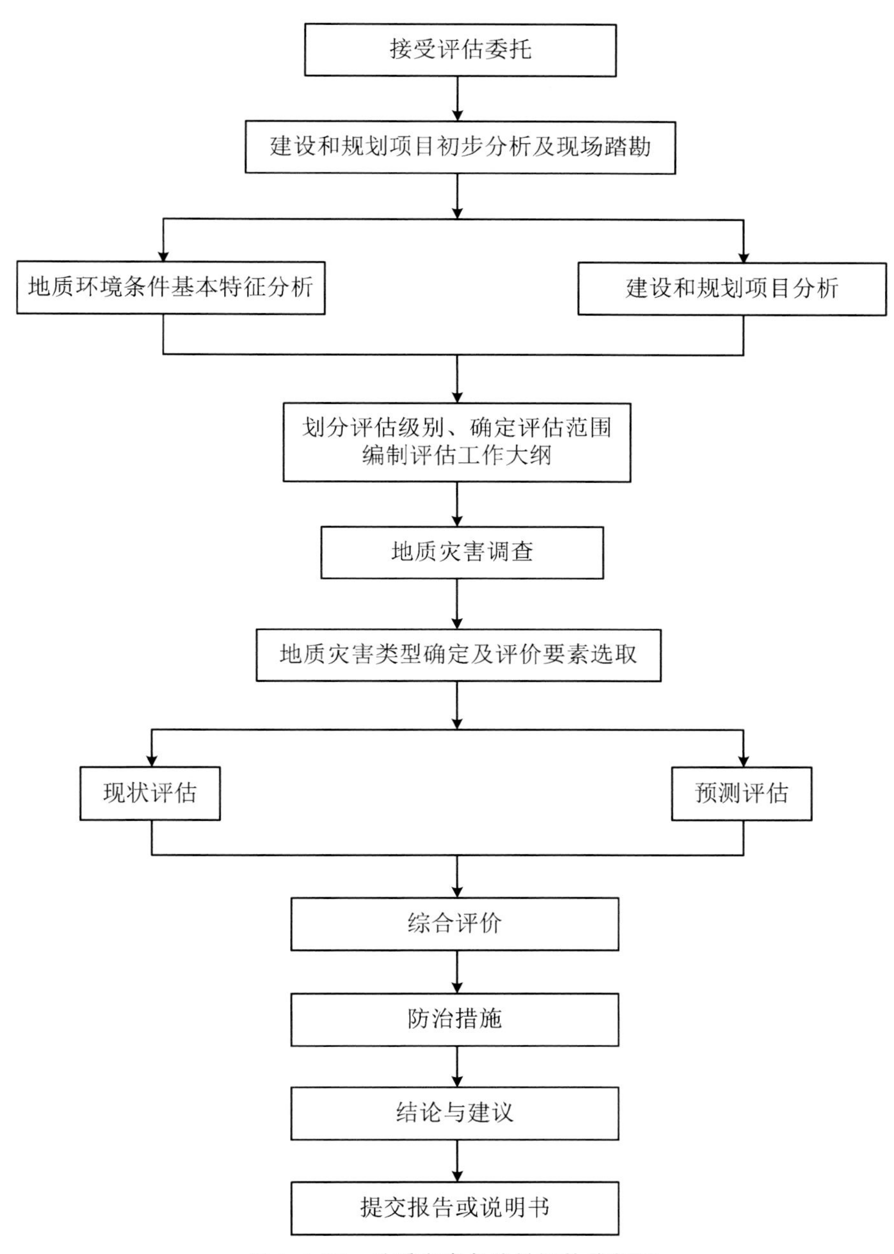

图1-4-37 地质灾害危险性评估流程图

1. 一级评估

一级评估应有充足的基础资料，进行充分论证。

须对评估区内分布的各类地质灾害体的危险性和危害程度逐一进行现状评估；对建设场地和规划区范围内，工程建设可能引发或加剧的和本身可能遭受的各类地质灾害的可能性和危害程度分别进行预测评估；依据现状评估和预测评估结果，综合评估建设场地和规划区地质灾害危险性程度，分区段划分出危险性等级，说明各区段主要地质灾害种类和危害程度，对建设场地适宜性作出评估，并提出有效防治地质灾害的措施与建议。

2. 二级评估

二级评估应有足够的基础资料，进行综合分析。必须对评估区内分布的各类地质灾害的危险性和危害程度逐一进行初步现状评估；对建设场地范围和规划区内，工程建设可能引发或加剧的和本身可能遭受的各类地质灾害的可能性和危害程度分别进行初步预测评估；在上述评估的基础上，综合评估其建设场地和规划区地质灾害危险性程度，分区段划分出危险性等级，说明各区段主要地质灾害种类和危害程度，对建设场地适宜性做出评估，并提出可行的防治地质灾害措施与建议。

3. 三级评估

三级评估应有必要的基础资料进行分析，参照一级评估要求的内容，做出概略评估。

4. 现状评估

基本查明评估区已发生的崩塌、滑坡、泥石流、地面塌陷、地裂缝和地面沉降等灾害形成的地质环境条件、分布、类型、规模、变形活动特征，主要诱发因素与形成机制，对其稳定性进行初步评价，在此基础上对其危险性和对工程危害的范围与程度做出评估。

5. 预测评估

对工程建设中、建成后可能引发或加剧崩塌、滑坡、泥石流、地面塌陷、地裂缝和不稳定斜坡变形等的可能性、危险性和危害程度作出评估。

对建设工程自身可能遭受已存在的崩塌、滑坡、泥石流、地面塌陷、地裂缝、地面沉降等危害隐患和潜在不稳定斜坡变形的可能性、危险性和危害程度做出评估。

6. 综合评估

依据地质灾害危险性现状评估和预测评估结果，充分考虑评估区的地质环境条件的差异和潜在的地质灾害隐患点的分布、危险程度，确定判别区段危险性的量化指标。

根据“区内相似，区际相异”的原则，采用定性、半定量分析法，对评估区地质灾害危险性等级进行分区。

依据地质灾害危险性、防治难度和防治效益，对建设场地的适宜性做出评估，提出防治地质灾害的措施和建议。

7. 评估结果

(1) 地质灾害危险性分级

地质灾害危险性评估是在查明地质灾害发育程度和地质灾害危害程度的基础上，进行地质灾害危险性分级，共分三级，见表1-4-7。

表1-4-7　地质灾害危险性评估分级表

危险性分级＼确定要素	地质灾害发育程度	地质灾害危险程度
危险性大	强发育	危害大
危险性中等	中等发育	危害中等
危险性小	弱发育	危害小

(2) 建设用地适宜性分级

地质灾害危险性小、基本不涉及防治工程的土地，适宜性为适宜；地质灾害危险性中等、防治工程简单的土地，适宜性为基本适宜；地质灾害危险性大，防治工程复杂的土地，适宜性差(表1-4-8)。

表1-4-8　建设用地适宜性分级表

级别	分级说明
适宜	地质环境复杂程度简单，工程建设遭受地质灾害危害的可能性小，引发、加剧地质灾害的可能性小，危险性小，易于处理。
基本适宜	不良地质现象较发育，地质构造、地层岩性变化较大，工程建设遭受地质灾害危害的可能性中等，引发、加剧地质灾害的可能性中等，危险性中等，但可采取措施予以处理。
适宜性差	地质灾害发育强烈，地质构造复杂，软弱结构成发育区，工程建设遭受地质灾害的可能性大，引发、加剧地质灾害的可能性大，危险性大，防治难度大。

(3) 综合评估图

地质灾害危险性综合分区评估图主要反映地质灾害危险性综合分区评估结果和防治措施，应附大型、典型地质灾害点的照片和潜在不稳定斜坡、边坡的工程地质剖面图等。比例尺按委托单位要求并考虑便于阅读自行规定。

图上镶综合分区说明表,表的内容主要为危险性级别、分区编号、工程地质条件、地质灾害类型与特征、发育强度与危害程度、防治措施建议等。

(七)监测预警

监测预警作为地质灾害综合防治体系建设的重要组成部分,是减少地质灾害造成人员伤亡和财产损失的重要手段(图1-4-38)。市级自然资源主管部门(建设单位)在监测项目通过竣工验收后,应及时整理监测项目成果,编制监测成果总结报告;县级自然资源主管部门在各年度末应及时整理辖区内各监测点的巡检、维护及预警响应等相关资料,配合市级自然资源主管部门编制地质灾害监测年报和相关图表。市级主管部门应及时将监测项目设计书、竣工验收报告、监测成果总结报告和地质灾害监测年报报送到安徽省地质环境监测总站(安徽省地质灾害应急技术指导中心)归档。

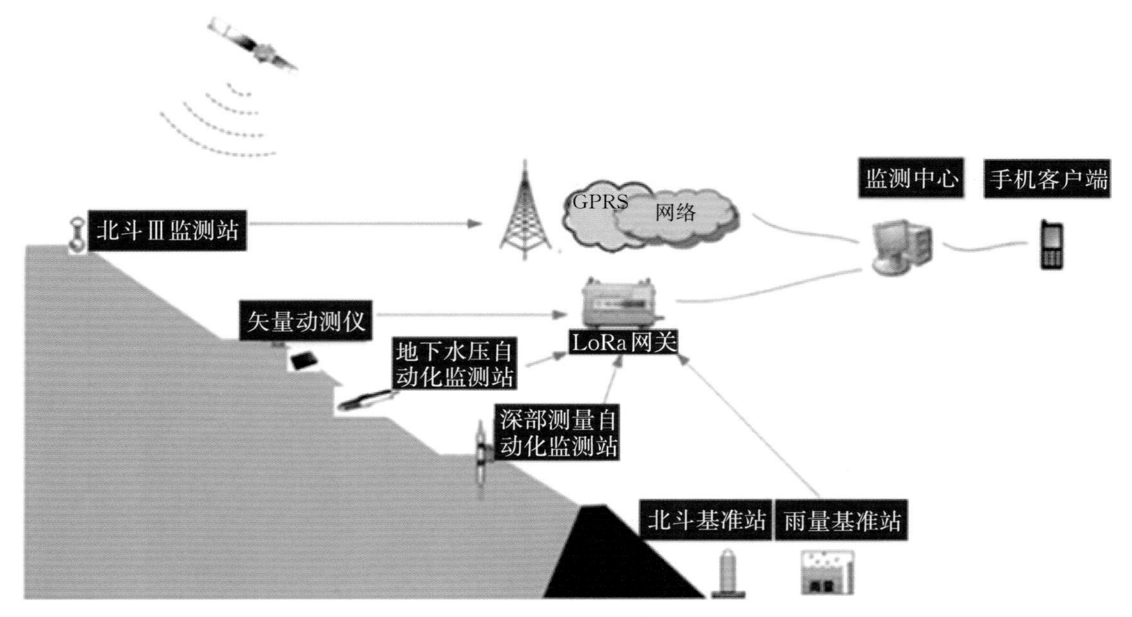

图1-4-38　监测与预警示意图

1. 简易监测

地质灾害简易监测,是指借助于简单的测量工具、仪器装置和量测方法,监测灾害体、房屋或构筑物裂缝位移变化的监测方法。

(1)埋桩法

在滑坡体上的裂缝两侧各埋一根桩,用皮尺或固定钢卷尺测量两桩之间不同时间的距离变化，以了解滑坡是否滑动及滑移的距离，以便及时发出预警。埋桩法适合对崩塌、滑坡体上发生的裂缝进行观测。在斜坡上横跨裂缝两侧埋桩，用钢卷尺测量桩之间的距离，可以了解滑坡变形滑动过程。对于土体裂缝，埋桩不能离裂缝太近。

（2）埋钉法

在建筑物裂缝两侧各钉一颗钉子，通过测量两侧两颗钉子之间的距离变化来判断滑坡的变形滑动。这种方法对于临灾前兆的判断是非常有效的。

（3）上漆法

在建筑物裂缝的两侧用油漆各画上一道标记，与埋钉法原理是相同的，通过测量两侧标记之间的距离来判断裂缝是否存在扩大的情况。

（4）贴片法

横跨建筑物裂缝粘贴水泥砂浆片或纸片，如果砂浆片或纸片被拉断，说明滑坡发生了明显变形，须严加防范。与上面三种方法相比，这种方法不能获得具体数据，但是，可以非常直接地判断滑坡的突然变化情况。

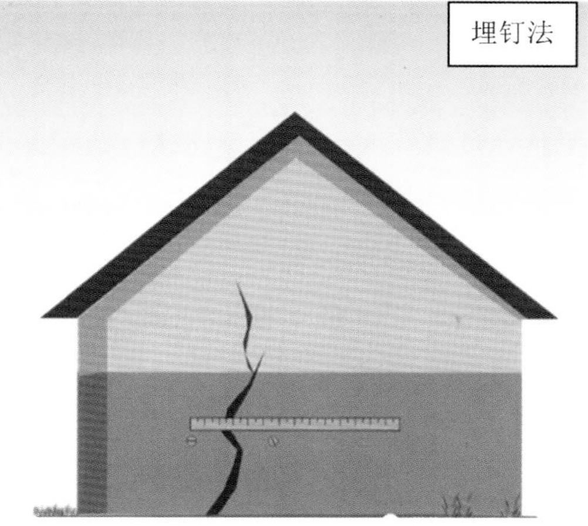

图1-4-39　简易监测示意图

此外还可以借助简易、快捷、实用、易于掌握的位移、地声、雨量等监测预警装置和简单的声、光、电警报信号发生装置，来提高预警的准确性和临灾的快速反应能力。

监测频次：非汛期15天监测一次，汛期5天监测一次，遇暴雨或连续降雨天气时，特别是12小时降雨量达50 mm以上时或发现监测有异常变化时，应加密监测，每天监测1次或数次，甚至昼夜安排专人监测，出现情况及时报警。

2. 普适型监测

当前，智能传感、物联网、大数据、云计算和人工智能等新技术快速发展，为构建地质灾害自动化监测预警网络提供了技术支撑。在此背景下,充分依托群测群防体系和专业监测工作基础,遵循“以人为本,科技防灾”理念,基于对地质灾害形成机理和发展规律的认识,重点聚焦临灾预警需求,研发性价比高、功能针对性强、安装便捷的普适型监测仪器,开展以地表变形和降雨为主要监测内容的普适型仪器监测预警点建设,提升地质灾害“人防+技防”能力水平,支撑地方政府科学决策与受威胁群众防灾避险。

(1) 工作流程

地质灾害普适型仪器监测预警是由自然资源部统一部署、中国地质调查局全程科技支撑、各省(市、区)自然资源主管部门组织实施。其工作流程分为四个步骤,首先制定监测预警设计方案,其次根据方案开展安装与运行维护,然后建设数据库与平台系统、建立预警预报模型,实施分级预警与响应,最后是总结评估并动态调整(图1-4-40)。

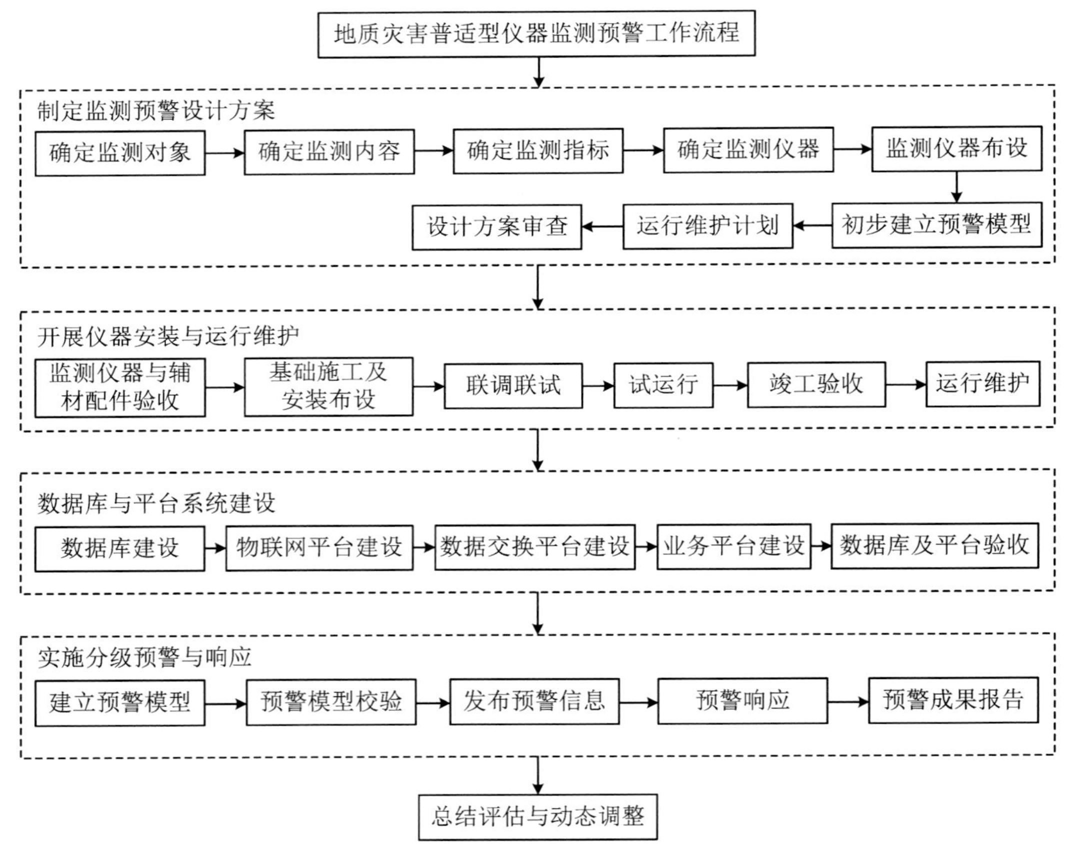

图1-4-40　地质灾害普适型仪器监测预警工作流程图

(2) 监测内容

滑坡隐患监测:以监测变形和降雨为主,包括位移、裂缝、倾角、加速度、雨量和含水率等测项,按需布置声光报警器。岩质滑坡宜测项包括位移、裂缝和雨量等,选测项包括倾角、加速度;土质滑坡宜测项包括位移、裂缝和雨量等,选测项包括倾角、加速度和含水率。仪器类型、数量和布设位置根据滑坡规模、形态、变形特征及威胁对象等综合确定。根据实际监测需求,可补充开展物理场(如应力应变等)和视频监测。

崩塌隐患监测:以监测变形和降雨为主,包括裂缝、倾角、加速度、位移和雨量等测项,按需布置声光报警器。岩质崩塌宜测项包括裂缝、倾角、加速度和雨量,选测项包括位移;土质崩塌宜测项包括裂缝和雨量,选测项包括位移、倾角和加速度。仪器类型、数量和布设位置根据危岩体的规模、形态及威胁对象等综合确定。根据实际监测需求,可补充开展物理场(如应力应变等)和视频监测。

泥石流隐患监测:以监测降雨、物源启动及补给过程、水动力参数为主,包括雨量、泥(水)位、含水率、倾角和加速度等测项,按需布置声光报警器。沟谷型泥石流宜测项包括雨量和泥(水)位,选测项为含水率;坡面型泥石流宜测项为雨量,选测项为倾角、加速度、含水率和泥(水)位。仪器类型、数量和布设位置根据泥石流规模和流域特征等综合确定。根据实际监测需求,可补充开展物理场(如应力应变等)、次声、地声和视频监测。

(3) 监测仪器选择

应选择多参数普适型监测仪器及其组合,对灾害体孕育、发展过程涉及地表变形和降雨等关键性指标进行监测。在满足监测精度的前提下,针对不同灾害类型,优先选用表1-4-9中设备和测项。

表1-4-9　灾害类型与测项选择

监测内容							声光报警	备注
位移(GNSS)	裂缝	倾角	加速度	含水率	雨量	泥(水)位		
●	●	⊙	⊙	–	●	–	按需布置	视频、雷达、声发射、地声、次声等其他监测仪器依需选择
●	●	⊙	⊙	⊙	●	–		
⊙	●	●	●	–	●	–		
⊙	●	⊙	⊙	–	●	–		
–	–	–	–	⊙	●	●		
–	–	⊙	⊙	⊙	●	⊙		

注:1. ●为宜测项,⊙为选测项;
2. 安装位置及数量根据灾害体规模及特征综合确定;
3. 视频作为可视化监测重要手段,具有快速获取现场状况、辅助监测设备运维等特点。

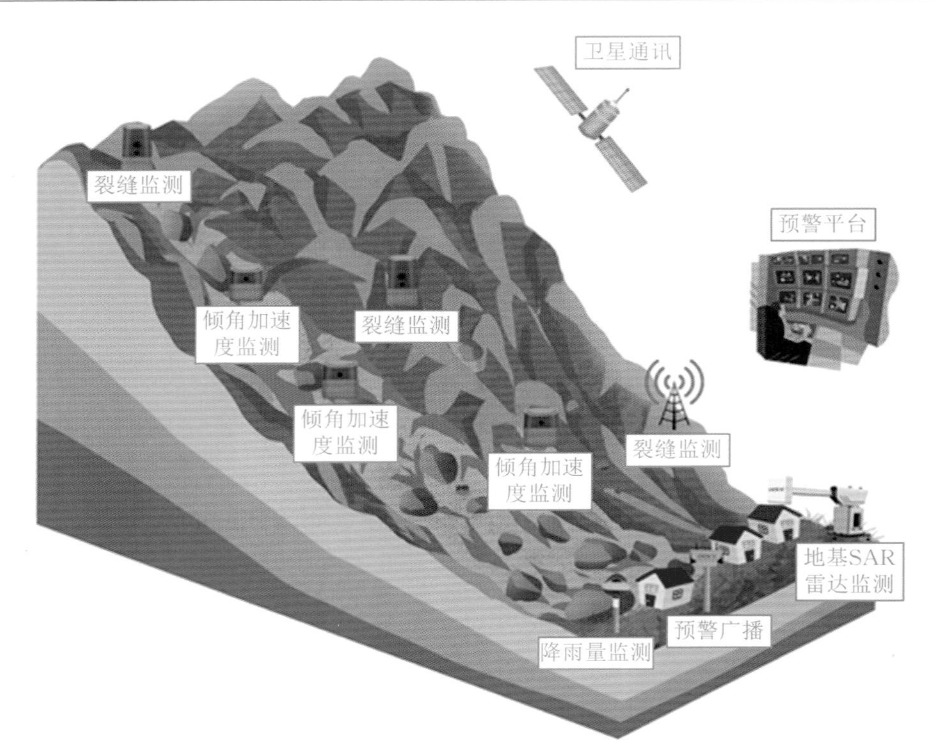

图 1-4-41　崩塌地质灾害监测示意图

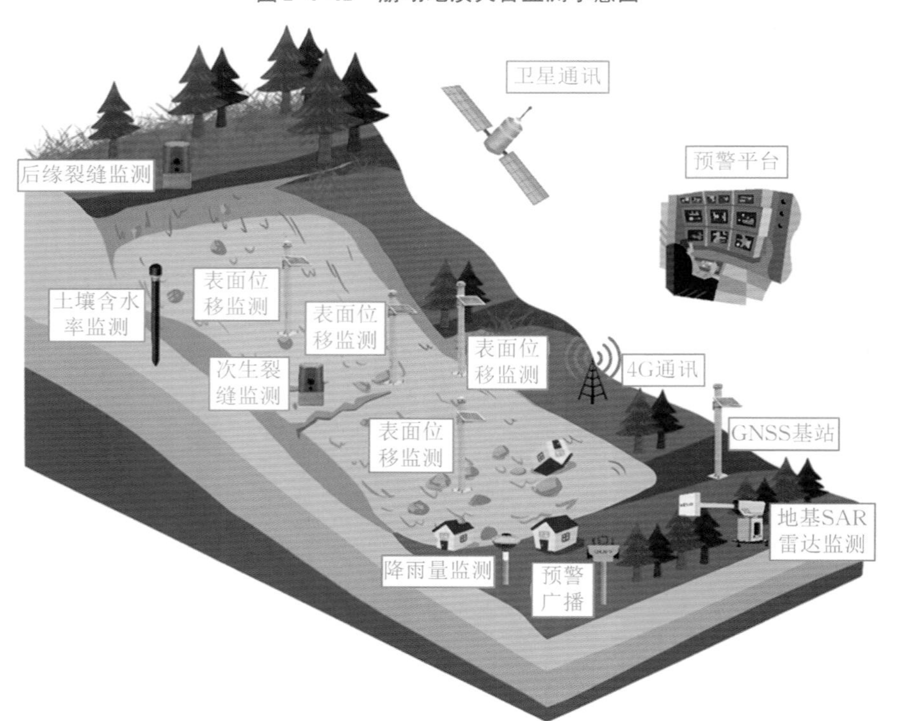

图 1-4-42　滑坡地质灾害监测示意图

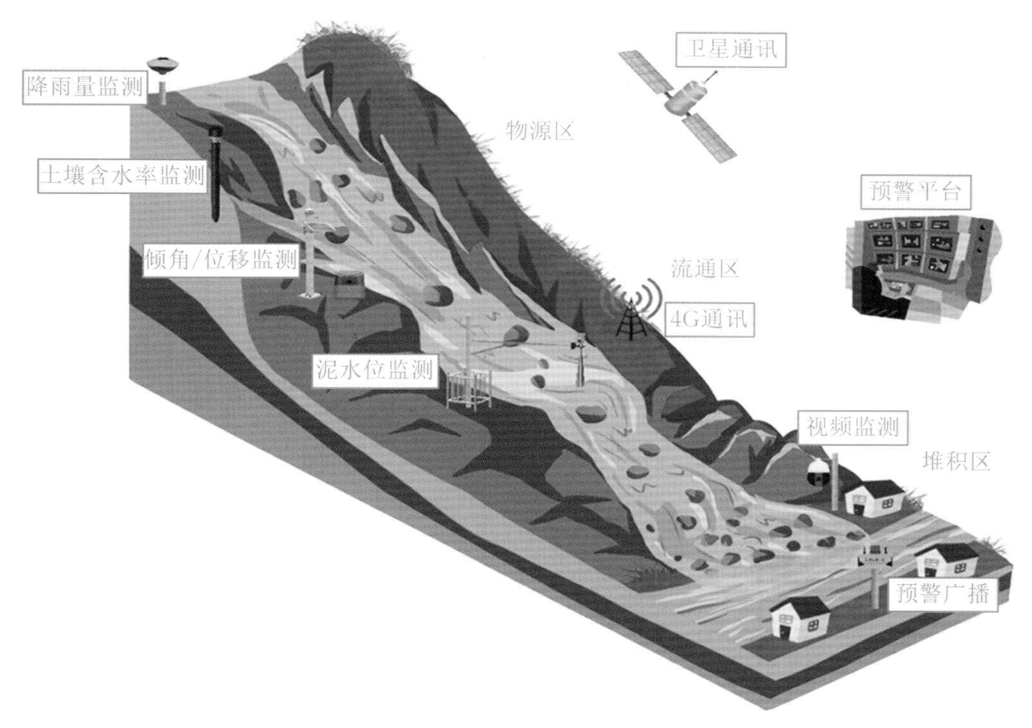

图1-4-43　泥石流地质灾害监测示意图

3. 专业监测

地质灾害专业监测是指专业技术人员在专业调查的基础上借助专业仪器设备和专业技术，对地质灾害变形动态进行监测、分析和预测预报等一系列专业技术的综合应用。

(1) 崩塌、滑坡监测

主要包括地表变形监测、地表相对位移监测、深部位移监测、地下水动态监测、相关因素监测。

地表变形监测：包括地表相对位移监测和地表绝对位移监测。

地表相对位移监测：主要方法有机械测缝法、伸缩计法、遥测式位移计监测法和地表倾斜监测法。地表绝对位移监测主要方法有大地形变测量法、近景摄影测量法、激光微小位移测量法、地表位移GPS测量法、激光扫描法、遥感(RS)测量法和合成孔径雷达干涉测量法。

深部位移监测：主要方法有测缝法、钻孔倾斜测量法和钻孔位移计监测法。

地下水动态监测：主要方法有地下水位监测法、孔隙水压力监测法和水质监测法。

相关因素监测：主要方法有地声监测法、应力监测法、应变监测法、放射性气体测量法和气象监测法(雨量计、融雪计、湿度计和气温计)。

(2) 泥石流监测

主要方法有地声监测法、龙头高度监测法、泥位监测法、倾斜仪棒监测法、流速监测法、孔隙水压力监测法和降雨量监测法等。

4. 预警预报

监测一旦发现异常,必须及时发出预警。简易监测属群测群防,一旦发现地质灾害前兆信息,群测群防员和防灾责任人应采用各类报警设备,及时向广大群众发出预警。

(1) 预警模型与预警指标

普适型监测、专业型监测均建有智能化监测预警信息平台,能够 24 小时采集监测数据、远程设置各类参数、实时查询绘制监测曲线、远程管理分析研判、及时发出预警预报。现阶段预警多采用"三阶段蠕变"模型(图 1-4-44),一旦出现第三阶段加速变形,即刻发出预警预报。

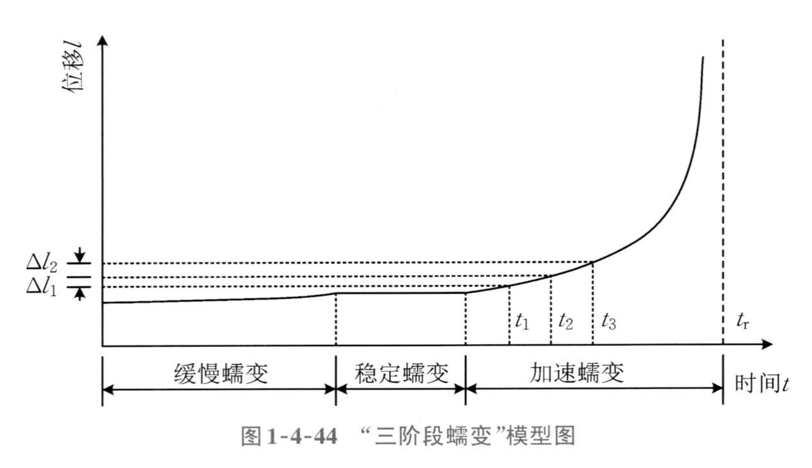

图 1-4-44 "三阶段蠕变"模型图

崩塌滑坡预警模型与预警指标:崩塌滑坡预警模型应根据宏观迹象(群测群防员获取)、自动化监测(监测仪器采集)和区域预警(地质灾害气象预警)综合研判位移变形量、位移变形速率及加速度等监测结果,确定预警模型,建立四级预警的预警指标。预警结果应根据不同类型的预警指标综合判定,如图 1-4-45。

泥石流预警模型与预警指标:泥石流预警模型应根据宏观迹象(群测群防员获取)、自动化监测(监测仪器采集)和区域预警(地质灾害气象预警)综合研判,可根据单点降雨、泥水位和区域预报降雨量等确定预警模型,建立四级预警的预警指标。预警结果应根据不同类型的预警指标综合判定,如图 1-4-46。

(2) 预警体系

全省地质灾害监测预警网络体系实行分级管理,省、市、县、乡(镇)、村分级负责。

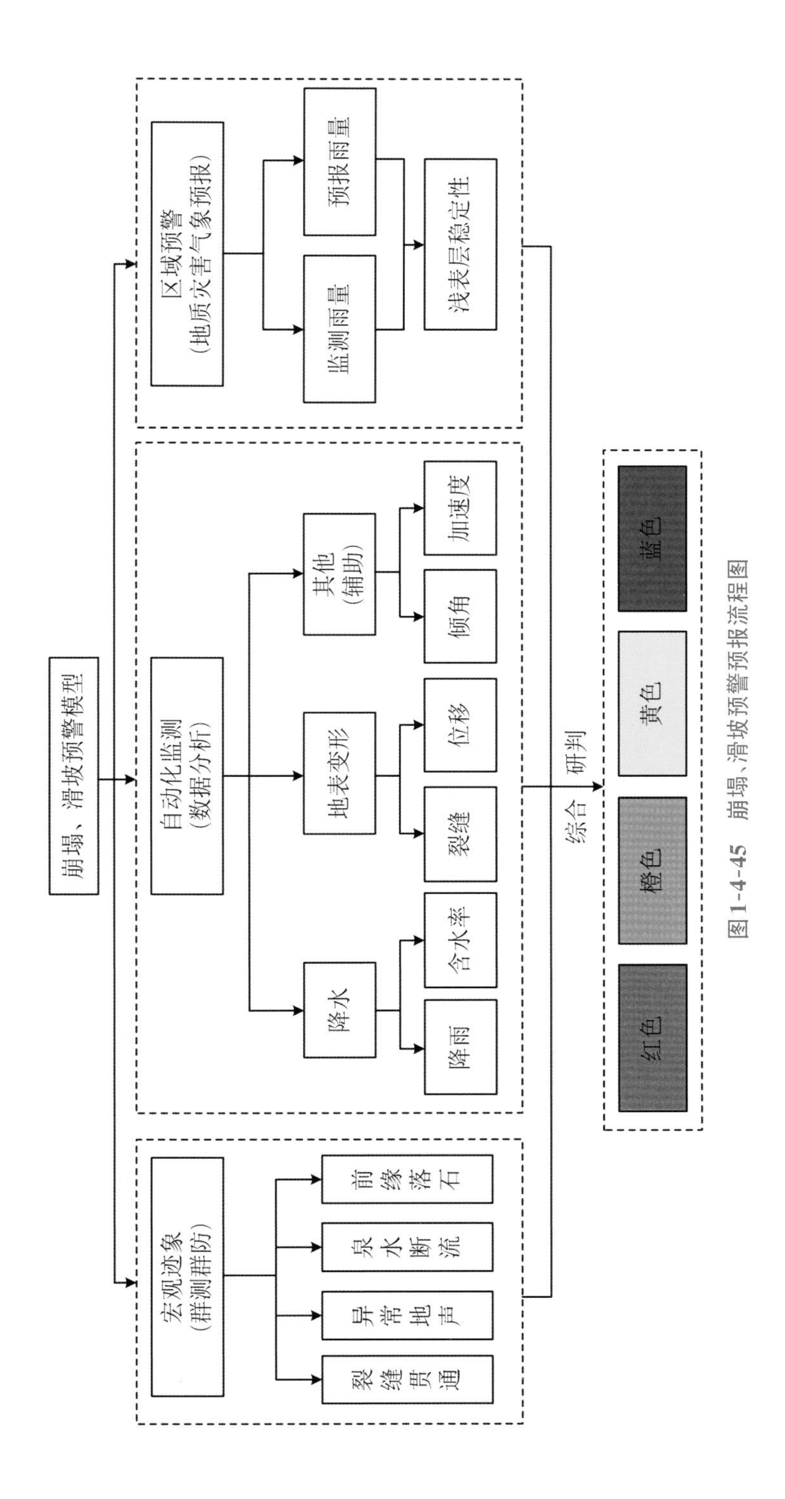

图1-4-45　崩塌、滑坡预警预报流程图

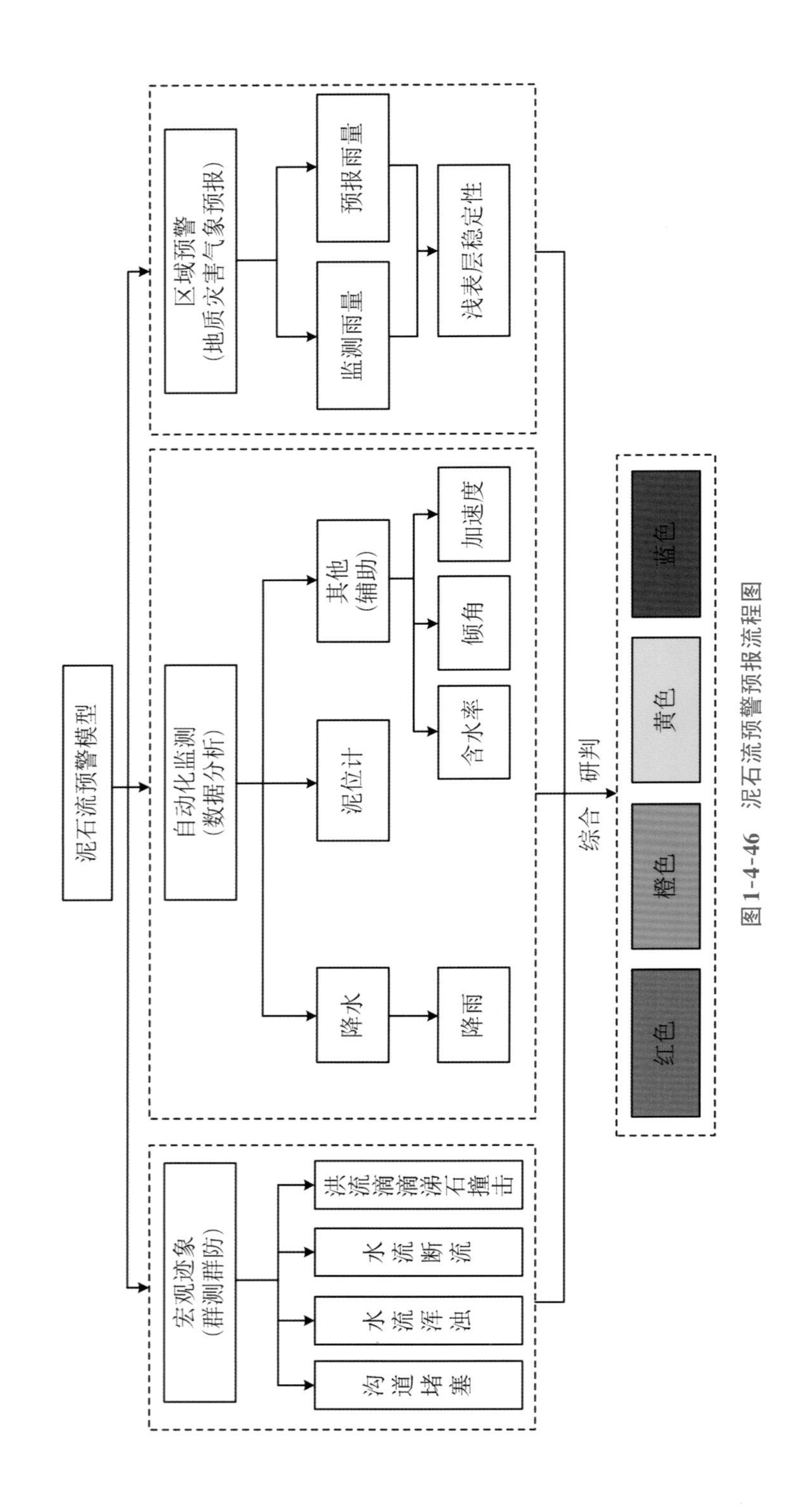

图1-4-46　泥石流预警预报流程图

(3) 预警与响应

① 预警级别

警报级(1级红色预警):各种前兆特征显著,发生地质灾害的概率很大。

警戒级(2级橙色预警):有一定的宏观前兆特征,发生地质灾害的概率大。

警示级(3级黄色预警):有明显的变形特征,发生地质灾害的概率较大。

注意级(4级蓝色预警):有变形迹象,目前发生地质灾害有一定可能性。

② 信息发布

市级自然资源主管部门负责辖区内监测预警信息发布工作。通过地质灾害监测预警平台自动发送短信或以电话、网络、广播、微信等方式向相关防灾责任人、群测群防责任人、管理员、群测群防员、受威胁群众和属地地质灾害防治技术支撑单位实时发布预警信息。实施单位做好预警信息自动发送及现场声光报警器正常工作等的相应保障工作。

县级自然资源主管部门负责将地质灾害相关防灾责任人、群测群防责任人、管理员、群测群防员、受威胁群众和属地地质灾害防治技术支撑单位等相关人员信息录入地质灾害监测预警平台,实时动态更新。

③ 预警响应

1级(红色)响应:专管员立即组织地质灾害受威胁群众进行紧急避险,加密现场监测,及时上报现场监测信息。市、县级自然资源主管部门应组织地质灾害防治技术支撑单位人员前往现场指导,协助组织受威胁群众转移和现场监测,启动相应级别的应急预案;安排技术人员持续关注监测数据,及时向现场有关人员提供监测点变形破坏情况,及时向上级自然资源管理部门汇报应急处置情况。

2级(橙色)响应:专管员应加密现场监测,通知受威胁群众做好避险准备。县级自然资源主管部门应组织地质灾害防治技术支撑单位人员前往现场协助开展现场监测;安排技术人员持续关注监测数据,及时向现场有关人员提供监测点变形情况;及时上报现场监测信息。

3级(黄色)响应:专管员应加强现场巡查,持续关注预警信息和实际降雨情况,提醒受威胁群众注意防范地质灾害发生;现场监测信息应及时向上级自然资源主管部门进行反馈。县级自然资源主管部门应组织人员对监测数据进行加密关注,发现情况及时向上级主管部门报告并适时采取相应措施。

4级(蓝色)响应:专管员要持续关注预警信息和实际降雨情况,对监测点加强巡排查,发现情况第一时间向上级主管部门报告并适时采取相应措施。

5. 气象预警

地质灾害气象风险预警是指自然资源、气象等相关部门基于地质灾害发生和变化规律,结合地质背景和降水发展趋势等因素,建立预测模型,并通过会商、研判,做出发生地质灾害的风险分级预测,联合向社会公众发布预警,并要求采取相应应急措施的行为。

(1) 预警模型

首先分析安徽省历史上发生地质灾害分布情况、种类及所处的地质环境条件,确定地质灾害敏感性因子,然后针对不同气象条件,分析雨量因子,开展预警预报模型的方法研究,最终建立预警模型,确定预警等级。具体技术路线如图 1-4-47 所示。

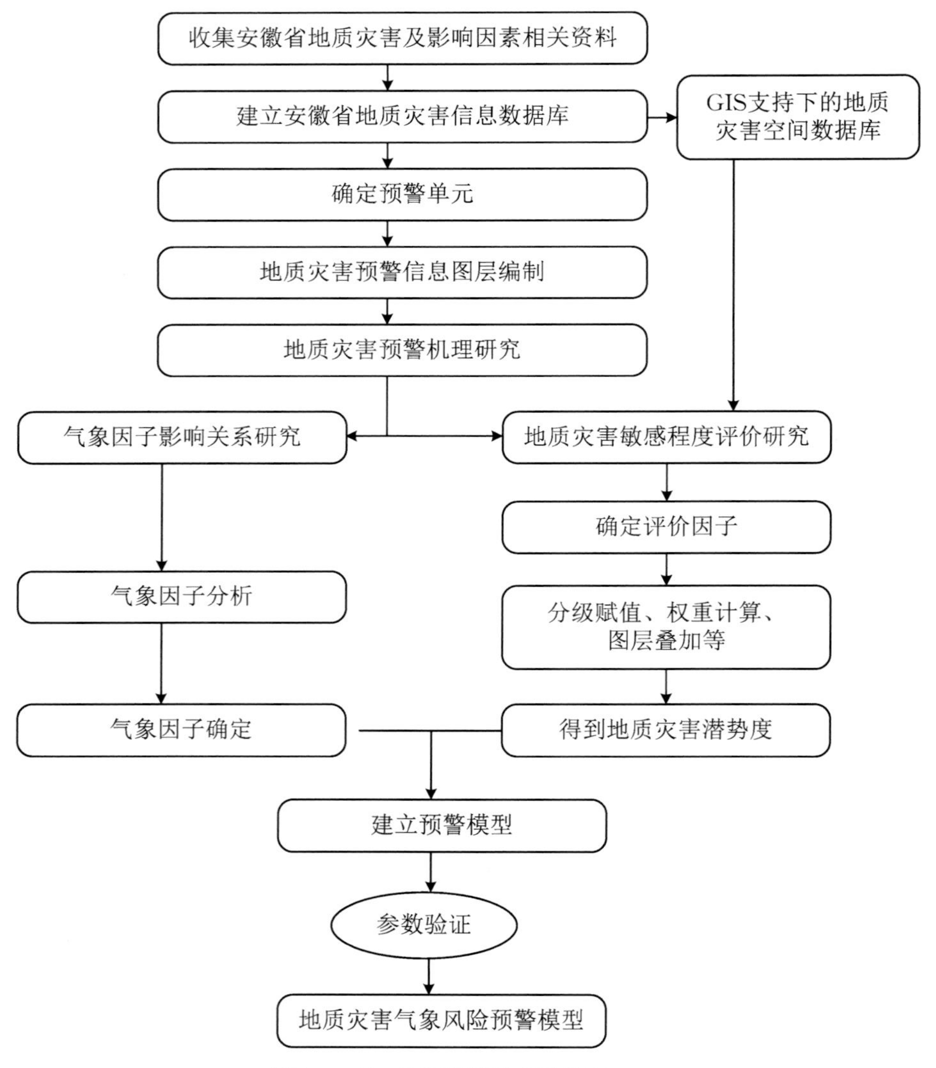

图 1-4-47　预警模型技术路线图

以网格单元作为基本预警单位,在 1:500000 安徽省行政区划上进行剖分,网格单元是格子间隔为 5 km×5 km 的封闭单元。

预警网格潜势度确定。充分考虑安徽省地质灾害发生的地质环境条件、地质灾害历史发生情况等,选取图层为年均降雨量、岩土体、地震动峰值加速度、地形坡度、地貌、水系等,并对图层进行因子量化、因子权重确定,得出各个网格单元的潜势度。

降雨因子由前期降雨量和预报降雨量组成。前期降雨量由气象部门的实况降雨数据库中直接获取,数据来源为气象部门分布在全省的人工和自动雨量监测站。预报降雨量由省气象台提供。预警模型选取有效降雨量和预报雨量作为雨量因子。

地质灾害气象预警模型建立。对预警网格潜势度因子、预报雨量因子、实况雨量因子和地质灾害发生情况,以国家级预警模型为基础,开展预警预报模型的方法研究,最终建立预警模型,确定预警等级。

(2) 预警等级

按照地质灾害发生的风险,将地质灾害气象风险预警分为四级,由弱到强依次为四级、三级、二级、一级。

四级(蓝色),表示24小时内地质灾害发生有一定风险;

三级(黄色),表示24小时内地质灾害发生风险较高;

二级(橙色),表示24小时内地质灾害发生风险高;

一级(红色),表示24小时内地质灾害发生风险很高。

一般情况下,地质灾害气象风险预警等级由地质灾害气象预警系统软件根据地质环境背景条件、实时降雨、气象预测等相关因素进行预测。系统软件自动预警结果应经自然资源与应急、气象、水利等部门组织会商、尽量细化具体范围后发布,并根据雨情、水情变化情况,及时跟进调整地质灾害气象风险预警等级。

(3) 信息发布

地质灾害气象风险预警为四级时,不对外发布;三级以上(含三级)均通过广播、电视(天气预报栏目)、电子终端显示屏、手机短信等多形式发布发送。

(4) 预警响应

发布黄色、橙色、红色预警时,各相关单位、部门和人员应按《安徽省国土资源厅地质灾害应急处置工作规程》,执行值班制度、关注雨量、水情变化,及时上报信息,加强巡查,做好避险转移工作,加强地质灾害防范。

(八) 搬迁避让

搬迁避让是地质灾害防御最有效、最彻底、最根本的措施。将致灾体与承灾体分开,地质灾害风险即刻消除。

国务院2003年颁布的《地质灾害防治条例》中指出:“县级以上人民政府应当组织有关部门及时采取工程治理或者搬迁避让措施,保证地质灾害危险区内居民的生命和财产安全。”

国务院2011年出台的《关于加强地质灾害防治工作的决定》中指出:“地方各级人民政府要把地质灾害防治与扶贫开发、生态移民、新农村建设、小城镇建设、土地整治等有机结合起来,统筹安排资金,有计划、有步骤地加快地质灾害危险区内群众搬迁避让,优先搬迁危害程度高、治理难度大的地质灾害隐患点周边群众。要加强对搬迁安置点的选址评估,确保新址不受地质灾害威胁,并为搬迁群众提供长远生产、生活条件。”

《安徽省地质灾害防治“十四五”规划》明确提出要大力实施避险搬迁工程,“对风险等级高的地质灾害隐患点,可结合新农村、美好乡村、特色小镇、生态移民、乡村振兴等政策,统筹安排,尊重群众意愿,充分考虑“搬得出、稳得住、能致富”的要求,实施搬迁避让,及时防范化解灾害风险。‘十四五’期间,计划实施搬迁避让2000处”。

安徽省自2012年开始实施地质灾害搬迁避让政策以来,先后发布了三版关于搬迁避让项目的实施办法,分别为:安徽省国土资源厅 安徽省财政厅关于印发《安徽省地质灾害避让搬迁“以奖代补”实施办法》的通知(财建〔2011〕369号)、安徽省国土资源厅 安徽省财政厅关于印发《安徽省地质灾害搬迁避让“以奖代补”实施办法》的通知(皖国土资〔2015〕47号)、安徽省自然资源厅 安徽省财政厅关于印发《安徽省地质灾害防治项目及专项资金管理办法》的通知(皖自然资规〔2022〕5号)。补助标准从1户1万上升到1户3万,最后上升到1户6万。

安徽省地质灾害搬迁避让的工作流程(图1-4-48)是:

立项申请:由县级自然资源主管部门会同同级财政部门申报,由市级自然资源主管部门会同同级财政部门对项目验收合格后,统一向省自然资源厅和省财政厅申请补助资金。申报材料包括资金申报表、地质灾害隐患点信息、搬迁前后的全景照片、搬迁安置人员登记册及户籍资料或被拆迁房屋产权证明、乡(镇)人民政府意见等。

项目实施与监管:由省自然资源厅会同省财政厅对项目完成情况视情进行抽查或“双随机、一公开”检查,抽查比例根据当年申报户数确定,抽查户数原则上不低于申报总户数的30%,并督促市级自然资源主管部门对抽查发现问题进行限期整改,整改期间暂停该市搬迁避让项目申报。

项目验收:地质灾害搬迁避让项目完工后,由项目所在地县(市、区)自然资源主管部门会同同级财政等相关部门组织初步验收,验收合格后向市级自然资源主管部门和同级财政部门申请验收,市级自然资源主管部门会同同级财政等相关部门组织专家进行项目验收。验收合格后,由市级自然资源主管部门会同同级财政部门在30日内,将项目验收结果和经费决算审计报告报送省自然资源厅和省财政厅备案。

资金拨付:搬迁避让项目经市级验收确认搬迁户数后,按照每户6万元的标准采取,“以奖代补”方式拨付资金。

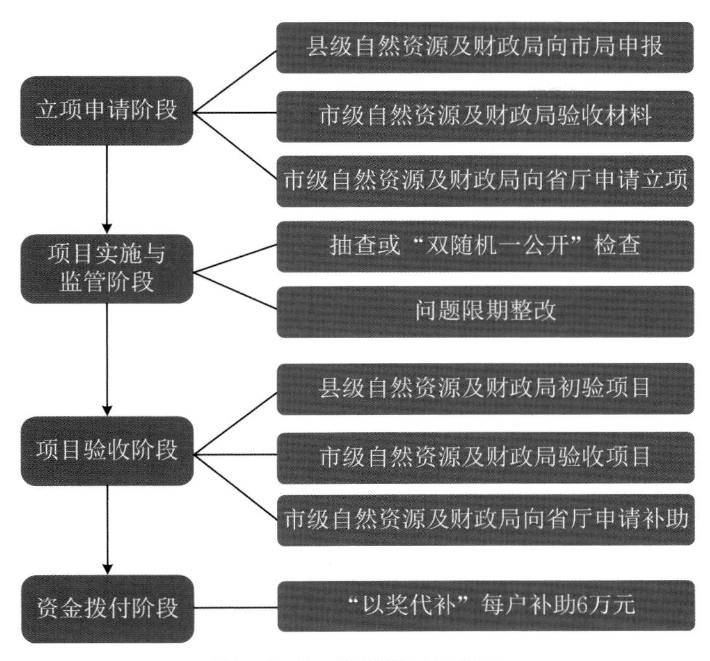

图1-4-48　搬迁避让流程图

图1-4-49　太湖县汤泉乡搬迁避让现场签字

图1-4-50　舒城县某地质灾害隐患点搬迁避让现场拆除

(1) 搬得出

故土难离,如何搬得出是地质灾害搬迁避让的头等大事。搬迁立项前,县自然资源和规划局和当地乡镇政府应成立专门工作组,耐心细致地做群众的思想工作,讲解地质灾害危害,用宣传手册、宣传视频等告诉受威胁群众“一方水土确实养育不了一方人”,虽然山区空气很好,但汛期接到预警信息就得撤离,雨天人心惶惶,搬迁才是根本途径。此外,应用活政策组合拳,多渠道补助搬迁资金,释放政策最大红利。让受灾群众参观安置新区,参观宽敞干净的新房、配套完善的种类设施,告诉他们购买生活所需之物再也不用像以前那样徒步往山上背,让搬迁避让过的群众告诉他们搬迁避让还可迎来全新的工作机遇,能够开启更幸福美好的新生活。

广德市四合乡某地质灾害点搬迁避让前

广德市四合乡某地质灾害点搬迁避让后

图1-4-51　原址搬迁避让前后影像对比

(2) 稳得住

坚持规划先行稳民心。2019年,安徽省易地扶贫搬迁工作领导小组印发《关于进一步加强和完善易地扶贫搬迁产业发展和就业扶持等后续帮扶工作的指导意见》,要求每个安置点都制定产业发展规划,超前谋划安置点产业发展方向,因地制宜选择适宜搬迁户发展的产业和项目。2020年,安徽省易地扶贫搬迁工作领导小组办公室印发《关于进一步加强易地扶贫搬迁后续扶持工作的通知》,根据不同类型、规模的安置区特点,分区分类实施精准帮扶措施,引导农产品加工产能向安置区周边集聚,鼓励劳动密集型企业在安置区建立就业扶贫车间,积极开发公益性岗位兜底就业;加强社区管理和环境整治,促使搬迁群众尽快适应新生活、融入新环境。

(3) 能致富

厚植富民产业。坚持“搬迁是手段、产业是路径、致富是目的”原则,抓好产业和就业两个关键,引导搬迁群众进企业、搞创业。受地质灾害威胁的群众搬迁到县城、产业园、集镇或中心村后,交通条件明显改善,就业机会明显增多。搬迁群众通过外出务工、就地打工实现增收的机会明显增加。如黄山市歙县北岸镇金竹村地质灾害搬迁避让项目对搬迁户户口迁移、子女转学、组织关系优先办理接转等各种手续,并按政策规定减免费用,处理好搬迁后出现的各种问题。水利、教育、交通、供电等部门对新建移民优先列入年度项目计划,落实电力增容、水利配套、子女上学、小区路面硬化等方面的资金。搬迁户在用水、用电、子女入学等方面与安置所在地居民享受同等待遇。搬迁户原有经济林、用材林归搬迁户所有并继续经营，原享受退耕还林等政策性补贴不变，对于搬迁户原有的荒山和闲置的耕地，林业部门优先安排退耕还林项目。对搬迁户剩余劳动力的转移和培训，优先提供科技服务和信息服务。安置区建成后，对密切配合并在规定时间内完成搬迁的住户，优先提供科技服务和信息服务，解决了群众的产业发展问题，同时还为搬迁户提供了就业岗位，实现了搬迁户持续稳定增收和村产业发展的壮大。

图1-4-52 歙县北岸镇金竹村地质灾害点搬迁避让安置新村

五、临灾怎么办

（一）前兆信息

地质灾害发生一般都会有前兆，且不同的灾害往往有不同的前兆，及时捕捉前兆信息，能为防灾减灾避灾赢得宝贵时间。

1. 崩塌前兆

崩塌灾害发生前，经常会有小崩小塌(图1-5-1)，崩塌体的后部裂缝扩大，下部岩石有压裂、挤出、脱落或射出现象，伴有摩擦、撕裂、错断声音；出现热、氡气等异常气体释放现象；坡面常出现新的破裂变形或小面积岩土剥落等现象；地下水位、水质、水量出现异常；动物惊恐不宁等现象。

图1-5-1　小崩小塌是崩塌前兆

2. 滑坡前兆

滑坡前缘、后缘、坡脚、地表会出现异常现象。如堵塞多年的泉水有复活现象或井泉突然干枯,水位突然上涨、突然下降或井泉突然浑浊等异常现象;斜坡前缘或两侧出现局部坍塌;坡脚出现隆起或鼓胀,坡体中部、前部出现横向、纵向或放射状裂缝;岩石有开裂、被剪切挤压现象;后缘裂缝急剧扩大,伴有热气或冷风冒出等现象;坡上房屋倾斜、开裂,树木无序歪斜、倾倒呈醉汉林状;动物惊恐不宁,各类观测数据出现异常(图1-5-2)。

图1-5-2　滑坡前兆

3. 泥石流前兆

河水异常:河水突然断流或洪水突然增大,并夹有较多的石块、泥砂、柴草、树木,支流已出现小型泥石流,说明河沟谷上游已形成泥石流。

山体异常:坡脚出现很多白色或浑浊水流,山坡有变形、臌胀、开裂,树木有歪斜,建构筑物体出现倾斜现象。

声响异常:如果在山上听到沙沙声音,但是却找不到声音的来源,这可能是砂石的松动、流动发出的声音，是泥石流即将发生的征兆。如果山沟或深谷发出轰鸣声音或有轻微的震动或地震，说明泥石流正在形成。

动物异常：动物惊恐，如出现鸡犬不宁、老鼠搬家等现象（图1-5-3）。

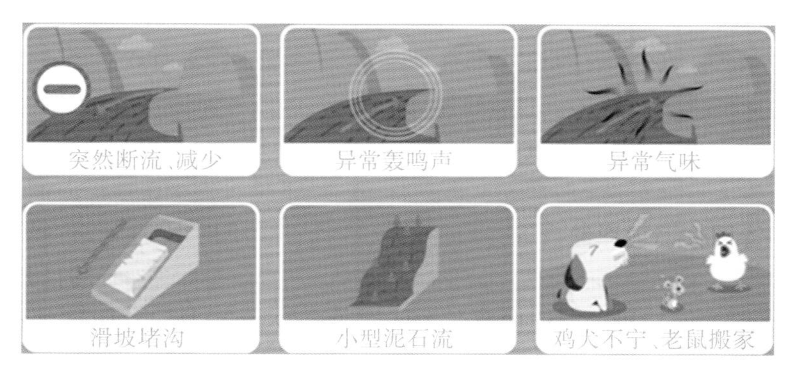

图1-5-3　泥石流前兆

4. 地面塌陷前兆

井泉异常：突然干枯或浑浊翻砂，水位骤然降落。

地面异常：地面出现环型裂缝、局部鼓胀、垮塌或沉降、积水、冒泡或现旋流等（图1-5-4）。

建筑物异常：开裂、倾斜、作响。

声响异常：微微可听到地下岩土层垮落声。

动植物异常：植物歪斜、倾倒，动物惊恐不宁。

图1-5-4　地面塌陷前兆

(二)灾情速报

单位或个人一旦发现或接报突发地质灾害时,应立即向灾害发生地乡镇政府报告,经复核后立即向县政府报告,再经快速复核后形成速报,及时向市人民政府报告。

图1-5-5　灾情速报

若有人员伤亡,灾害发生地县(市、区)自然资源部门、应急管理部门应及时向本级人民政府、上一级自然资源主管部门和应急管理部门、上级人民政府速报。

发生特别重大、重大地质灾害后,灾害发生地设区市自然资源部门、应急管理部门应在接报后1小时内将灾情报告省自然资源厅和省应急厅;发生涉及人员伤亡的较大和一般地质灾害后,灾害发生地设区市自然资源部门和应急管理部门在接报后2小时内,将灾情报告省自然资源厅和省应急管理厅。

省自然资源厅和省应急管理厅在接到地质灾害报告后,应相互通报信息并开展会商。按相关规定向省委、省政府、自然资源部、应急管理部报告,同时对灾情进行核实,及时续报。

速报内容主要包括:地质灾害发生时间、地点、类型、灾害体的规模、等级、伤亡人数、直接经济损失、可能的引发因素、发展趋势以及先期处置情况等。

(三)临灾处置

1. 按预定方案组织疏散

预先选定撤离路线、规定预警信号、避难场所,临灾时按预定方案组织疏散(图1-5-6)。

图 1-5-6　做好预定组织方案

2. 立即撤离受灾群众

临灾群众立即撤离，不可贪恋财物。滑坡发生时，应向滑坡边界两侧之外撤离，而不能沿滑动方向跑，不要顺坡往坡下跑；遇到崩塌时，要向石块滚落方向的两侧跑，如身处崩塌影响范围之外，一定要绕行，若跑不及时，可躲避在障碍物下或在地沟坎蹲下，并保护好头部；发生泥石流时，不能沿沟向下或向上跑，而应向两侧山坡上跑，离开沟道、河谷地带，不要上树躲避，也不要在沟道弯曲的凹岸或地方狭小不高的凸岸躲避，这些地方可能被泥石流体冲毁(图 1-5-7、图 1-5-8)。

图 1-5-7　临灾逃生示意图

图1-5-8　临灾群众撤离现场

3. 停止危险活动、设立警示标志

及时划定危险区,停止危险活动,设立警示标志(图1-5-9),封锁进出道路。

立即停止开挖坡脚等加剧地质灾害产生的危险活动。设立警示标志,禁止行人及车辆进入或通过危险区。

图1-5-9　临灾停止危险活动、设立警示标志

4. 应急工程处置

(1) 开挖排水沟和截水沟将地表水引出危险区

当滑坡、崩塌体尚未稳定,或者后山斜坡仍存在滑动、崩落危险时,可以根据现场情况,迅速开挖排水沟或截水沟,将流入危险区内的地表雨水堵在外或将滑坡、崩塌区内的地表水引出区外(图1-5-10)。

(2) 及时封堵裂隙防止地表水的直接渗入

滑坡后缘出现裂缝时,应及时封堵处理,防止雨水沿裂隙渗入滑坡中。可以利用塑料布直接铺盖,或用泥土回填封闭,也可利用混凝土预制盖板遮盖(图1-5-10、图1-5-11)。

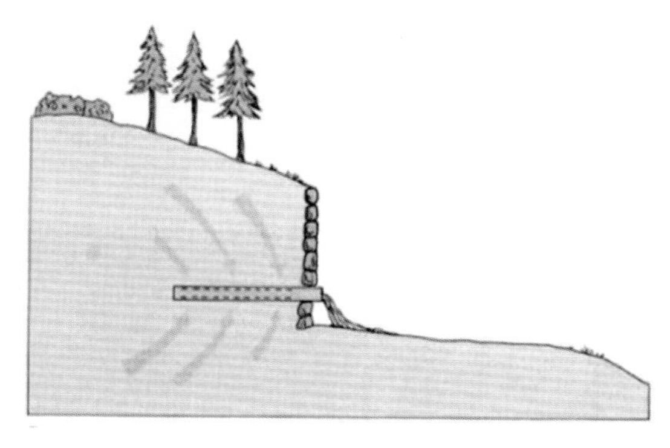

图1-5-10　临灾截、排水工程措施

图1-5-11　封堵裂缝

(3) 利用重物反压坡脚减缓滑坡的滑动

当山坡前缘出现地面鼓起和推挤时,表明滑坡即将滑动。这时应该尽快在前缘堆积砂压脚(图1-5-12),抑制滑坡的继续发展,为财产转移和滑坡的综合治理赢得时间。

(4) 在后缘实施简易的削方减载工程

当滑坡仍在变形滑动时,可以在滑坡后缘拆除危房,清除部分土石,以减轻滑坡的下滑力,提高滑坡体的稳定性(图1-5-13)。清除的土石可堆放于滑坡前缘,达到压脚的效果。

最后需要指出的是,在地质灾害的避险救灾的过程中,还应特别注意滑坡、崩塌、泥石流引发的堵河、涌浪等次生灾害,事前作出充分的预判,做到有备无患、临危不乱。

图1-5-12　反压坡脚

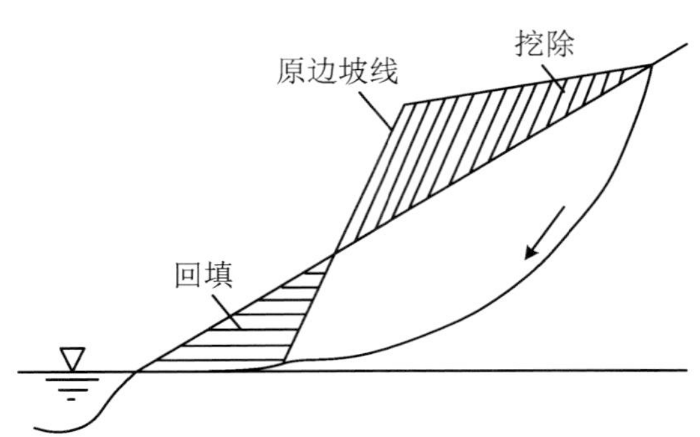

图1-5-13　削坡减载

六、遇灾怎么救

根据《安徽省应急管理厅关于印发安徽省突发地质灾害应急预案的通知》(皖应急〔2021〕119号),将安徽省突发地质灾害危害程度和规模大小分为特别重大、重大、较大和一般四个级别。

特别重大级:受灾害威胁,需搬迁转移人数在1000人以上,或潜在经济损失1亿元以上;因灾死亡30人以上,或因灾造成直接经济损失1000万元以上。

重大级:受灾害威胁,需搬迁转移人数在500人以上、1000人以下,或潜在经济损失5000万元以上、1亿元以下;因灾死亡10人以上、30人以下,或因灾造成直接经济损失500万元以上、1000万元以下。

较大级:受灾害威胁,需搬迁转移人数在100人以上、500人以下,或潜在经济损失500万元以上、5000万元以下；因灾死亡3人以上、10人以下，或因灾造成直接经济损失100万元以上、500万元以下。

一般级：受灾害威胁，需搬迁转移人数在100人以下，或潜在经济损失500万元以下；因灾死亡3人以下，或因灾造成直接经济损失100万元以下。

（一）启动响应

突发地质灾害应急救援实行分级响应，分为四级、三级、二级和一级，一级为最高级别。

1. 四级响应

由省应急厅视情启动。

启动条件：

① 达到一般地质灾害分级标准。

② 发生社会关注、危害较大，造成一定损失的地质灾害。

响应措施：

① 加强监测，会商灾害发展趋势，对灾害发生地给予指导和支持。

② 及时掌握灾情信息，并及时向省人民政府报告。

2. 三级响应

由省应急厅启动。

启动条件：

① 达到较大地质灾害分级标准。

② 发生社会关注度较高、危害大、造成较大损失的地质灾害。

响应措施：

① 协调调拨救灾物资、装备等应急资源。

② 必要时派出工作组或专家组。

3. 二级响应

由省指挥部启动。

启动条件：

① 达到重大地质灾害分级标准。

② 发生社会关注度非常高、危害重大、造成重大损失的地质灾害。

响应措施：

① 省人民政府成立现场指挥部，派出或指定现场指挥部总指挥，统一指挥灾害应急处置工作。

② 省指挥部根据情况派出有关成员单位人员赶赴现场，按照现场指挥部要求开展应急处置工作。

③ 组织相关专家赶赴现场，会商研判灾害发展趋势，提出应急处置对策。

④ 组织驻皖解放军、武警部队、公安、消防、卫生等救援力量开展人员搜救和抢险，做好伤员救治工作。

⑤ 紧急调拨生活救助物资，保障受灾群众的基本生活。

⑥ 根据需要，组织省相关部门和单位派出专业技术人员，抢修被损毁的交通、通信、供水、排水、供电、供气、供热等基础设施。

⑦ 及时发布灾情信息，做好舆论引导工作。

⑧ 开展灾情调查，对灾区损失情况进行评估和统计汇总，及时报送灾情信息和应急处置工作情况。

4. 一级响应

由省指挥部启动。

启动条件：

① 达到特别重大地质灾害分级标准。

② 发生社会关注度特别高、危害特别大、造成特别重大损失的地质灾害。

响应措施：

① 认真落实党中央、国务院的指示精神和工作部署，在国家有关应急指挥机构的统一领导下开展处置工作。

② 根据需要，请求国家相关部门给予指导和支援。

5. 响应级别调整

应急响应启动后，根据突发地质灾害分级条件、发展趋势和天气变化等因素，适时调整应急响应等级，避免响应不足或响应过度。

（二）抢险救援

1. 地方政府

接到地质灾害灾情、险情报告的当地县（市、区）人民政府及所属部门、乡（镇）人民政府（街道办事处）、基层群众自治组织及有关责任单位应先期处置。立即派人赶赴现场开展调查，形成速报；立即转移疏散受威胁人员，划定危险区、设立警示标志、封锁进出道路（图1-6-1）；情况紧急时，可强行组织避灾疏散。

图1-6-1　遇灾封锁现场及进出道路

2. 自然资源主管部门

突遇地质灾害但无人员伤亡时，市自然资源和规划局应派遣专业技术人员立即赶赴现场，开展地质灾害成因调查，研判发展趋势，给出稳定性评价，提出应急处置措施与建议。

若有人员伤亡，市自然资源和规划局应请求省自然资源厅派遣专家组赴现场，必要时请求国家派遣专家进行指导(图1-6-2)。通过调查、监测，尽早拿出应急处置方案，评估次生地质灾害风险，特别要充分考虑连续强降雨导致次生灾害加剧或二次灾害发生，最大限度保护救灾人员安全，尽最大努力防范次生灾害造成新的人员伤亡和财产损失。

图1-6-2　现场调查

3. 应急管理部门

各级政府和应急管理部门应快速高效组织救援力量(图1-6-3)，把抢救生命作为首要任务，全力做好人员搜救、伤员救治、灾民安置工作，最大限度地减少人员伤亡。

图1-6-3　地质灾害抢险救援

(三)终止响应

当人员搜救工作已经完成,受灾群众基本得到安置,灾区群众生活基本得到保障,灾区社会秩序基本恢复正常后,原启动应急响应的机构可下令终止响应。

(四)信息发布

县级以上人民政府或其设立的应急指挥机构应当按照权限,及时、准确地向社会发布突发地质灾害相关信息,发布的内容主要包括地质灾害发生地点、发生原因、严重程度、损害情况、影响范围、应对措施等。

七、灾害怎么治

(一)排危除险

根据《安徽省地质灾害防治项目及专项资金管理办法》(皖自然资规〔2022〕5号),"对规模较小、治理措施简单的地质灾害隐患可实施排危除险","排危除险项目,由市级自然资源主管部门会同同级财政部门统一组织专家对辖区内县级自然资源主管部门和同级财政部门申报的排危除险项目设计方案进行审查,审定施工技术方案、实物工作量和治理所需费用,并根据审查结果和工作实际统筹安排实施项目,向省自然资源厅和省财政厅申请立项,随文附项目申报表、设计方案和专家审查意见。项目申报单位对项目的真实性、完整性、准确性负责。省自然资源厅会同省财政厅对项目申报材料的合规性、合理性进行审查”。

1. 勘查

(1) 目的任务

查明地质灾害类型、原因，划定危险区，提出治理措施与建议，为排危除险工程设计提供依据。

(2) 勘查要求

鉴于排危除险勘查的紧迫性和专业性，宜采用无人机、激光雷达(LiDAR)、合成孔径雷达干涉测量(InSAR)、边坡雷达等先进技术，辅以地面测绘、物探、钻探、槽探、实验试验等传统方法，围绕将要采取的工程措施，按相关规范要求快速精准地实施勘查。

(3) 工作内容

全面收集以往资料，开展整理分析；查明成灾地质环境条件、诱发因素和地质灾害成因；查明地质灾害发育特征，评价其稳定性和发展趋势，划定威胁范围和危险区范围。

野外工作结束后，应及时编写和提交勘查成果报告，内容包括勘查报告、图件以及其他附件。勘查成果编制应突出针对性和实用性，应做到简明扼要、重点突出、论据充分、结论明确。附件包括野外调查表、照片集、视频、影像等。

2. 设计

(1) 设计工序

地质灾害排危除险工程设计为一阶段设计，即直接进行施工图设计。

勘查工作结束后，应立即开始设计，情况紧急时可边勘查、边设计、边施工、边监测，采用动态设计，根据现场实际变化完善设计方案。

(2) 设计要求

排危除险设计应以最少的投资、最短的工期、最好的工程治理效果及时消除安全隐患，做到技术先进、安全可靠、经济合理、环境协调。

应充分收集相关的气象、水文、地形、地质等资料，作为工程设计的依据，在室内和野外试验的基础上，结合类似工程的经验参数，进行对比分析后，因地制宜选用技术指标。

应当注意与当地社会、经济和环境发展相适应，与市政规划、生态环境保护相结合，并在安全、经济、适用的前提下尽量做到与当地环境协调一致。

应进行动态设计，根据实际揭露地质结构，及时合理调整工程设计方案，确保合理可靠。

设计方案中特别要求做好安全监测，包括施工期间安全监测和竣工后工程效果监测。

(3) 工作内容

崩塌、滑坡、泥石流、地面塌陷等地质灾害排危除险设计应按规范性指导文件所列的相关要求进行设计。内容包括设计报告、计算书、预算书和设计图册。

设计报告一般内容包括前言、概况、防治工程设计、工程监测设计、施工组织设计、环保规划设计、工程管理、工程实施效果评价等,前附项目审批及排危除险设计审查意见。

设计计算书应详细说明设计的计算公式、计算步骤和计算结果。

预算书应详细说明预算的编制办法、费率标准、实际工程量、定额依据及工程总投资等。

设计图册包括平面图、剖面图、结构详图等,一般为A3幅面,平面布置图可采用A1、A0或更大幅面。

3. 施工

地方政府应选择具有地质灾害工程施工资质,且有同类工程施工经验的施工单位负责施工。施工单位一定要按施工图设计、施工组织设计规范施工。

图1-7-1　贵池区梅村镇霄坑村六队梅霄道路边坡崩塌排危除险前

图1-7-2　贵池区梅村镇霄坑村六队梅霄道路边坡崩塌排危除险后

图1-7-3　东至县木塔乡荣胜村郑家组某户屋后滑坡排危除险前

图1-7-4　东至县木塔乡荣胜村郑家组某户屋后滑坡排危除险后

图1-7-5　石台县仙寓镇奇峰村罗家组某户屋侧地面塌陷排危除险前后

(二)工程治理

根据《安徽省地质灾害防治项目及专项资金管理办法》(皖自然资规〔2022〕5号),“对风险等级较高、威胁人数较多、难以搬迁避让的实施工程治理”,“工程治理项目,由县级自然资源主管部门会同同级财政部门向市级自然资源主管部门和财政部门申报,经市级自然资源主管部门会同同级财政部门审核同意后,报省自然资源厅和省财政厅申请立项,并附项目申报表和勘查、设计方案。省自然资源厅会同省财政厅组织专家现场踏勘核实项目是否符合工程治理条件;对符合条件的项目进行勘查、设计方案审查,审定施工技术方案、实物工作量和治理所需费用”。

工程治理项目周期为2年,由县级自然资源主管部门全程负责实施、管理和监督,根据招投标及政府采购要求,择优确定具有相应地质灾害防治资质的项目承担单位。项目的勘查和设计承担单位不得同时确定为施工和监理单位。市级自然资源主管部门对辖区内地质灾害防治项目的实施进度、工程质量、资金使用及绩效管理进行全程监督检查。地质灾害治理工程完工后,由项目所在地县(市、区)自然资源主管部门会同同级财政等相关部门组织初步验收,验收合格后向市级自然资源主管部门和同级财政部门申请验收。市级自然资源主管部门会同同级财政等相关部门组织专家进行项目验收。验收合格后,由市级自然资源主管部门会同同级财政部门在30日内将项目验收结果和经费决算审计报告报送省自然资源厅和省财政厅备案。

六安市舒城县三石村因高切坡建房引发崩塌隐患,经勘查、设计,采用灌浆、喷缝、护坡、修建截排水沟、危岩清除、搭建防护网等措施进行了工程治理,有效消除了地质灾害隐患。

图1-7-6　六安市舒城县某村崩塌隐患治理效果

《地质灾害防治条例》第三十四条规定:“因自然因素造成的特大型地质灾害,确需治理的,由国务院自然资源主管部门会同灾害发生地的省、自治区、直辖市人民政府组织治理。因自然因素造成的其他地质灾害,确需治理的,在县级以上地方人民政府的领导下,由本级人民政府自然资源主管部门组织治理。因自然因素造成的跨行政区域的地质灾害，确需治理的，由所跨区域的地方人民政府自然资源主管部门共同组织治理。”“因工程建设等人为活动引发的地质灾害，由责任单位承担治理责任。”

21世纪以来，安徽省实施了大批地质灾害治理工程，取得了良好的治理效果，积累了大量的治理经验，有效地保障了人民生命财产安全。

受强降雨影响，2009年8月11日池州市九华山三道桥处发生滑坡，后采用格构锚杆、抗滑桩、坡底挡土墙、排水沟、截水沟等措施进行了治理，取得良好的社会效益与环境效益。

图1-7-7　池州市九华山三道桥滑坡治理效果

2019年8月9日，宁国市南极乡龙川村小坪乡发生崩塌，存在泥石流威胁，经治理有效消除了隐患。

图1-7-8　池州市九华山三道桥滑坡治理效果

1. 标准规范

(1) 滑坡治理技术规范

滑坡防治工程勘查规范GB/T 32864—2016；

滑坡防治设计规范GB/T 38509—2020;
滑坡防治工程勘查规范DZ/T 0218—2006;
滑坡防治工程设计与施工技术规范DZ/T 0219—2006;
滑坡防治回填压脚治理工程设计规范(试行)T/CAGHP 056—2019;
滑坡防治回填压脚治理工程施工技术规程(试行)T/CAGHP 042—2018。

(2) 崩塌治理技术规范

崩塌防治工程勘查规范(试行)T/CAGHP 011—2018;
崩塌防治工程设计规范(试行)T/CAGHP 032—2018;
崩塌防治工程施工技术规范(试行)T/CAGHP 041—2018;
危岩落石柔性防护网工程技术规范(试行)T/CAGHP 066—2019;
崩塌监测规范(试行)T/CAGHP 007—2018。

(3) 泥石流治理技术规范

泥石流灾害防治工程勘查规范DZ/T 0220—2006;
泥石流灾害防治工程勘查规范(试行)T/CAGHP 006—2018;
泥石流防治工程设计规范(试行)T/CAGHP 021—2018;
泥石流防治工程施工技术规范(试行)T/CAGHP 061—2019;
泥石流泥位雷达监测技术规程(试行)T/CAGHP 034—2018。

(4) 地面塌陷治理技术规范

岩溶地面塌陷防治工程勘查规范(试行)T/CAGHP 076—2020;
岩溶塌陷防治工程设计规范(试行)T/CAGHP 077—2020;
岩溶塌陷防治工程施工技术规范(试行)T/CAGHP 072—2020;
岩溶地面塌陷监测规范(试行)T/CAGHP 075—2020;
采空塌陷勘查规范(试行)T/CAGHP 005—2018;
采空塌陷防治工程设计规范(试行)T/CAGHP 012—2018;
采空塌陷防治工程施工规范(试行)T/CAGHP 059—2019;
采空塌陷地质灾害监测规范(试行)T/CAGHP 078—2020。

(5) 地面沉降治理技术规范

地面沉降测量规范DZ/T 0154—2020;
地面沉降调查与监测规范DZ/T 0283—2015;
地面沉降监测技术要求DD 2006—02;
地面沉降防治工程设计技术要求(试行)T/CAGHP 026—2018;
地面沉降防治工程施工规范(试行)T/CAGHP 058—2019。

(6) 地质灾害治理通用技术规范

地质灾害防治条例2003年国务院394号令；
崩塌、滑坡、泥石流监测规范DZ/T 0221—2006；
地质灾害防治工程监理规范DZ/T 0222—2006；
集镇滑坡崩塌泥石流勘查规范DZ/T 0262—2014；
滑坡崩塌泥石流治理工程勘查规范DB43/T 2563—2023；
抗滑桩治理工程设计规范(试行)T/CAGHP 003—2018；
坡面防护工程设计规范(试行)T/CAGHP 027—2018；
地质灾害生物治理工程设计规范(试行)T/CAGHP 050—2018；
地质灾害治理锚固工程设计规范(试行)T/CAGHP 073—2020；
滑坡崩塌防治削方减载工程设计规范(试行)T/CAGHP 055—2019；
崩塌滑坡灾害爆破治理工程设计规范(试行)T/CAGHP 036—2018；
地质灾害排水治理工程设计规范(试行)T/CAGHP 035—2018；
地质灾害拦石墙工程设计规范(试行)T/CAGHP 060—2019；
抗滑桩施工技术规程(试行)T/CAGHP 004—2018；
坡面防护工程施工技术规程(试行)T/CAGHP 028—2018；
地质灾害生物治理工程施工技术规程(试行)T/CAGHP 053—2018；
地质灾害治理锚固工程施工技术规程(试行)T/CAGHP 049—2018；
崩塌滑坡灾害爆破治理工程施工技术规程(试行)T/CAGHP 037—2018；
地质灾害削方减载治理工程施工技术规程(试行)T/CAGHP 048—2018；
地质灾害防治排水工程施工技术规程(试行)T/CAGHP 057—2019；
地质灾害拦石墙工程施工技术规程(试行)T/CAGHP 062—2019；
突发地质灾害应急监测预警技术指南(试行)T/CAGHP 023—2018；
地质灾害治理工程施工安全监测规范(试行)T/CAGHP 044—2018；
地质灾害应力应变监测技术规程(试行)T/CAGHP 009—2018；
地质灾害治理工程质量检验评定标准(试行)T/CAGHP 054—2019。

(7) 地质灾害治理其他相关技术规范

混凝土结构设计规范GB 50010—2010(2016年版)；
锚杆喷射混凝土支护技术规范GB 50086—2015；
公路沥青路面施工技术规范JTG F40—2004；
地基与基础工程施工及验收规范GB J 202—83；
建筑边坡工程技术规范GB 50330—2013；
建筑地基基础设计规范GB 5007—2011；

建筑结构荷载规范GB 50009—2012;

砌体结构设计规范GB 50003—2011。

(8) 预算标准

地质灾害防治工程施工机械台时费定额及混凝土、砂浆配合比(试行)T/CAGHP 065.4—2019;

地质灾害勘查预算标准(试行)T/CAGHP 074—2020;

地质灾害防治工程工程量清单计价规范(试行)T/CAGHP 065.2—2019;

地质灾害治理工程施工组织设计规范(试行)T/CAGHP 020—2018;

地质灾害治理工程监理预算标准(试行)T/CAGHP 015—2018;

地质灾害防治工程概(估)算编制规范(试行)T/CAGHP 065.1—2019;

地质灾害防治工程预算定额(试行)T/CAGHP 065.3—2019。

2. 勘查设计

(1) 勘查

① 目的任务

查明地质灾害类型、原因,划定危险区,提出治理措施与建议,为治理工程设计提供依据。

② 勘查要求

按相关规范要求进行勘查。

与一般的地质勘查不同,除查明地质灾害影响范围内的地质环境条件外,重点要围绕将要布设的治理工程进行勘查。如布设抗滑桩,那就要针对桩的工程进行勘查;如治理工程是挡墙,那就要围绕挡墙工程进行勘查。每一项治理工程应有勘查剖面图,治理工程结束后还须提供施工后的地质断面图。

勘查工作要做到位。崩塌治理勘查要查明全坡危岩体的数量、规模、分布,人员难以上去的高陡坡顶要采用无人机进行搜查,植被茂密的要采用机载LiDAR进行搜查,确保在治理过程中清除所有危岩体。滑坡治理勘查应准确查明其边界范围、滑坡面的位置及滑带岩土体工程地质特征,准确查明剪出口的位置,以便为各类治理工程的布设提供准确位置和深度依据。泥石流治理工程勘查首先要根据堆积物的多少初步查明是山洪还是泥石流,堆积区应布设物探或钻探剖面,查明泥石流的历史发生情况,推断泥石流的频次。岩溶塌陷勘查应全面收集以往资料,开展详细的地面调查工作,根据岩溶发育强度、上覆盖松散层厚度、地下水位升降区域准确圈定岩溶塌陷危险区,再据此布设物探及钻探工作量。采空塌陷勘查首先要全面收集采矿资料,准确掌握采空区的空间分布,准确查明垮落带、弯曲带和变形带的分布。

③ 工作内容

全面收集以往资料，开展整理分析；查明成灾地质环境条件、诱发因素和地质灾害成因；查明地质灾害发育特征，评价其稳定性和发展趋势，划定威胁范围和危险区。

野外工作结束后，应及时编写和提交勘查成果报告，内容包括勘查报告、图件以及其他附件。勘查成果编制应突出针对性和实用性，应做到简明扼要、重点突出、论据充分、结论明确。附件包括野外调查表、照片集、视频、影像等。

（2）设计

① 设计阶段

地质灾害治理工程为一阶段设计，即直接进行施工图设计。大型地质灾害应开展两个阶段设计，即方案设计和施工图设计；特大型地质灾害应开展三个阶段设计，即方案设计、初步设计和施工图设计。

② 设计要求

应充分收集相关的气象、水文、地形、地质等资料，作为工程设计的依据，在室内和野外试验的基础上，结合类似工程的经验参数，进行对比分析后，因地制宜选用技术指标。

应当注意与当地社会、经济和环境发展相适应，与市政规划、生态环境保护相结合，并在安全、经济、适用的前提下尽量做到与当地环境协调一致。

应进行动态设计，根据实际揭露地质结构，及时合理调整工程设计方案，确保合理可靠。

设计方案中特别要求做好安全监测，包括施工期间安全监测和竣工后工程效果监测。

③ 工作内容

崩塌、滑坡、泥石流、地面塌陷等地质灾害治理工程设计应按规范性指导文件所列的相关要求进行设计，内容包括设计报告、计算书、预算书和设计图册。

设计报告一般内容包括前言、概况、治理工程设计、工程监测设计、施工组织设计、环保规划设计、工程管理、工程实施效果评价等，前附项目审批及排危除险设计审查意见。

设计计算书应详细说明设计的计算公式、计算步骤和计算结果。

预算书应详细说明预算的编制办法、费率标准、实际工程量、定额依据及工程总投资等。

设计图册包括平面图、剖面图、结构详图等，一般为A3幅面，平面布置图可采用A1、A0或更大幅面。

3. 治理措施

（1）滑坡治理

滑坡治理的核心是降低下滑力，增加抗滑力（图1-7-9），方法通常有三类：一是地下排水和地表排水；二是设置合适的支挡物来防止滑坡的发生；三是利用几何分析来削减滑坡产生区土体的质量、增大阻止滑坡下滑的土体体积。

图1-7-9　滑坡治理的核心是降低下滑力和增加抗滑力

如果是浅表层岩土体滑坡隐患,应优先采用格构工程进行防护,格构梁的尺寸、结构、间距以及锚杆的材质、长度、直径均应视滑坡体的厚度按现行标准确定。若坡度较陡,下滑力大时,应采用钢筋混凝土格构加预应力锚索防护。坡面格构工程还应与切坡段挡墙工程形成一体,滑坡体周边稳定地段构筑截水工程、坡脚应布设排水工程。

如果滑动面埋深较浅,切坡面上能够清楚地观察到软弱夹层、易滑地层、顺层顺向结构面,剪出口位置清晰,可考虑在山坡上的主滑地段施工1～2排微型桩进行阻滑,坡脚采用挡墙进行支挡,滑坡体周边稳定地段应布设截水工程、坡脚布设排水工程、挡墙上应布设梅花状布设泄水孔。

如果滑动面埋藏相对较深,切坡面上能够清楚地观察到软弱夹层、易滑地层、顺层顺向结构面,剪出口位置清晰,可考虑在山坡的主滑地段分级施工抗滑桩,坡脚采用混凝土挡墙或锚拉式挡墙进行支挡,滑坡体周边稳定地段布设截水工程、坡脚布设排水工程、挡墙上梅花状布设泄水孔。

若滑动面位置较深,但剪出口位置清晰且位于斜坡段,且坡面临空,则斜坡的主滑地段应分级施工多排抗滑桩,切坡段应采用微型桩板墙或钻孔灌注桩构成的抗滑桩板墙进行支挡。滑坡体后缘、两侧的稳定斜坡上应布设截水工程,坡脚应布设排水工程、桩板墙体梅花状布设泄水孔。微型桩、抗滑桩的数量、桩长、桩径、结构、强度应满足现行勘查、设计、施工标准。滑坡体周边的截水沟应超出滑坡体范围,坡脚排水沟应超出房屋建设范围。挡墙上泄水孔应按梅花状布设,位置对应切坡记录的泉水点、渗水点、潮湿带、断层破碎带,应按相关规范要求设置反滤层。

具体工程措施如下:

① 截排水措施

运用地表和地下排水方法减少地表水入渗,并排除滑坡体内的水体。可在滑坡边界外设置地表水截流沟,防止区外地表径流进入滑坡体内。滑坡面积较大或坡面地表径流排泄不畅可考虑在滑坡表面设置排水沟(图1-7-10)。若滑坡体内地下水较丰富,并可能对滑坡稳定性造成较大影响,可钻井或人工挖井抽取地下水,也可在地形转折部位挖坑排泄地下水(图1-7-11)。

② 支挡工程

滑坡有坡脚多采用各类挡墙进行支挡(图1-7-12、图1-7-13)。支挡工程的布设应在勘查基础上确定,避免盲目性。

③ 削方减载、反压坡脚

根据滑坡动力特性分析,对于中、后部为主滑段,前部为阻滑段的滑坡,条件允许可考虑拆除滑坡体中、后部房屋等构筑物以及部分凸出的松散堆积体,减小滑动推力,在滑坡前缘加载,增加抗滑阻力(图1-7-14)。

图1-7-10　地表水排水工程

图1-7-11　地下水泄水孔工程

图1-7-12　挡墙

图1-7-13　桩板墙

图1-7-14　坡面减载、坡脚反压

④ 降坡

对于地形地貌相对孤立，且相对高差不大的滑坡地质灾害，可考虑采用降坡的方法加以治理(图 1-7-15)。

图 1-7-15　降坡前后对比

⑤ 植被防护

植被防护主要是指利用种草、植树等防护滑坡表层(图 1-7-16)。可通过种植草、灌木、树等对滑坡表层进行防护，以防治表层溜塌、减少地表水入渗和冲刷。可与格构、格栅等工程防治结合使用。

图 1-7-16　植被防护

(2) 崩塌治理

治理崩塌的总体思路就是清理坡面所有危岩、浮石，碎块石较多难以清理时采用柔性防护网，植被不发育时可采用主动防护网，植被发育时为避免生态环境破坏可采用被动防护网。

直面上若有孤石、块状危岩体，应查明其分布、数量、规模及裂隙贯通情况，采取人工或静态爆破予以清除。

危岩体若呈碎块状，且数量多，应视植被发育情况布设主动防护网或被动防护网。植被发育的布设被动防护网,植被不发育的布设主动防护网。

切坡段若发现有块状浮石、楔形体,具一定规模且数量有限,应采取人工或静态爆破清除。

若坡体整体破碎不稳定或岩体被风化成散体状,在清除不均匀风化遗留的块石后,应优先采用仰斜式挡墙进行支挡。若切坡段较陡,可采用直立式挡墙、扶壁式挡墙、锚拉式挡墙或微型桩板墙进行支挡。

若坡面有凹腔,危岩体悬空,可考虑采用混凝土等材料充填封闭凹腔,或采用支撑结构将危岩体的重力传于稳定的地基之上。若承灾体与陡崖之间有宽缓的低平地,可优先布设落石槽和拦石墙。

具体措施如下:

① 地表截流

地表水渗入危岩裂隙中,来不及排泄,水位急剧增高,会产生较大的静水压力,还会导致岩体间黏结力减弱,风化速度加快,危岩稳定性减弱。可在危岩体外挖一截流沟,防止大气降水的地表径流及危岩体后方的地表水汇入基岩裂缝中,尺寸及位置须因地制宜设计。

② 凹岩腔嵌补

由于差异风化作用形成的凹岩腔,宜采用浆砌条石或片石进行嵌补,可防止软弱岩层进一步风化,也可对上部危岩体提供支撑,提高稳定性(图1-7-17)。

图1-7-17 凹岩腔嵌补

③ 锚索加固

对于稳定性差不能清除也无法支撑的危岩块体可采用锚索加固方案,宜采用预应力锚索,锚固段须进入稳定岩体中风化长度不小于5 m,锚固角度与危岩壁垂直或略向下倾。锚索钢绞线根数及直径须计算后确定(图1-7-18、图1-7-19)。

④ 危岩清除、挂网、锚喷

对规模小、稳定性差、搬迁困难的崩塌地质灾害,尤其是公路切坡形成的崩塌地质灾害,可采用清除(爆破或人工削除)危岩后挂网锚喷的方案,达到长治久安的目的(图1-7-20至图1-7-23)。

图1-7-18　锚固

图1-7-19　格构锚固

图1-7-20　清除危岩

图1-7-21　挂网

图1-7-22　主动防护网

图1-7-23　被动防护网

⑤ 支挡

在山体坡脚或半坡上，设置挡墙拦截落石至平台和沟槽，修筑拦坠石的挡墙等工程防治小型崩塌(图1-7-24、图1-7-25)。

图1-7-24　坡脚挡墙

图1-7-25　危岩支撑

(3) 泥石流治理

在不同的区域采取不同的工程措施(图1-7-26)。物源区主要开展水土保持，对崩塌、滑坡进行治理，流通区主要布设谷坊坝逐级拦挡，堆积区主要实施排导，修筑停淤场。主要包括以下5个方面(图1-7-27至图1-7-33)。

图1-7-26　泥石流分区治理示意图

护:封山育林、植树造林。

排:截、排引导地表水形成水土分离以达到降低泥石流暴发频率及规模的措施。

拦:修建拦沙坝和谷坊群起到拦挡泥石流松散物并稳定谷坡,工程实施可改变沟床纵坡、降低可移动松散物质量、减小沟道水流的流量和流速,从而控制泥石流危害。

导:修建排导槽引导泥石流通过保护对象而不对保护对象造成危害。

停:在泥石流沟道出口有条件的地方采用停淤坝群构建停淤场,以减小泥石流规模使其转为挟沙洪流,降低对下游的危害。

图1-7-27　拦挡坝

图 1-7-28　平面型格拦坝

图 1-7-29　梯级坝

图 1-7-30　格栅坝

图1-7-31　排导沟

图1-7-32　跌水消能坎

图1-7-33　停淤场

(4) 地面塌陷治理

① 回填法

一般用于塌陷坑较浅时的处理。当塌陷坑内有基岩出露时，首先在坑内填入块石、碎石作为反滤层，或采取地下岩石爆破回填，然后上覆黏土夯实。塌陷坑内未出露基岩，且塌陷坑危害较小时，可回填块石或用黏土直接回填夯实。对于重要建筑物一般需要将坑底或洞底与基岩的通道堵塞，可开挖回填混凝土或灌浆处理。

② 强夯法

通常的强夯法是把10～20 t的夯锤起吊到一定高度(1～40 m)，然后让其自由落下，从而造成较大的冲击对土体进行强力夯实。

③ 灌注法

把灌注材料通过钻孔或岩溶洞口进行注浆，其目的是强化土洞或洞穴充填物、填充岩溶洞隙、拦截地下水流、加固建筑物地基。如岩溶塌陷可在岩溶塌陷区地下水径流的上游进行帷幕注浆，以改变地下水的径流方向。

(5) 地面沉降治理

探索地下水压采改水方向，严格控制地下水开采总量，将淮河以北地下水超采区，均划为限采区；积极调查研究附近及邻区河湖地表水、塌陷区地表水，以及岩溶地下水等常规与非常规改水方向，论证实施新的改水方案。

加大地下水开采监管力度，实行中、深层地下水开采与地面沉降的全面网络化监控。通过科学手段及保障性制度达到对水资源开采常态化监测以获得完整可靠的连续数据，对分析水资源保证程度、水资源平衡计算、预测地下水资源开采趋势、合理优化水资源配置等具有重要意义。

八、灾后怎么处置

(一) 有序撤离

救援队伍完成救援后，宜分步撤离、有序撤离，要让灾区群众有充分的心理准备(图1-8-1)。

在不少灾民安置点，外来救援人员和志愿者承担了大量的日常事务，将灾民安置点建成了安全、卫生、和谐的临时家园，有的救援人员还与灾民安置点建立了一一对应关系，贴身为灾区群众提供服务和支持，切实解决他们的困难与需求，疏导他们的心理困惑。救援人员撤离一定要在政府的协助下,做好群众的安置、安抚工作情况下分步、有序撤离。

图1-8-1　灾后撤离

(二)险情评估

救援工作结束后,自然资源主管部门应视灾险情规模,选择具有相应资质的地勘单位对地质灾害的稳定性作出评估(图1-8-2)。如果不稳定,应纳入地质灾害隐患进行管理;如果稳定,则由当地政府及时组织力量对灾害体进行清理,恢复生产、重建家园。

图1-8-2　稳定性评估现场调查

（三）群众安置

灾后群众安置是灾后最重要的一项工作，主要是解决灾后应急期间群众的吃、穿、住、医等临时生活问题，宜根据受灾人员的损失情况按相关政策要求给予最大限度的救助，禁止群众立即返乡搜寻财物。

为了规范自然灾害救助工作，保障受灾人员基本生活，2020年安徽省应急管理厅发布《关于加强自然灾害救灾（受灾群众救助）资金和物资管理使用的通知》（皖应急函〔2020〕320号）。通知规定灾后应对遇难人员家属应进行抚慰，应向因灾死亡人员家属发放抚慰金；对因房屋倒塌或严重损坏，无房可住、无生活来源、无自救能力的受灾群众，应解决其灾后过渡期间的基本生活困难，并给予重建补助；对房屋损坏一般的受灾群众，应积极帮助其进行维修住房。

为加强受灾群众集中安置点规范化建设，最大限度保障集中安置群众基本生活，2022年安徽省应急管理厅联合省教育厅、省公安厅、省民政厅、省财政厅、省自然资源厅、省生态环境厅、省住房和城乡建设厅、省交通运输厅、省文化和旅游厅、省卫生健康委员会、省市场监督管理局、省红十字会、省消防救援总队等13部门，共同印发了《安徽省受灾群众集中安置管理服务工作规范》（皖应急〔2022〕53号）（以下简称《规范》）。《规范》明确了集中安置点管理服务责任主体、管理架构和内外环境，细化了14部门任务分工，围绕基本设施、生活、医疗服务3个"保障"和服务、管理2个"规范"，合理设置相关参数，规定具体工作任务。适用于安徽省内所有受自然灾害影响的群众集中安置点管理服务工作。

根据《规范》，灾后安置点应坚持属地管理原则，由县级政府统筹、应急部门指导、乡镇政府管理、部门协同服务，乡镇政府负主体责任。安置人数较多且时间预计超过5天的，应成立由政府工作人员、转移安置群众代表等共同组成的管理小组，乡镇政府和应急、教育、公安、民政、财政、自然资源、生态环境、住建、交通运输、文旅、卫健、市场监管、红十字、消防等部门各司其职、协同配合。同时积极支持引导社会组织、志愿者参与管理。各部门分工如下：受灾县（市、区）和乡镇（街道）政府负责受灾群众信息台账统计和基本生活保障；应急管理部门指导受灾群众集中安置工作，协调落实救灾资金和生活类救灾物资；教育部门负责协调学校作为集中安置点；公安部门负责集中安置点的治安管理，维护正常秩序；民政部门参与协调民政服务机构作为集中安置点，支持引导社会组织和个人参与志愿服务；财政部门负责受灾群众集中安置点的资金保障；自然资源部门参与、指导集中安置点选址工作；生态环境部门参与、指导集中安置点选址工作；住房城乡建设部门参与、指导集中安置点建设；交通运输部门参与、指导集中安置点选址工作，保障安置点周边重要交通干道畅通；文化和旅游部门负责组织开展文娱活动，丰富受灾群众精神文化生活；卫生健康部门负责安置点饮用水卫生监管、医疗诊治、卫生防疫和受灾群众心理疏导工作；市场监督管理部门负责安置点食品(含包装饮用水)安全检查;红十字系统参与救灾捐赠物资接收、发放工作;消防救援部门负责安置点防火安全工作;其他相关部门结合各自职责,加强协作。

为加强受灾害群众安置点管理,有效保障转移安置群众的安全和基本生活,按《规范》要求,应主要从以下三个方面做好安置点群众安置工作(图1-8-3)。

图1-8-3 灾后临时集中安置点

(1) 配齐基本设施

安置点要具备必要的照明设施,根据条件设立卫生间、盥洗室,满足转移安置群众的如厕、洗漱需求;有基本的排水设施,用于排放雨水、污水、生活用水等;设立垃圾收集处理设施,集中收集、堆放并及时清理垃圾;具备基本的消防设施,设置消防通道,配备应急撤退路线图。集中安置点及周边应设置安置点标志、人员疏导标志和安置点功能分区标志。根据各种服务内容,设立相应的服务标志,方便群众识别。集中搭建帐篷或活动板房时,帐篷(板房)间应有宽度不小于2米的人行道,并设置必要的消防通道。

(2) 严格安置管理

一是严格入住管理。要加强入住人员管理,落实实名制登记、出入管理、请销假制度、夜间查寝等要求;认真执行疫情防控常态化要求,做好入住人员体温测量、分餐进食等工作。二是严格治安管理。要做好转移安置群众及救灾工作人员的人身财产安全保卫工作,严防各类治安、刑事案件的发生,及时调解矛盾纠纷,维护安置点秩序。三是严格食品安全。要严把食品和饮用水的进货、采购关,接收捐赠物资的检查关,确保卫生、安全。四是严格消防措施。要规范用电、用火、用气,安排专人定时巡查,严防火灾、触电、煤气中毒等安全事故发生。五是严格卫生防疫。要对洁净水源进行必要的保护,确保饮用水卫生。配备必要的常用药品和防暑降温药品,定时进行全面消毒,对突发疾病的转移安置人员,要及时送往医疗机构进行救治。

（3）加强生活保障

安置点要根据实际情况，积极为入住群众提供高质量的服务。安置空间的分配、衣物发放、日常用餐等的保障应考虑安置人员的性别、年龄、家庭情况，以及民族、文化习俗及宗教信仰等情况。安置点应及时分配（发）床位（铺）和被褥等，最低标准为1名成人拥有1张单人床（铺）、1套单人被褥，决不允许出现安置群众睡在地上、桌上的现象。转移安置群众的生活保障由地方政府负责，紧急情况下，应落实救灾物资协议储备制度，按照先货后款的要求，安排协议储备单位第一时间向安置点调运食品、饮用水等物资；日常情况下，要保障每日饮食的营养性、多样性，尽量保证个人或家庭（特别是妇女、婴幼儿等人群）的基本卫生用水需要。安置点物资库存不足的，管理小组要及时向主管部门报告申请调拨物资或进行采购。要注意入住人员的心理变化，做好心理疏导，安排必要的文娱活动，缓解他们的焦虑心理。

灾情稳定后，在确保安全的前提下，集中安置受灾群众由原居住地乡镇政府或村（居）委会接收领回。各部门派驻人员撤离，有关物资按规定回收并消毒储存。安置点关闭。

（四）灾后重建

灾害发生地市、县（市、区）人民政府应制定救助、补偿、抚慰、抚恤、安置和恢复重建、地质灾害点工程治理等工作计划并负责组织实施，帮助灾区修缮、重建因灾倒塌和损坏的住房及校舍、医院等；修复因灾损毁的交通、水利、通信、供水、供电等基础设施和农田等；做好受灾人员的安置等工作，帮助恢复正常的生产生活秩序。省相关部门和单位按照各自职责给予指导和帮助。为进一步做好安徽省特别重大自然灾害灾后恢复重建工作，保护灾区群众生命财产安全，维护灾区经济社会稳定，2020年安徽省发展改革委、省财政厅、省应急厅联合印发《关于做好我省特别重大自然灾害灾后恢复重建工作的实施意见》（皖发改皖南〔2020〕147号），明确了省级统筹指导的程序和内容、地方发挥主体作用的职责和任务，以及灾区群众广泛参与的渠道，明确了特别重大自然灾害灾后恢复重建的启动条件，提出了切实可行的保障措施，对于健全灾后恢复重建新机制，提升灾后恢复重建能力和水平，完善安徽省防灾减灾救灾体制机制具有重要作用。

1. 重建原则

以人为本，民生优先。把保障民生作为恢复重建的基本出发点，优先恢复重建受灾群众住房和学校、医院等公共服务设施，抓紧恢复基础设施功能，改善城乡居民的基本生产生活条件。

中央统筹，地方为主。健全中央统筹指导、地方作为主体、灾区群众广泛参与的灾后恢复重建机制。中央层面在资金、政策、规划等方面发挥统筹指导和支持作用，地方作为灾后恢复重建的责任主体和实施主体，承担组织领导、协调实施、提供保障等重点任务。

科学重建，安全第一。立足灾区实际，遵循自然规律和经济规律，在严守生态保护红线、永久基本农田、城镇开发边界三条控制线的基础上，科学评估、规划引领、合理选址、优化布局，严格落实灾害防范和避让要求，严格执行国家建设标准和技术规范，确保灾后恢复重建得到人民认可、经得起历史检验。

保护生态，传承文化。践行生态文明理念，加强自然资源保护，持续推进生态修复和环境治理，保护具有历史价值、民族特色的文物和保护单位建筑，传承优秀的民族传统文化，促进人与自然和谐发展。

2. 重建目标

灾后恢复重建任务完成后，灾区生产生活条件和经济社会发展得以恢复，达到或超过灾前水平，实现人口、产业与资源环境协调发展。城乡居民居住条件、就业创业环境不断改善；基本公共服务水平有所提升，基础设施保障能力不断加强，城乡面貌发生显著变化；主要产业全面恢复，优势产业发展壮大，产业结构进一步优化；自然生态系统得到修复，防灾减灾能力不断增强；人民生活水平得到提高，地方经济步入健康可持续发展轨道。

3. 重建流程

有序推进灾后恢复重建工作包括确定启动程序、综合评估损失、开展隐患排查、做好受损鉴定、多方筹措资金、制定配套政策、编制重建规划等7条。

（1）确定启动程序

按照党中央、国务院决策部署，启动救灾Ⅰ级响应的特别重大自然灾害，国务院有关部门会同灾区所在省份启动恢复重建工作，按程序组建灾后恢复重建指导协调小组。指导协调小组负责研究解决恢复重建中的重大问题，指导恢复重建工作有力有序有效推进。未启动救灾Ⅰ级响应的自然灾害由地方政府负责组织灾后恢复重建工作。

（2）综合评估损失

综合评估城乡住房、基础设施、公共服务设施、农业、生态环境、土地、文物、工商企业等灾害损失，实事求是、客观科学地确定灾害范围和灾害损失，形成综合评估报告，按程序报批后作为灾后恢复重建规划的重要依据。

（3）开展隐患排查

对地质灾害隐患点进行排查，对临时和过渡安置点、城乡居民住房和各类设施建设进行地质灾害危险性评估，研究提出重大地质灾害治理和防范措施。

(4) 做好受损鉴定

对住房及其他建筑物受损程度、抗震性能进行鉴定,按照国家建筑抗震设防标准,指导做好住房及其他建筑物的恢复重建(图1-8-4)。

图1-8-4 房屋受损鉴定

(5) 多方筹措资金

根据灾害损失评估、次生衍生灾害隐患排查及危险性评估、住房及其他建筑物受损程度鉴定等,以及灾区所在省份省级人民政府提出的灾后恢复重建地方资金安排意见,研究确定中央补助资金规模、筹集方式以及灾后恢复重建资金总规模。建立健全巨灾保险制度,完善市场化筹集重建资金机制,引导国内外贷款、对口支援资金、社会捐赠资金等参与灾后恢复重建。

(6) 制定配套政策

根据灾害损失情况、环境和资源状况、恢复重建目标和经济社会发展需要等,研究制定支持灾后恢复重建的财税、金融、土地、社会保障、产业扶持等配套政策。建立恢复重建政策实施监督评估机制,确保相关政策落实到位,资金分配使用安全规范有效。

(7) 编制重建规划

根据灾后恢复重建资金规模,结合国家相关政策和地方实际,在资源环境承载能力和国土空间开发适宜性评价的基础上,组织编制或指导地方编制灾后恢复重建规划,统筹规划城镇体系、乡村振兴、基础设施、城乡住房、公共服务、产业发展、文物抢救保护、生态环境保护修复、防灾减灾等领域的重大项目(图1-8-5)。做好重建规划环境影响评价,健全灾后规划实施情况中期评估和规划项目调整机制。

图1-8-5　灾后村庄重建

第二篇　安徽省地质灾害及防治基本情况

一、安徽省地质灾害隐患历史与现状

(一)安徽省地质灾害隐患历史

全省1:100000地质灾害调查与区划查明1999—2008年全省地质灾害隐患点6480处,其中崩塌3227处、滑坡2660处、泥石流192处、地面塌陷397处、地面沉降4处(表2-1-1)。自2013年开始,安徽省每年开展地质灾害"汛前排查、汛中巡查、汛后核查"(以下简称"三查"),掌握了全省地质灾害隐患点的基本情况,随着全省地质灾害综合防治工作的持续大力开展,全省地质灾害隐患点在册数量整体呈下降趋势,截至2023年年底,全省有地质灾害隐患点3270处。详见表2-1-2、图2-1-1。

表2-1-1 安徽省1999—2008年地质灾害隐患点统计表

年份	崩塌	滑坡	泥石流	地面塌陷	地面沉降	合计
1999—2008年	3227	2660	192	397	4	6480

表2-1-2 安徽省2013—2023年地质灾害隐患点统计表

年份	崩塌	滑坡	泥石流	不稳定斜坡	地面塌陷	地面沉降	合计
2013年	1495	1442	124	1502	155	3	4721
2014年	1559	1438	121	1526	151	3	4798
2015年	1691	1384	140	1326	136	3	4680
2016年	1785	1563	159	1197	119	3	4826
2017年	1609	1334	144	1098	107	2	4294
2018年	1475	1244	138	1027	91	2	3977
2019年	2082	1657	158	0	89	2	3988
2020年	4235	1628	144	0	76	2	6085
2021年	1985	1380	125	0	58	2	3550
2022年	1678	1217	114	0	56	2	3067
2023年	1942	1154	118	0	54	2	3270

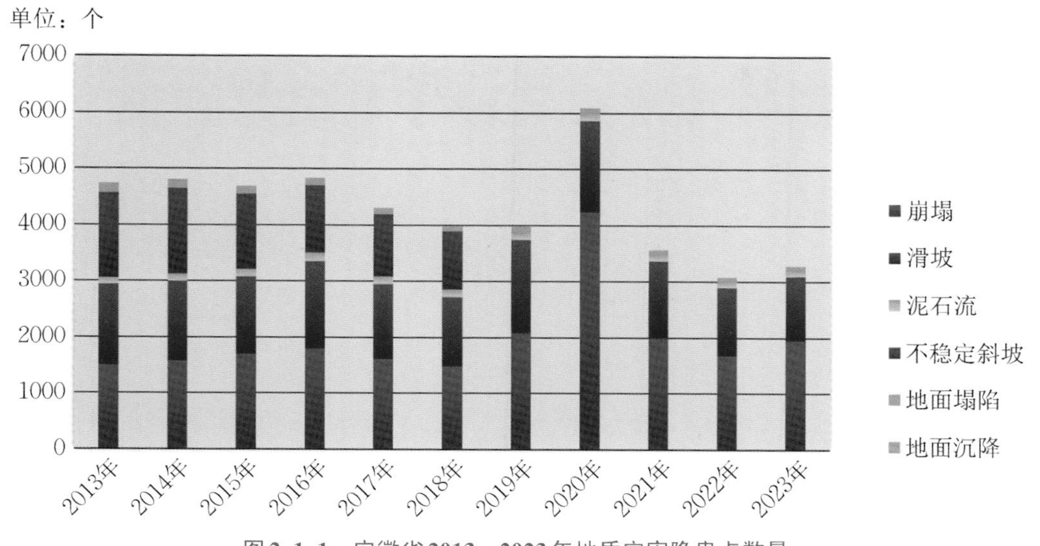

图 2-1-1　安徽省 2013—2023 年地质灾害隐患点数量

（二）安徽省地质灾害隐患现状

安徽省地质灾害类型主要为崩塌、滑坡、泥石流、地面塌陷和地面沉降。截至2023年底，全省共有在册地质灾害隐患点3270处，其中崩塌1942处、滑坡1154处、泥石流118处、地面塌陷54处、地面沉降2处。崩塌、滑坡分别站隐患点总数的59.39%、35.30%，泥石流、地面塌陷分别占隐患点总数的3.6%、1.65%，地面沉降仅占0.06%，见图2-1-2。

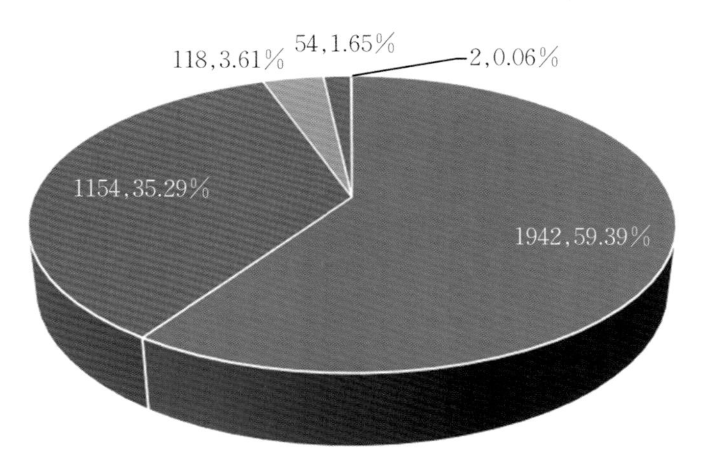

图 2-1-2　安徽省地质灾害类型分布比例图（2023 年汛后）

二、安徽省地质灾害分布与发育特征

(一) 安徽省地质灾害分布情况

按地貌单元划分:皖南山区1992处、大别山区1141处、江淮波状平原42处、沿江丘陵平原65处、淮北平原30处(表2-2-1、图2-2-1)。

表2-2-1　2023年汛后各地貌单元地质灾害点数量统计表(处)

地貌单元	崩塌	滑坡	泥石流	地面塌陷	地面沉降	小计
皖南山区	1089	779	89	35	0	1992
大别山区	771	340	27	3	0	1141
沿江丘陵平原	20	10	1	11	0	42
江淮波状平原	41	22	1	1	0	65
淮北平原	21	3	0	4	2	30
合计	1942	1154	118	54	2	3270

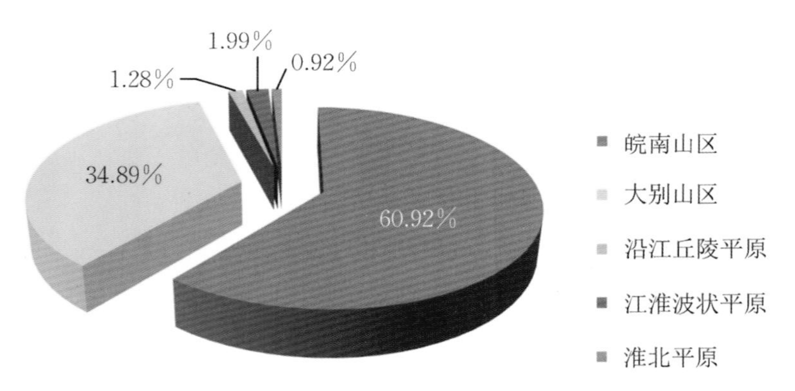

图2-2-1　各地貌单元地质灾害隐患点所占比例图(2023年汛后)

按行政区划分:黄山市1105处、安庆市773处、宣城市431处、六安市321处、池州市343处、合肥市44处、滁州市21处、马鞍山市21处、铜陵市17处、淮南市14处、芜湖市4处、蚌埠市9处、宿州市3处、亳州市3处、阜阳市1处、广德市113处、宿松县47处(图2-2-2、图2-2-3、表2-2-2)。

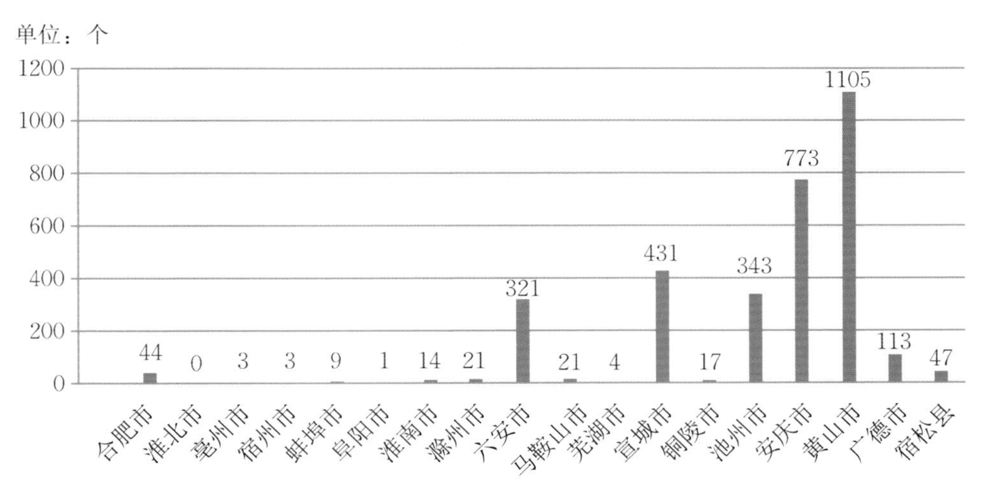

图2-2-2　安徽省各市县地质灾害隐患点数量图(2023年汛后)

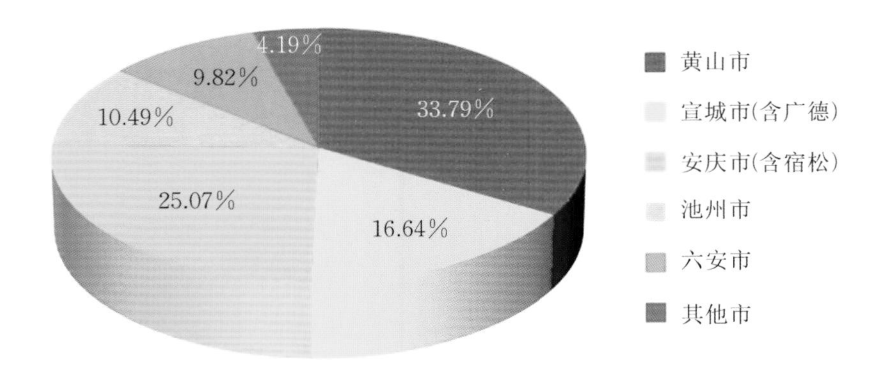

图2-2-3　安徽省各市县地质灾害隐患点分布比例图(2023年汛后)

表2-2-2　安徽省2023年汛后地质灾害隐患点汇总表

市	现有隐患点情况												
	现有总数(个)	威胁对象			灾害类型(处)					危险等级(处)			
		户	人	财产(万元)	崩塌	滑坡	泥石流	地面塌陷	地面沉降	特大型	大型	中型	小型
合肥市	44	64	217	1431.3	29	14	1	0	0	0	0	0	44
淮北市	0	0	0	0	0	0	0	0	0	0	0	0	0
亳州市	3	0	0	646	2	0	0	0	1	0	0	0	3
宿州市	3	0	24	1200	3	0	0	0	0	0	0	0	3
蚌埠市	9	10	33	742	9	0	0	0	0	0	0	0	9
阜阳市	1	0	0	23000	0	0	0	1	0	1	0	0	0
淮南市	14	96	359	2735	7	3	0	3	1	0	0	1	13

续表

市	现有隐患点情况												
	现有总数(个)	威胁对象			灾害类型(处)					危险等级(处)			
		户	人	财产(万元)	崩塌	滑坡	泥石流	地面塌陷	地面沉降	特大型	大型	中型	小型
滁州市	21	64	207	1546	12	8	0	1	0	0	0	0	21
六安市	321	726	2830	18016.5	121	192	8	0	0	0	0	0	321
马鞍山市	21	39	112	1190	14	4	0	3	0	0	0	0	21
芜湖市	4	5	12	95	2	0	0	2	0	0	0	0	4
宣城市	431	1182	3525	20602.5	206	184	23	18	0	0	0	0	431
铜陵市	17	150	431	5106	4	6	1	5	1	0	0	2	15
池州市	343	995	3667	15777.5	188	121	17	17	0	0	0	0	343
安庆市	773	1557	6108	31083	627	124	19	3	0	0	0	0	773
黄山市	1105	3578	11526	48131	592	466	47	0	0	0	0	0	1105
广德市	113	140	459	2989	103	8	2	0	0	0	0	0	113
宿松县	47	150	579	2611	23	24	0	0	0	0	0	0	47
总计	3270	8756	30089	176901.8	1942	1154	118	53	3	1	0	3	3266

(二)安徽省地质灾害发育特征

点多:安徽省是我国地质灾害多发省份之一,1999—2008年间,累计完成的67份县(市、区)1:100000地质灾害调查与区划成果显示,全省共有地质灾害隐患点6480处;2018年共查明地质灾害隐患点3977处;2020年多达6085处;截至2023年底,全省地质灾害隐患点仍有3270处,尤其是皖南山区、大别山区,灾害点数量众多,局部地区平均每2~3平方公里就分布有一个地质灾害隐患点。此外,全省还有切坡建房点约30万~50万处,在华东地区位于前列。

面广:除淮北以外,全省各市均分布有地质灾害隐患,阜阳、亳州、宿州有大面积的地面沉降,其中阜阳市地面沉降全国闻名;其余各市则普遍分布有崩滑流地质灾害,其中黄山市最多,地质灾害隐患点1105处,占全省的33.79%;安庆市第二,地质灾害隐患点773处,占全省的23.64%;宣城市地质灾害隐患点431处,占全省的13.18%;池州市地质灾害隐患点343处,占全省的10.49%;六安市地质灾害隐患点321处,占全省的9.82%;铜陵、淮南、马鞍山等市还零散分布有岩溶塌陷。

规模小:地质灾害规模分为特大型、大型、中型、小型。目前全省80%以上是切坡建房引发的地质灾害,多是房前屋后的小型崩塌、滑坡灾害(图2-2-4至图2-2-13)。现安徽省无大型地质灾害点,有特大型地质灾害隐患点1处,中型地质灾害隐患点3处,小型地质灾害隐患点3266处,小型点占隐患点总数的99.9%。

图2-2-4　太湖县牛镇镇天光村花屋组崩塌

图2-2-5　宣城市绩溪县扬溪镇丛山村崩塌

图2-2-6　太湖县城西乡大龙村凤形组崩塌

图2-2-7　霍山县落儿岭镇白云庵村滑坡

图2-2-8　陈汉乡钓鱼台村石船口崩塌

图2-2-9　天柱山镇天寺村玉镜组玉镜崖泥石流

图2-2-10　绩溪县板桥头乡玉台村滑坡

图2-2-11　岳西县包家乡包家村同心组崩塌

图2-2-12　徽州区潜口镇潜口村组滑坡

图2-2-13　宁国市南极乡永宁村泥石流

危害大：严重威胁人民生命财产安全。通常表现为摧毁房屋、损毁道路、伤亡人畜、毁坏农田森林、破坏水利水电设施等。据统计，2011—2023年13年间，共造成经济损失约33408.58万元，平均每年约2784.05万元(表2-2-3)。全省3270处地质灾害隐患点，共威胁8756户30089人，威胁财产176901.8万元。

表2-2-3　安徽省近10年地质灾害造成的经济损失统计表

年份	经济损失(万元)	年份	经济损失(万元)
2012年	4601.3	2018年	484.4
2013年	2247.8	2019年	1992.7
2014年	590.4	2020年	2132.9
2015年	13687	2021年	380.8
2016年	4616.4	2022年	260.48
2017年	175.2	2023年	2239.2
总计:33408.58万元　平均:2784.05万元/年			

隐蔽性强:安徽省地质灾害主要分布在丘陵山区,植被通常较发育,坡体被树木灌丛等覆盖,隐蔽性较强(图2-2-14至图2-2-16)。

图2-2-14　灾害体植被茂盛迹象隐蔽

图2-2-15　灾害体迹象隐蔽不明显

图2-2-16　灾害体迹象隐蔽不明显

突发性强:安徽省主要以突发性地质灾害为主,灾害发生时,前兆一般不明显,在毫无防范的情况下,容易造成严重的破坏损失。

切坡建房引发灾害最多:随着生活水平的提高,人们建房向高、宽、豪华的方向发展,多采用人为切坡的方式以突破山区建房受到的地形限制,切坡建房严重破坏岩土体稳定性,房子纵深越大往往切坡高度越大,引发山体崩塌、滑坡的可能性增加,并加剧了灾害的破坏性,使人们生命安全受到严重威胁并造成较多财产损失(图2-2-17至图2-2-19)。据统计,安徽省地质灾害80%以上与切坡建房有关。

图2-2-17 安庆市太湖县寺前镇安仓村童冲组崩塌

图2-2-18 黄山市黟县渔亭镇楠玛村璜坑组某户屋后崩塌

图2-2-19　切坡建房在屋后形成的高陡切坡

早期识别难：安徽省地质灾害规模小、突发性强、蠕变过程短，发生前变形迹象很少，且受植被覆盖，遥感等方法在地质灾害早期识别中难度大，准确率低（图2-2-20至图2-2-21）。

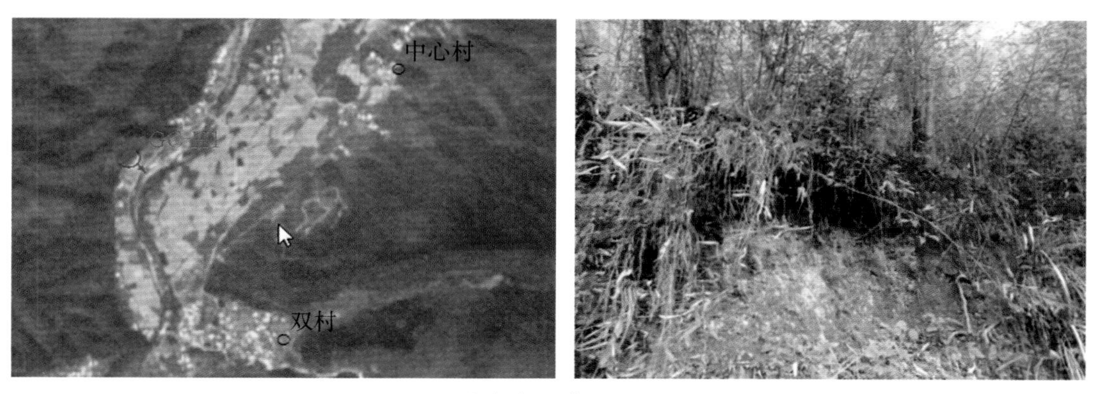

图2-2-20　灾害点遥感图及野外验证（a）

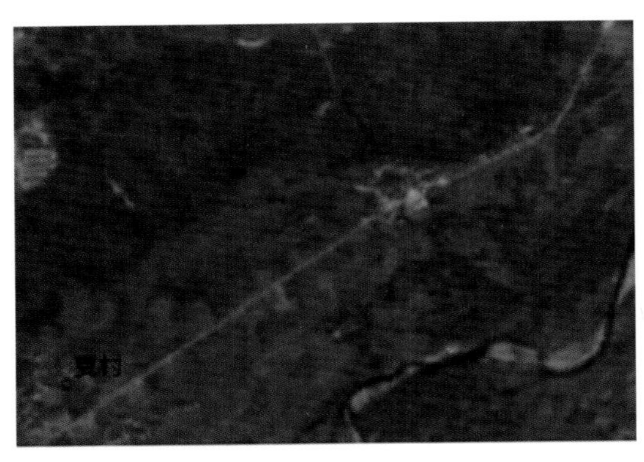

图 2-2-21　灾害点遥感图及野外验证(b)

预警预报难:安徽省地质灾害规模小、突发性强、蠕变过程短,发生前很难监测到变形迹象,多捕捉不到前兆信息,准确预测预报难度大(图 2-2-22)。

图 2-2-22　灾害点野外实景照片

(三) 安徽省典型地质灾害特征

1. 崩塌

(1) 溪口镇吕辉村毛田湾组屋后崩塌

该崩塌(图 2-2-23)位于溪口镇吕辉村毛田湾组,威胁对象为坡脚居民、村村通道路及过往行人。

图 2-2-23　崩落滚石

① 地质环境背景

该点区域地貌类型为低山，属构造剥蚀成因，地形起伏变化较大。房屋坐落于斜坡坡脚，坡脚高程 239 m，坡顶高程 309 m，相对高差 70 m，斜坡总体坡度约 60°。崩塌点及周边地区内地表出露地层为志留系上统唐家坞组（S_3t），出露地层岩性为砂岩。东侧约 350 m 出露一条北东向断层，该断层在宣州区内延伸长度约 25 km。受断层影响，该点处基岩有浅变质现象，基岩表面呈深棕色，灰黑色，层理不明显，发育两组节理，均为闭合节理，基岩完整性良好。根据岩体结构、岩性、岩石强度等特征，崩塌点及周边地区的岩体为较坚硬砂岩为主的碎屑岩岩组。岩石节理裂隙较发育，多为剪节理，部分张裂隙为泥质填充。新鲜岩石抗压强度 44.5～115 MPa，地层产状 345°∠22°（图 2-2-24、图 2-2-25）。

图 2-2-24　溪口镇吕辉村毛田湾组崩塌平面示意图

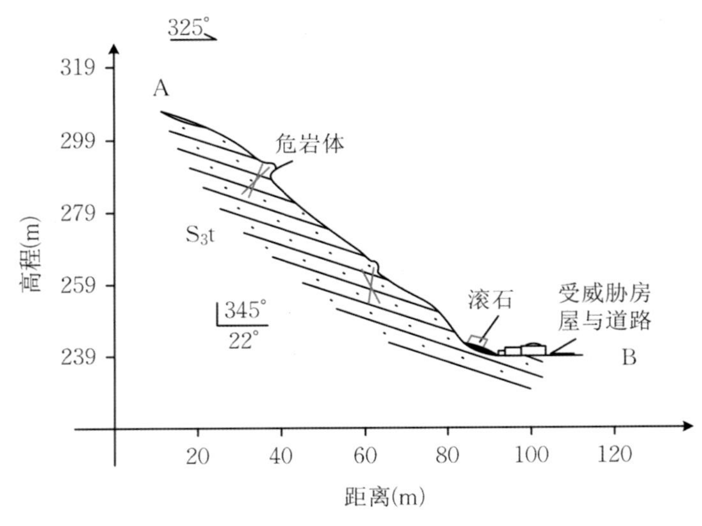

图2-2-25　溪口镇吕辉村毛田湾组崩塌剖面图

② 崩塌发育特征与成因分析

山体边坡一般陡倾,局部直立,斜坡坡向325°,为顺向坡。斜坡面见基岩裸露,局部见有危岩体悬空,主要为中等风化破碎的砂岩,节理裂隙发育,第一组节理裂隙产状150°∠50°,为闭合节理,节理延伸长度大于5 m,节理面光滑平直,未见擦痕,线密度2～3条/m;第二组节理裂隙产状145°∠70°,为闭合节理,节理延伸长度达3 m,节理面光滑平直,未见擦痕,线密度1～2条/m;第三组节理裂隙产状220°∠85°,张性裂隙,宽1～5 cm,延伸长约4 m。在降雨、地震及野生动物活动的影响下可能会造成岩石崩落,形成崩塌地质灾害。该处发生过块石崩落现象,砸毁户主房屋一间,崩落块石堆积在坡脚处,未造成道路、车辆损坏和人员伤亡。

崩塌的形成与地形地貌、地层岩性、水文地质条件、人类工程活动等密不可分,是以上因素综合作用的结果。斜坡主要由砂岩组成,加之基岩裂隙发育,风化裂隙、卸荷裂隙相互交织,岩体物理力学强度降低。在各种作用力的长期作用下斜坡岩体形成拉张裂隙,裂隙常呈"X"形交错,将岩体切割成柱状、楔形体等各种不同的形态,被切割的岩块在重力、降雨、风化、地震等作用下极易产生崩塌或掉块而形成地质灾害,而地下水的浸泡和裂隙水压力的综合作用为崩塌地质灾害的形成提供了条件。

③ 稳定性与危险性分析

崩塌体平面形态呈线形分布,剖面形态呈直形,基岩裂隙发育,风化裂隙、卸荷裂隙相互交织,表层岩体物理力学强度大幅度降低。局部见有悬空危岩体,处于不稳定状态,坡面陡峭,在重力、降雨、风化、地震等的作用下极易产生崩落或掉块而形成地质灾害。

崩塌隐患体前方为居民房屋及村村通公路,一旦发生崩塌地质灾害,对坡脚居民、过往行人及车辆安全构成威胁。由于崩塌地质灾害发生时具有很强的隐蔽性,在突然发生的情况下很难躲避，加之夜雨多，地质灾害在夜间随时可能发生，不易防范，因此该崩塌隐患体潜在危害性较大。

(2) 潜山市源潭镇三河村三源公路危岩崩塌

该崩塌地质灾害位于三河村下浒山水库旁道路内侧，呈几块陡立的巨大孤石“站”在道路旁。该道路是进入三河村的必经之路，远远望去，“站立”的岩石像一尊菩萨俯视着过往行人，故当地人称之为“菩萨岩”，系道路切坡过陡造成(图2-2-26)。

图2-2-26　源潭镇三河村三源公路危岩崩塌地质灾害(隐患)全景照

① 崩塌基本特征

崩塌点所在区域地貌类型属大别山东麓丘陵区，周边海拔95～185 m，相对高差50～80 m，山顶山脊狭窄，坡面凹凸不平，坡度20°～40°不等，冲沟发育，植被覆盖率80%左右；崩塌点位于三河村下浒山水库旁三源公路内侧，地面高程138～153 m，山坡坡度一般在20°～30°，局部可达35°，地表植被发育，主要为松树和乔木、灌木。道路切坡高10～15 m不等，坡度80°～85°，局部反倾，坡向330°；坡体岩性为花岗闪长质片麻岩。基岩至坡顶到坡脚出露厚层状中风化片麻岩，岩性坚硬，节理裂隙发育。

崩塌区由南西至北东分布4个危岩体，编号依次为W1、W2、W3、W4，危岩体呈带状排列，相互紧靠(图2-2-27)。平面展布呈不规则多边形，上小下大，平均宽度10 m，平均厚度9 m，平均高度16 m，其体积约1000 m^3。在微地貌上表现为悬崖，岩体表面呈凸型，顶部平缓，上部坡度40°～50°，中部近直立，下部为悬空的负坡，其西北侧悬空部位延伸到路面之上1.5 m。危岩体构造风化裂隙发育，主要有3组，裂隙面平直，结合差，有少量碎块充填，无充水，张开度20～90 cm，贯通度好。现状条件下该危岩体在裂隙作用下，多被切割成块状，岩体破碎，易发生倾倒式崩塌。

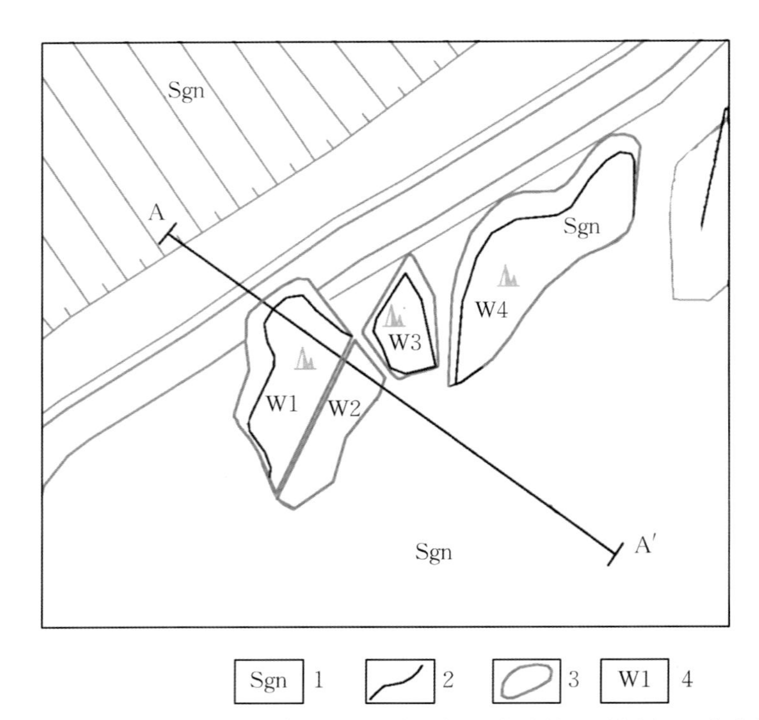

1. 新元古代变质侵入体沙河埠片麻岩 2. 地质界线 3. 危岩体平面范围 4. 危岩体编号

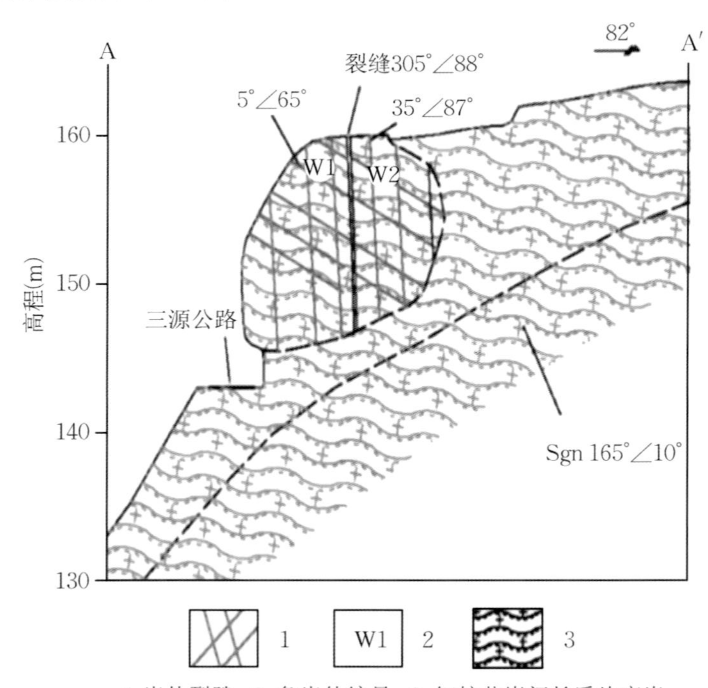

1.岩体裂隙 2. 危岩体编号 3. 细粒花岗闪长质片麻岩

图 2-2-27 三源公路危岩崩塌地质灾害隐患平面、剖面示意图

② 崩塌形成机理

该崩塌的形成是地形地貌、地层岩性、地质构造、降雨、人类活动等多个因素共同作用的结果。

地形地貌：该点位于三河村下浒山水库旁三源公路内侧，由于沟谷的侵蚀以及道路切坡作用，已形成陡崖。坡上岩体失去原有的应力平衡，发育卸荷裂隙。

地层岩性：该点出露花岗闪长质片麻岩(Sgn)，边坡上危岩体由中风化岩石组成，致密坚硬，抗风化能力强，凸出形成陡崖，岩石中裂隙发育，局部破碎岩块掉落形成了小岩腔；其下部支撑体岩性呈强风化状态，镐锄可挖，结构疏松，岩质极软，极易风化剥蚀。在上部岩体自重压力作用下，底部强风化带岩石产生缓慢地压缩变形或塑性变形，造成陡倾裂隙进一步扩张，使稳定的岩体逐渐演变为潜在不稳定岩体。

地质构造：岩石片麻理发育，片麻理倾向135°～147°，倾角20°～25°，发育多组节理裂隙，使岩石被切割成块状，形成危岩。岩石被节理裂隙切割形成孤立的岩块，呈陡立的孤石站立在路旁。下伏风化较强的片麻岩经侵蚀掏空，上部的危岩体在重力作用下，卸荷裂隙持续向深部发展，直至贯通。

降雨：降雨时雨水顺山坡冲刷侵蚀危岩体基座，且雨水下渗到强风化带内，软化了岩石，润滑了裂隙面，降低结构面的抗剪强度。危岩体在基座压缩变形到达一定程度将产生倾倒式崩塌。特别是在汛期持续降雨和强降雨作用下易产生崩塌。

人类活动：一方面是修路切坡，切坡破坏了危岩体下方强风化岩石的自然稳定状态，且未采取防护措施。二是振动，坡脚的公路是进入三河村的必经之路，过往车辆会产生振动，长期的振动会促进坡体节理裂隙的发育，加剧坡体变形破坏。

③ 崩塌成灾模式

根据现场调查及钻孔揭露情况，成灾模式主要分为两个阶段。

第一阶段：由于道路切坡，该边坡形成了陡崖，而坡体的风化程度不均，底部的岩石风化程度较高，逐渐被侵蚀、掏空，上部的坚硬岩石失去支撑，在重力影响下，发育两组陡立的卸荷裂隙，逐渐形成危岩。

第二阶段：在地震、降雨、冻融或其他影响因素作用下，边坡面受雨水冲刷，雨水下渗，危岩体失去平衡，向外翻滚倾倒，形成倾倒式崩塌。直接冲击坡下道路以及过往的行人、车辆。由于危岩体体积较大，可能会直接冲毁道路，或者直接堆积在道路之上，造成进入三河村的道路瘫痪。

该崩塌危岩体方量较大，体积约1000 m^3，节理裂隙发育，在地震、降雨、冻融或其他影响因素作用下，易向外翻滚倾倒，造成崩塌地质灾害，破坏模式为倾倒式。

2. 滑坡

(1) 巢湖市散兵镇项山村凌山滑坡

① 基本情况

该灾害点位于安徽省巢湖市散兵镇东部约6 km,南距项山村凌山自然村约700 m。2017年6月受降雨影响,临近公路的坡体前缘发生滑动,掩埋坡脚国道G346部分路段,一度导致交通中断,并损毁坡脚住户的一处房间2间,直接损失10万元,中断交通造成的损失估算约200万元。2020年汛期,巢湖市出现持续强降雨,7月22日,监测人员发现坡体多处出现变形,坡脚处公路挡墙发生倒塌,直接经济损失100万元,中断交通造成的经济损失估算约500万元。

滑坡迹象明显,主要表现为拉张裂缝、剪切裂缝、树木歪斜、建筑变形、渗冒混水。拉张裂缝主要位于滑坡体的后缘和中后部,剪切裂缝主要位于滑坡体的右侧壁,树木歪斜、建筑变形和渗冒混水见坡体前缘。拉张裂缝规模大、下错深、拉张剧烈,多见陡坎。滑坡体右侧壁剪切裂缝因坡体下滑所致,茶园的成行茶树、干砌石墙见拖曳、错断迹象,断距1~2 m。坡体中部和前缘见马刀树,均向120°方向倾倒。挡墙(建筑物)向国道G346倾倒,未见明显位移和错动,渗冒混水段位于G346国道边,溪流沿公路边向东北漫流(图2-2-28至图2-2-31)。

巢湖市散兵镇项山村凌山滑坡坡顶标高125 m,坡脚标高72 m,坡度10~15 m,微地貌为缓坡,坡体植被主要为灌木、杂草,覆盖率约50%~60%;滑坡体主要由碎石土及粉质黏土组成,滑床主要为中风化二叠系下统栖霞组灰岩,按照主要因素划分,滑坡性质为土质滑坡。滑坡体长300 m,宽280 m,厚度5 m,面积53000 m^2,体积约30×10^4 m^3,滑坡平面形态呈不规则形,滑动面呈凹形、阶梯形,主滑方向120°。

图2-2-28 滑坡前缘陡坎

图2-2-29 滑坡前缘溢水点

图2-2-30　滑坡体中上部横向裂缝

图2-2-31　滑坡体后缘裂缝

② 形成机理分析

滑坡的产生与地质环境条件、人类工程活动及降雨有着密切的关系，通过收集滑坡区地质资料、气象资料，并现场调查测量和访问，初步分析滑坡成因如下：

地层因素：现状斜坡上残坡积层厚度10～18 m，为碎石土、粉质黏土，透水性强，有利于地下水的入渗，利于滑体的变形。滑床为二叠系下统栖霞组灰岩，上部中风化，岩体风化后强度变低，雨季上层滞水下渗至此软弱结构面径流缓慢，造成饱水，形成滑动带，该滑坡属于中层土质滑坡，松散层与强风化层接触面是该滑坡的主控滑面。

人为因素：斜坡下方为道路、居民住宅，人类活动较强烈，坡脚修建道路存在削坡，切坡高1～5 m，形成坡度70°～85°的高陡临空面，多段未采取相应的护坡措施，导致初期发生崩塌。边坡的不合理开挖及临空面崩塌破坏了边坡的结构，从而打破了斜坡体原有的应力平衡，使斜坡坡脚支撑(抗滑力)减弱，导致斜坡体松散层局部复活变形，引发滑动连锁反应。

降雨因素：降雨形成的地表径流通过松散层的孔隙直接入渗，在残坡积物中运移，局部汇集、增加岩土体自重，软化滑体，降低滑动带土体的抗剪强度，诱发滑体变形。

植被因素：滑坡体下部为灌木，植被根系不发育，由于植被砍伐破坏，中上部大量土层裸露，使得雨水大量入渗，破坏了土体结构和稳定性。

地形地貌因素：斜坡地形较陡，坡度约10°～15°，局部较陡，前缓后陡及箕斗状的斜坡易于汇聚上游山坡的地表径流，地表水入渗增加滑体重量，降低滑带抗剪切强度，使后部较陡的松散土石体失去前部抗滑力支撑后，产生变形。

松散土体为滑坡的变形提供了物质基础，地形地貌营造了可以改变斜坡受力平衡的环境条件，在人工开挖及降雨的诱发下致使斜坡产生变形下滑。

③ 成灾模式分析

坡体松散层孔隙发育，随着降雨入渗，土体软化，重力增加，特别是坡体前缓后陡，使得坡体前缘局部应力集中，下滑力增加，而地下水活动降低了土体抗剪强度；其次下部强风化基岩渗透性低，遇水易软化，雨水下渗后易顺坡沿此软弱结构面渗流，成为滑动带润滑剂；坡体前缘由于修路建房切坡形成高陡临空面导致斜坡前缘崩塌，破坏了原坡体结构，使坡脚失去支撑,导致坡体失稳(图2-2-32)。

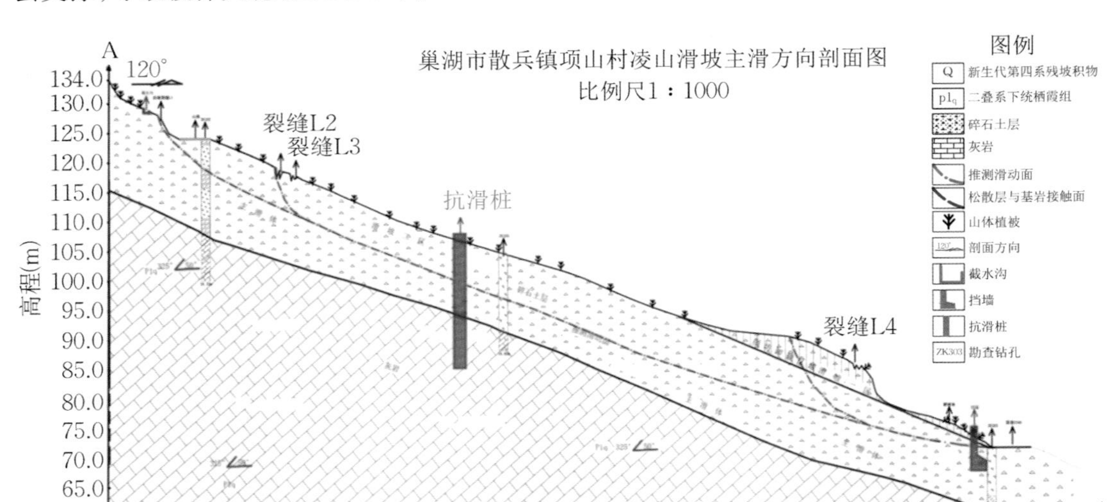

图2-2-32　巢湖市散兵镇项山村凌山滑坡地质灾害剖面图

(2) 安徽省怀宁县石镜乡分龙村海形组滑坡

该滑坡位于安徽省怀宁县石镜乡分龙村海形组,距怀宁县石镜乡政府3 km,距怀宁县县城直线距离25 km。滑坡灾害始发时间为2018年6月、2021年6月,安庆市多个地区连续遭遇大暴雨袭击,受强降雨影响,怀宁县石镜乡分龙村海形组王小松等5户屋后山体发生严重变形,坡体后缘、侧缘及坡体中上部出现数条明显的弧形裂缝,局部冲沟沟壁发生垮塌现象。坡体处于滑坡强烈变形阶段,趋势极不稳定,直接威胁5户18人的生命财产安全,潜在经济损失400万～500万元。

① 滑坡基本特征

该滑坡平面形态复杂,根据变形特征分区,划分主滑坡体和次滑坡体(图2-2-33)。

主滑坡体前缘到后缘长度106 m,宽度31～42 m,上宽下窄,呈北东—南西方向展布,上半部位于山岗,下半部位于该山岗的南侧至坡脚,类型属于牵引式滑坡,规模为小型;次滑坡体位于主滑坡体的西侧,南侧靠近山脊线,山坡坡向295°,坡度10°～20°,斜坡表面剖面形态呈微凹形,性质属于推移式滑坡,规模为小型。

该滑坡有主滑坡体和次滑坡体,滑坡方向复杂,滑坡各分区变形特征明显不同(图2-2-34至图2-2-40)。

主滑坡体:具有较完整的周界,在东侧上部发育滑坡后缘陡坎和两侧侧翼拉张裂缝,西侧前缘发育有滑坡推移,后缘有较小的拉张变形。东侧和西侧之间的界线为分析推测界线,界线附近山坡表面未见明显的变形迹象。

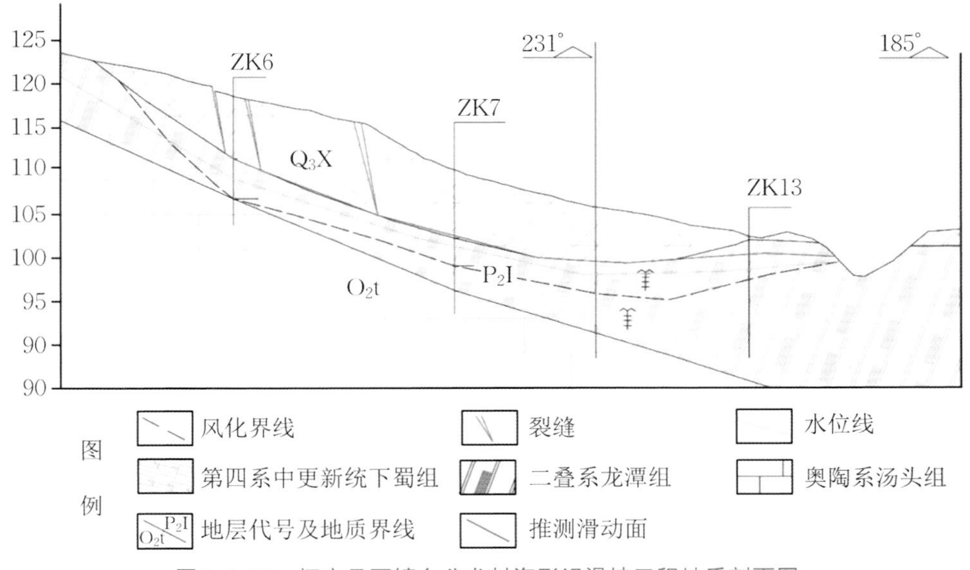

图2-2-33　怀宁县石镜乡分龙村海形组滑坡工程地质剖面图

图2-2-34　主滑坡后缘壁

图2-2-35　后缘壁碎石土

图2-2-36 后缘下方裂缝

图2-2-37　右翼裂缝向坡下延展

图2-2-38　左翼裂缝

图2-2-39　左侧后缘裂缝右侧主滑坡左翼裂缝

图2-2-40　次滑坡体前缘冲沟波形弯折及弯刀树

次滑坡体:该滑坡区地面形态与周边不协调,且冲沟平面呈波浪形,地表发育弯刀树,推测原为小型老滑坡体。前缘沟壁陡立,未见明显变形现象。后缘为拉张裂缝,呈微弯曲的S形,长度35 m。

② 滑体、滑面及滑床特征

主滑坡体:上部滑体岩性为第四系中更新统碎石土,滑动面为碎石土与全风化炭质页岩的交界面,滑床岩性为全风化炭质页岩。下部滑坡体岩性为浅表第四系中更新统碎石土和全强风化二叠系龙潭组炭质页岩,滑动面为全风化炭质页岩剪切面,滑床岩性为强风化炭质页岩。

次滑坡体:滑体岩性为第四系中更新统碎石土,滑动面为碎石土与全风化炭质页岩的交界面,滑床岩性为全风化炭质页岩。

③ 形成机理分析

滑坡形成条件复杂,影响因素主要有地形地貌、地层岩性和地质构造、大气降雨等。

地形地貌:滑坡周边地貌为低山南侧的高丘,总体地形为北东高南西低,但灾害点位置有一条小山梁向西南延伸,导致滑坡区域山梁北侧和南侧各发育一条小冲沟,由于山坡多被第四系土体覆盖,冲沟水流侵蚀切割较强烈,而沟底部发育又被水流进一步切割形成的沟槽,冲沟沟壁及沟槽陡坎岩性大部分为碎石土,局部为页岩。这种地形条件导致滑坡区两侧山坡坡脚遭受地表水流侵蚀严重,并形成临空面,进一步导致边坡土体失稳。另外,滑坡区坡面北侧为山梁,南侧又发育北东南西向的微凹形坡面,使滑坡体表面成为坡面水流汇集流淌区域,在连续降雨或强降雨时,造成大量坡面水流向滑坡区土体渗透,对滑坡体的稳定性极为不利。滑坡点的地形地貌形成了滑坡前缘临空面,这是该处滑坡形成的主要诱发因素,属于自然因素。

地层岩性及地质构造:滑坡所在山坡表层主要为第四系碎石土,土体中密,但孔隙度相对较大,易接受雨水及地表坡面水流的渗透,特别在暴雨或连续强降雨情况下,碎石土极易吸水饱和,导致土体软化,抗剪强度急剧降低。在斜坡上,由于土体及地下水的自重作用,极易引起土体的变形,不利于边坡稳定,如果前缘坡脚有临空面,容易引发崩塌、滑坡地质灾害。滑坡区山坡碎石土层之下为炭质页岩,由于受北东侧逆掩断层及破碎带的影响,岩体节理裂隙发育,岩石破碎严重,风化强烈,局部全风化,易接受地表雨水渗透软化,并导致斜坡上部坡度较陡处表层碎石土与炭质页岩交界面软化,可加速碎石土层的变形。

地下水影响:斜坡上的碎石土为孔隙水含水层,其下部页岩为风化裂隙水含水层,两者富水性较差,但在汛期连续降雨及强降雨条件下,碎石土和页岩极易接受地表水的渗透补给,同时页岩还可以接受上游地下径流补给,导致碎石土和炭质页岩中的地下水在短时间内达到饱和状态,土体和强风化炭质页岩在地下水浸泡下发生软化,抗剪强度显著降低。另一方面,地下水从滑坡后缘向两侧冲沟径流,但主体是沿地势向南侧冲沟径流,导致土体和岩体沿径流方向产生渗流力。因此,在抗剪强度降低、渗流力加大及岩土体自重力的作用下,地下水因素导致了岩土体的变形失稳,这也是形成该滑坡的内在因素。

连续降雨和强降雨影响:根据气象资料,2020年6月~7月以及2021年7月,怀宁县均出现了持续性的暴雨—大暴雨,地表径流沿山坡向坡脚汇流,大量雨水渗入斜坡表层岩土体,导致土体软化,抗剪强度降低,加大了岩土体本身的自重,增加了地下水的渗透压力。特别在前缘临空面内侧的土体在以上因素作用下产生了向下的滑动力,最终导致斜坡土体向下滑动。该处滑坡初次发生以及后期变形发展均是在连续降雨和强降雨期间,因此,持续强降雨是形成该处滑坡的主要诱发因素。

(3) 霍山县磨子潭镇胡家河村砂子岭滑坡

砂子岭滑坡位于霍山县磨子潭镇胡家河村,2020年6月23日,因受强降雨影响,霍山县磨子潭镇胡家河村砂子岭发生滑坡地质灾害。滑坡造成4户12间房屋受灾,坡体上3条水泥村道损毁,约1亩玉米地被掩埋,坡下冲沟局部堵塞,造成当地6个村民组(600多人)出行受阻,威胁坡体中部4户18人生命财产安全,直接威胁财产175万元(图2-2-41至图2-2-46)。

图2-2-41 滑坡全貌图

图2-2-42 卸载后滑坡全貌图

图2-2-43　坡体卸载清理

图2-2-44　道路损毁

图2-2-45　坡下冲沟及滑坡堆积体

图2-2-46　破坏及受威胁房屋

① 基本特征

坡体岩性为花岗片麻岩，风化强烈，为强风化至全风化，风化特征差异性明显。滑坡体中可见大小不等的球状块石，直径多在0.5～3.0 m，大者5.0～6.0 m，块石含量约10%。滑坡体斜长约150 m，宽约100 m，滑动方向160°，坡度40°左右，滑坡平面形态呈不规则舌形状，剖面形态呈台坎状，平均厚度约3.5 m，方量约5.25×10^4 m^3。

滑坡两侧边界较明显，滑动后将山体原有树木、房屋破坏，与周边山体植被形成明显界线；滑坡后缘较明显，为一陡坎，滑坡清理后高差约37 m，坡度约40°，为顺层边坡，中部夹软弱结构面；滑体上部原为树木，已全部掩埋或倾倒；滑体上为方便山区村民出行，当地在坡体上修建了三条水泥村道，滑坡滑动后全部掩埋，上部及中部道路出现明显裂缝；滑坡前缘为冲沟，滑体已堆积于冲沟。

② 滑动面特征

滑坡为全风化花岗片麻岩沿下伏中风化片麻岩及软弱结构面和软弱夹层发生滑动，滑动面呈折线形，滑坡的滑动面均较陡，坡角25°～30°，滑带强度相对较低，不利于滑坡的稳定。

③ 滑床特征

滑床主要为中风化片麻岩,滑床以折线型为主。滑床上部强风化岩体透水性能较差,为相对隔水层,在降雨条件下全强风化片麻岩强度相对较低,不利于滑坡的稳定。

人工切坡形成的临空面为滑坡形成提供了势能基础,当长期降雨或短时间雨量较大时,坡面地表水自坡面松散全强风化层下渗至滑移面,使滑带土体饱和、软化,并沿滑带水径流方向与坡脚渗水处形成贯通裂缝,最终可能导致滑坡隐患体沿坡脚剪出口滑动变形。

④ 滑坡成因分析

持续强降雨影响,坡体风化层饱水失稳,顶部的岩土层首先沿全强风化裂隙面下滑,随后推动整体坡体沿风化层下滑。

⑤ 滑坡变形机制和影响因素分析

霍山县磨子潭镇胡家河村砂子岭滑坡变形机制和影响因素如下(图2-2-47)。

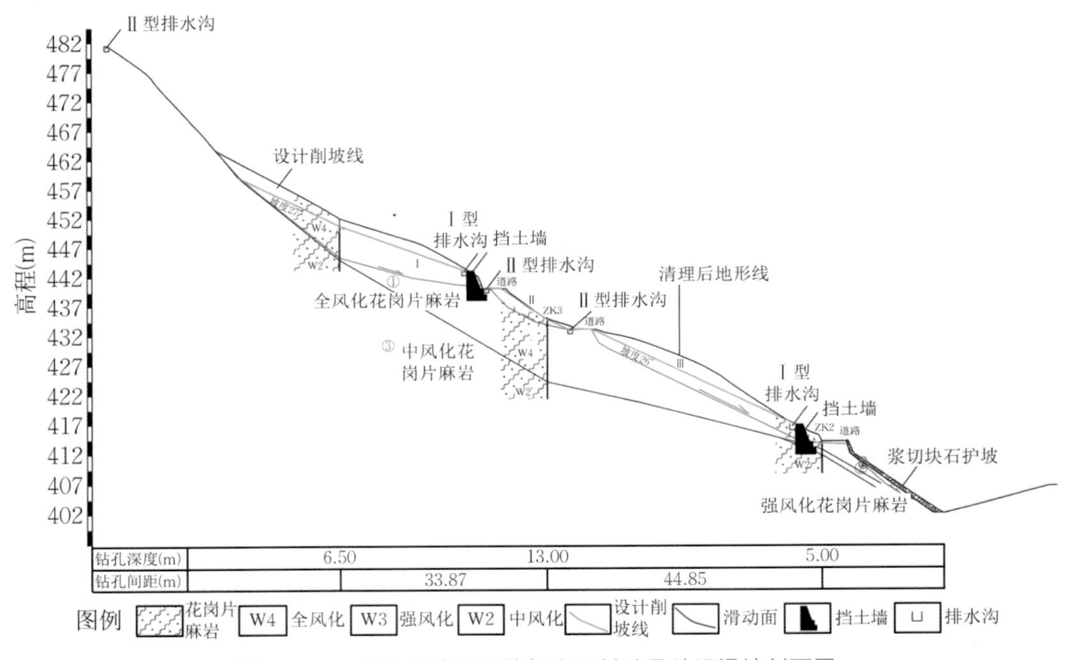

图 2-2-47　霍山县磨子潭镇胡家河村砂子岭组滑坡剖面图

地形地貌:磨子潭镇胡家河村砂子岭滑坡位于构造侵蚀地形,地面标高389～503 m,高差约114 m,自然坡度25°～30°,局部达35°以上,滑坡坡面延展性一般且较长,为滑坡体的发生提供了有利条件。

岩土结构:滑坡体坡面主要由全风化花岗片麻岩组成,岩体风化强烈,节理裂隙发育,岩体破碎,岩土体工程力学性质较差,降雨入渗后易沿内部软弱结构面发生滑动破坏,另外岩石层面与边坡同向,为顺层边坡,有利于滑动带(面)的形成。

大气降水：每年5～9月份为汛期集中降雨时段，雨水入渗坡体不但促进岩石风化，也为滑坡提供了动力条件。雨水浸润坡体加大岩土体自重，同时降低岩土体强度及结构面的摩擦力导致抗滑分力减小；地下水位的升高造成坡体孔隙水压力增大、静水压力增大，造成坡体的下滑分力增大。因此，降雨是砂子岭滑坡地质灾害产生的激发因素。

人类活动：由于村民房屋依山而建，在房屋建设过程中对原斜坡进行切坡建房，同时为方便山区村民出行，公路部门在坡体上修建了三条水泥村道。屋后切坡与道路切坡形成高陡临空面，破坏了原有边坡的稳定条件，加剧了边坡的不稳定性，造成坡脚失去支撑、滑移分力加大，为坡体变形破坏创造了条件。

（4）旌德县云乐镇张村村大岭头2#滑坡

云乐镇张村村大岭头2#滑坡位于S207省道东侧，自20世纪修建乡道时就已经形成并陆续出现过多次滑动。最近一次发生于2021年7月28日，受台风“烟花”导致的连续强降雨影响，张村村大岭头2#滑坡灾害点发生变形，滑坡后缘出现贯通性裂缝，前缘出现垮塌，堆积于道路，严重影响道路通行条件。

① 基本特征

滑坡体前缘，由修建公路形成的人工边坡较陡，坡角一般在60°～70°。大部分松散岩土体处于临空状态，局部有坍塌现象，边坡脚有少量基岩出露；滑坡体前缘地面标高＋456 m，后缘上方弧形拉裂缝处标高约521 m，相对高差65 m，滑坡主滑动方向95°，平面形态呈后缘窄前缘宽的“喇叭形”；滑坡体前缘最大宽度70 m，轴线长度78 m，面积约2730 m^2，滑坡体平均厚度约6.5 m，体积1.7×10^4 m^3。2021年7月现场调查发现，滑坡体上出现滑坡变形。特征主要体现在后缘及两翼裂缝，滑坡堆积体再次滑动出现小方量垮塌，出现植被歪斜及下降泉（图2-2-48、图2-2-49）。

图2-2-48　滑坡前缘陡坎面三维倾斜摄影

A. 后缘裂缝延伸(尖灭)　B. 裂缝(南侧)

C. 裂缝下错(北侧)　D. 裂缝可探深度(北侧)

E. 地下水渗出带(下降泉)　F. 滑坡远景

图2-2-49　滑坡变形特征

② 滑坡类型

根据滑坡的岩土体组成和结构形成等因素分类:滑坡体主要由碎石类土组成的松散层的滑坡,其滑坡类型属于土质滑坡;由于滑坡体最大厚度9.5 m(平均厚度6.5 m),属于浅层滑坡;根据对滑坡体的现场调查发现,滑坡为前缘临空率先滑动,后缘产生拉张裂缝,按滑坡的始滑部位及运移形式分类,属牵引式滑坡;该处滑坡由切坡修路导致前缘坡脚形成陡坎,临空面应力不平衡引起的滑坡,按诱发因素分类,属工程滑坡。

③ 形成机理

滑坡的形成是内因和外因共同作用的结果,大体上与地层岩性、地质构造及地形地貌、降雨、地表水作用、地下水作用,以及人类活动等其他因素有关。根据勘查、工程地质测绘成果分析,云乐镇大岭头2#滑坡变形主要影响因素包括:

物质组成:斜坡浅表分布有较厚的坡积层,为滑坡的形成提供了较为充足的物质来源。坡积层物质结构松散,力学性能差,抗剪强度低,渗透性强,稳定性差;当大量坡面地表水入渗时,其含水量、重度增大,黏聚力及抗剪强度显著减小,不利于斜坡稳定。

地形地貌:隐患点所在位置属低山斜坡坡麓,自然坡度30°～40°,斜坡上的松散堆积体容易失稳而发生滑坡。另外,微地貌对滑坡也产生重要作用,山体斜坡呈直线形、阶状,台面地形平缓,降雨形成的地表径流缓慢,易于入渗地下,有利于滑坡的形成。

大气降雨:滑坡位于低山区斜坡中下部,后缘汇水面积较大,该地区气候温和,雨量充沛,年平均降水量较大,在强降雨期间,雨量集中且持续降雨,坡面雨水入渗使滑体饱和,在孔隙水压力作用下,斜坡稳定性变差,持续降雨天气对滑坡的形成起着重要的作用。

水文地质条件:山体斜坡分布有较厚的松散坡积层,透水性较强,一方面地下水的渗流增加坡体的动水压力,增加了下滑力;另一方面地下水对水位以上的滑体具有一定的浮托力,降低滑坡面的正应力,使滑坡面摩阻力降低;受构造作用影响,坡体内存在构造裂隙水,贯通性及水量未知。

人类活动因素:斜坡坡脚存在人工切坡,形成临空面,坡体失去坡脚的支撑失稳易产生滑动。由于坡脚修建挡墙,排水孔不畅,导致坡体地下水位上升,进一步增加了坡体含水量,导致滑坡的发生。

云乐镇大岭头2#滑坡形成机理主要为坡积碎石土层与基岩接触带的滑动(图2-2-50)。

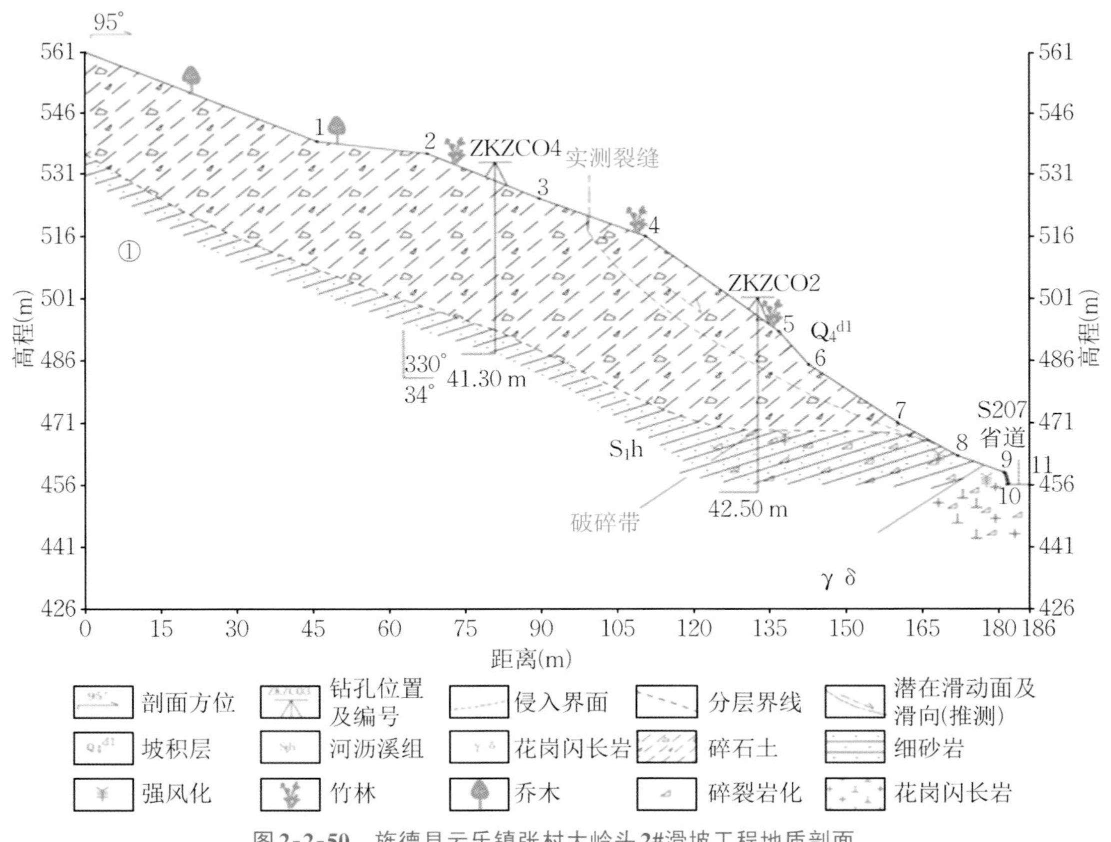

图2-2-50　旌德县云乐镇张村大岭头2#滑坡工程地质剖面

因修路切坡形成了高约20～40 m，宽约60 m，坡度约45°的人工切坡，导致斜坡坡脚应力不平衡，在强降雨作用下，雨水入渗，松散滑体呈饱和状态。滑面位于坡积碎石土层与基岩接触带上，基岩作为较好的隔水层，雨水入渗沿接触带排出，接触带中黏粒不断减少，黏聚力逐渐降低，导致滑坡体后缘形成多条拉张裂缝，随着雨水不断灌入裂缝，最终引发小型土质浅层牵引式滑坡。

（5）黄山市歙县杞梓里乡长川村富坑滑坡

滑坡位于歙县杞梓里乡长川村富坑组，距杞梓里乡人民政府直线距离约6.9 km，1966年汛期发生滑坡地质灾害，未造成人员伤亡，2008年部分村民房屋墙体开裂。

1）基本特征

为人工切坡形成的边坡，山脊走向呈近北东走向，坡向为近西向，灾害点位于坡体中部，坡面纵横向上不平顺，起状不平，主滑方向290°，滑坡体剪出口高程为480 m左右，距小路高差54 m；冠部高程为570 m。滑坡前、后缘高差约90 m，其水平投影长度80 m，平均宽约300 m，平面投影面积15000 m^2。通过勘查钻孔揭露及地质调查显示，滑体主要为坡积层之碎石土，厚度1.2～4.0 m，强风化层厚度17.1～18.6 m，厚度大。滑床的岩土组成主要为强风化千枚岩，呈灰黄色，力学性能较差，厚度＞10 m。裂隙发育，岩芯呈块状、短柱状和长柱状（图2-2-51、图2-2-52）。

图**2-2-51**　滑坡边界

图**2-2-52**　滑坡后缘

② 变形破坏特征

从平面上看，滑坡体形似“半圆形”，北东高，南西低，时有滑塌现象，滑坡后缘有灌木、竹子及乔木。1966年滑坡体后缘发现拉张裂缝，裂缝长50 m，宽10 cm，后已填埋，中部发现树木歪斜，见马刀树，2008年滑坡体中部的民房墙体开裂（图2-2-53）。

③ 形成机理

长川村富坑滑坡地质灾害处于强烈变形阶段，滑坡的诱发条件包括以下四方面：

地层因素：组成坡体的坡积层土体松散，在雨水浸泡下重力加大，滑带土在饱水浸泡时抗剪强度降低，易产生变形滑动。

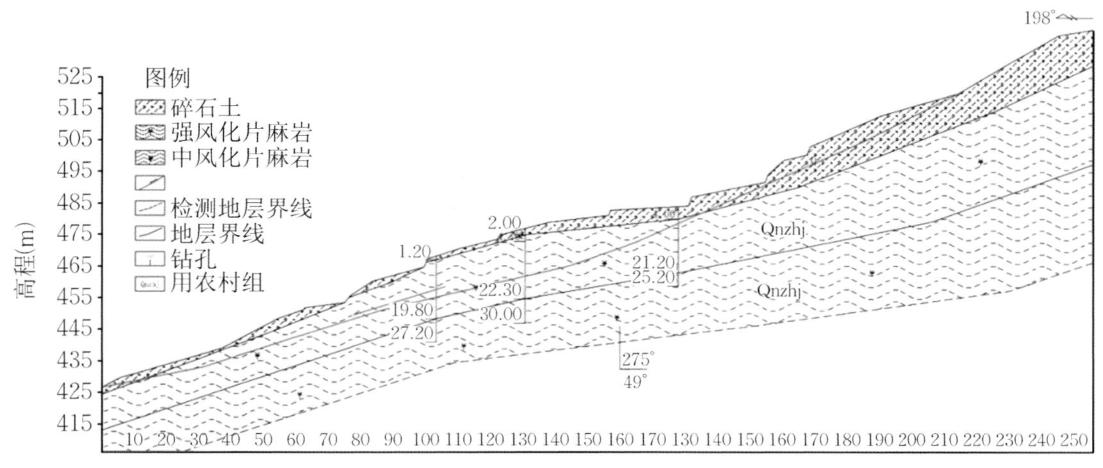

图 2-2-53　黄山市歙县杞梓里乡长川村富坑滑坡工程地质剖面图

地形因素:因坡面较陡,切坡建房形成临空面,在重力的作用下岩土体内应力分布重新调整,沿弹、塑性不同的土体介质界面,易产生蠕动变形、滑动。

地质构造因素:坡体土层为层状构造,岩土层接触面向坡下倾斜,易沿倾斜层面产生滑动。

人为因素:坡表处于半裸露状态,易于雨水的快速渗入,降低土体的力学性能,破坏坡体的稳定性;因切坡建房形成临空面,打破坡体原有应力平衡,斜坡坡体植被被严重破坏,引发滑坡的发生。人为因素是诱发此次滑坡的主要因素。

气象因素:强降雨可以沿后缘地形拐点及坡面向下渗入,使坡体浸润饱和,既增加了坡体自重,同时又软化、润湿了滑带土,加剧滑动破坏变形阶段的转变,在极端气候下,易造成滑坡的整体失稳。气象因素也是诱发此次滑坡的主要因素。

(6) 霍山县太阳乡太阳村街道滑坡

① 基本特征

霍山县太阳乡太阳村街道滑坡位于霍山县太阳乡太阳村街道南侧居民屋后,2020 年 7 月 19 日,因受强降雨影响发生滑坡地质灾害,滑坡滑向为 45°,滑坡体宽约 40 m,长约 25 m,前缘宽度约 100 m,后缘宽度约 40 m。前缘剪出口至后缘滑体水平长度为 24 m,斜坡长度约 30 m,平均坡度 35°~40°,前缘人工切坡局部达 55°。滑体平均厚度约 3.0 m,滑坡方量约 1800 m^3,滑坡平面形态呈不规则舌形状,剖面形态呈直线状。

已滑体北侧山坡坡度约 35°~40°,上部坡面岩体主要为全强风化片麻岩,风化强烈,节理裂隙发育,在强降雨诱发下坡面局部发生溜滑现象。根据已滑体发生机理及现有边坡变形情况,推测太阳乡街道潜在滑坡隐患体主滑方向为 15°,纵向剖面形态呈直线状,潜在滑坡前缘高程 446.0 m,后缘高程为 465 m,相对高差约 19 m,潜在滑坡面积约 1700 m^2,潜在滑体厚约 3~5 m,平均厚度 4 m。滑坡隐患体严重威胁坡脚 20 户 80 人生命财产安全,直接威胁财产约400万元(图2-2-54、图2-2-55)。

图**2-2-54**　已滑体及滑坡隐患

图**2-2-55**　坡脚人工切坡

② 滑坡物质组成及结构特征

滑坡体由全强风化片麻岩组成,岩体整体呈灰白色,粗颗粒块状结构,片麻状构造,由于岩体风化强烈,节理裂隙发育,坡面全强风化片麻岩整体呈碎石土状,固结程度极差。

滑动面及滑动带:滑坡为全强风化片麻岩,由于风化强烈,整体呈碎石土状,推测滑坡及滑坡隐患滑动面为层内错动,整体滑面近似于圆弧状。滑带在降雨入渗软化条件下,强度相对较低,不利于滑坡的稳定。

滑床特征:滑床主要为中风化片麻岩及全强风化片麻岩,滑床以近圆弧形为主。在降雨入渗条件下,坡体上部全强风化片麻岩饱水软化,造成其发生圆弧滑动;据调查确定推测滑动带为圆弧形。人工切坡形成的临空面为滑坡形成提供了势能基础,当长期降雨或短时间雨量较大时,坡面地表水自坡面松散全强风化层下渗至滑移面,使滑带土体饱和、软化,并沿滑带水径流方向与坡脚处渗水处形成贯通裂缝,最终可能导致滑坡隐患体沿坡脚剪出口滑动变形。

③ 形成机理

根据滑坡变形迹象的分析和调查情况,太阳乡太阳村街道滑坡变形机制主要包括以下几个方面:

地形地貌:滑坡位于构造侵蚀山地地形的山脊脊尖转折部位,自然坡度30°~35°,局部达40°以上,滑坡坡面延展性一般且较长,为滑坡体的发生提供了有利条件,同时居民在坡脚切坡建房,形成了陡坎,造成坡体的土体失去支撑、滑移分力加大。

岩土结构:滑坡体坡面主要由全强风化片麻岩组成,岩体风化强烈,节理裂隙发育,岩体破碎,岩土体工程力学性质较差,降雨入渗后易沿内部滑动面发生滑动破坏。

大气降水:每年6~8月份为汛期集中降雨时段,雨水入渗坡体不但促进岩石风化,而且也为滑坡提供了动力条件。雨水浸润坡体加大岩土体自重,同时降低岩土体强度及结构面的摩擦力导致抗滑分力减小;地下水位的升高造成坡体孔隙水压力增大、静水压力增大,即造成坡体的下滑分力增大。因此降雨是滑坡地质灾害产生的主要诱发因素。

人类活动:由于村民房屋依山而建,在房屋建设过程中对原斜坡进行切坡,在房屋后部形成陡坡,切坡形成的临空面,破坏了原有边坡稳定性,为坡体破坏创造了条件(图2-2-56)。

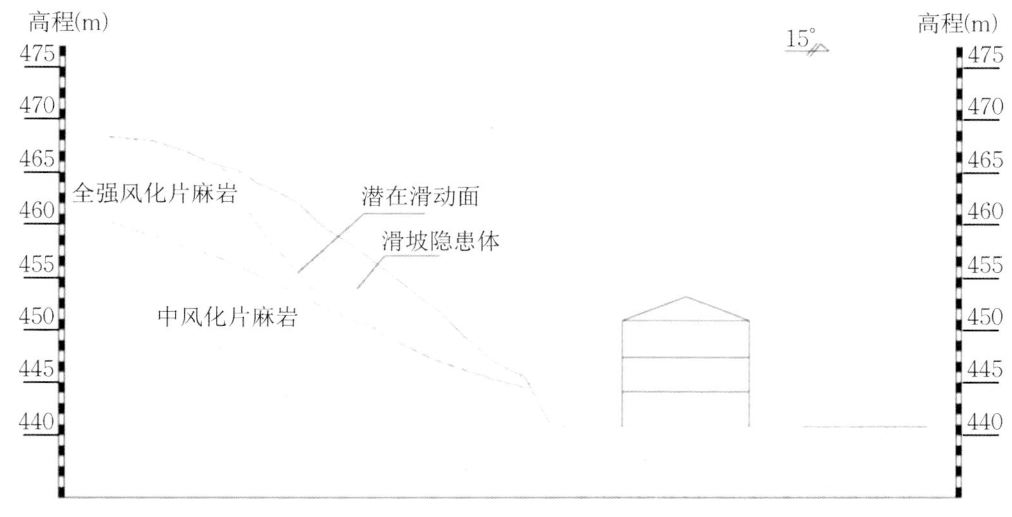

图2-2-56 霍山县太阳乡太阳村街道滑坡工程地质剖面图

3. 泥石流

(1) 美溪乡美坑村社屋前泥石流

① 基本情况

泥石流沟位于美溪乡美坑村东北侧,X033公路西北侧,美坑溪左岸。该溪沟呈簸箕状,区域内植被主要为灌木、竹林,覆盖率达70%以上(图2-2-57)。威胁X033公路南侧9户43人,威胁财产约150万元。

图2-2-57 美坑村社屋前泥石流地貌图

该溪沟海拔高差300 m,沟口海拔220 m,上部溪水流向123°,沟口流向85°。山体多呈直线坡,沟源坡度48°,坡向110°,沟南侧山体坡度30°,坡向89°,北侧坡度38°,坡向170°,该溪沟由双沟汇流而成,沟谷呈"V"型谷,沟槽宽10～50 m,河道宽2～3 m,深度一般2～5 m,在双沟交汇处沟道深达7～8 m。溪沟流域面积达0.4 km^2,溪沟长0.62 km。区域内残坡积层厚约0.2～5 m,在沟槽及东坡厚度较大,在双沟交汇处达5 m。岩性为含碎石黏土,块度1～50 cm,含量10%～20%,局部块度达1 m,松散。基岩主要为奥陶系下统的印渚埠组(O_1y)的薄层泥质灰岩、粉砂岩,层厚1～5 cm,产状112°∠32°,岩体弱—全风化。主要发育一组垂直节理,产状257°∠78°,长1～2 m,间距3～20 cm,微张1～3 cm,局部泥质充填,光滑。沟谷内堆积大量碎石,块度一般1～50 cm,最大块度达2 m(图2-2-58)。

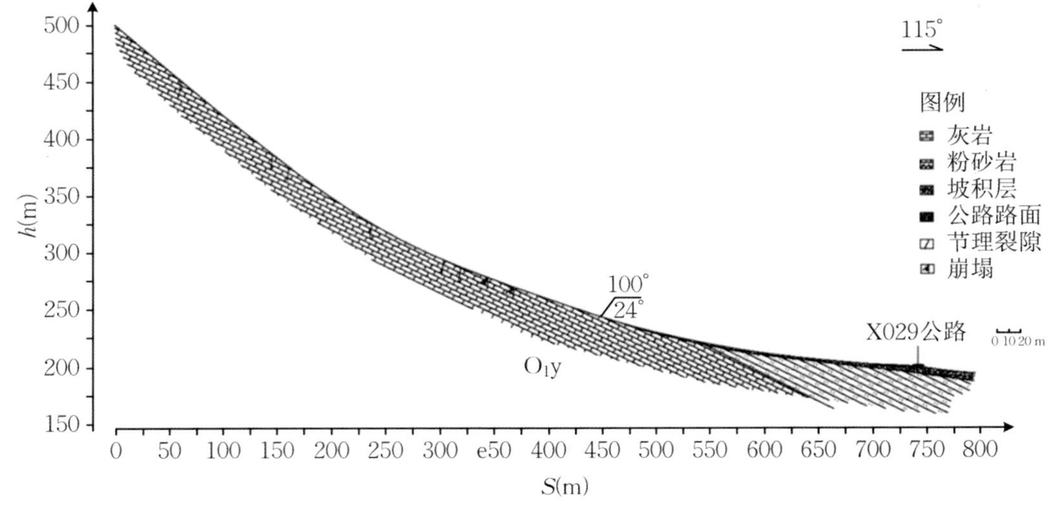

图2-2-58 美坑村社屋前泥石流剖面图

该沟历史上曾发生过2次泥石流,第一次发生于2002年6月21日,当日最大降雨量达418 mm,小时最大降雨量达100 mm,沟口扇形完整性达70%,冲淤变幅达±0.3 m,扇长220 m,扇宽100 m,扩散角约45°,堆积物块石直径分别为2 m、0.5 m、0.2 m,泥位标高203 m,冲出方量达10000 m^3,规模属于小型,该泥石流冲过X033公路,造成公路下游4间房屋及12亩农田被毁,道路约0.06 km,经济损失约5万元,灾情属于小型。坡体东北侧顶部发生碎块石滑坡,滑向145°,长87 m,宽15 m,厚约5 m,规模约20000 m^3,呈长条形。第二次发生于2009年3月21日,该次泥石流冲出方量达6000 m^3,泥位标高201 m,沟口扇形扇长210 m,扇宽60 m,扩散角约39°,造成约2间房屋及6亩农田被毁,经济损失约3万元。

② 形成条件

该泥石流为降雨侵蚀—搬运复合型泥石流,其形成需同时具备水源、物源和具有一定沟床比降的地形三个条件。

物源：主要分为以下几种类型：一类为沟道两侧斜坡的残坡脚层及全风化层在雨水冲刷软化条件下发生的滑坡、崩塌，主要包括土质滑坡和碎块石崩塌，2002年沟口北侧斜坡发生土质滑坡，规模达20000 m^3，该物质来源主要位于溪沟上游地区；二类为沟道内碎石及块石的再搬运，据调查，沟道内分布大量的碎石，块度大小不等，最大达2 m；三类为洪水对沟岸的侵蚀、剥蚀及深切。据估算，松散物储量达20000 m^3/km^2，平均厚度2～3 m，补给长度达60%。

水源：该沟泥石流水源全部来自降雨及其汇流产生的沟道水流。整个流域的汇水区面积达0.2 km^2，但事实上对泥石流发生起决定性作用的汇水区主要来自高程250 m以上的区域，形态呈纺锤状。

地形：泥石流流域左右明显不对称，右岸陡峻，左岸开阔，坡度相对较缓，没有支沟，流域面积0.4 km^2，主沟长度0.7 km，流域相对高差296 m，主沟纵比降440‰。

从泥石流启动部位、运动路径和堆积部位来看，泥石流可分为形成区、流通区和堆积区，流通区与形成区难以完全区分。形成区、流通区主要分布于高程230～506 m的范围内，堆积区主要分布于沟口及公路坡下的村庄地带。

随着河床的侵蚀下切，两侧松散层稳定性降低，沟床的堵塞程度将进一步增加，因此，泥石流在未来数年都表现为中易发性和高频特征。

(2) 南极乡梅村东风组泥石流

① 概述

该泥石流位于宁国市南极乡梅村东风组，该地以往并未发生泥石流灾害。受“利奇马”台风极端暴雨天气影响，在2019年8月10日下午发生泥石流地质灾害，造成全毁房屋30间，半毁15间，道路损毁1.0 km，损失财产约100万元，无人员伤亡。

② 规模与类型

经过实地调查，结合泥石流形成的水源成因、物源成因、集水区地貌特征、暴发频率、泥石流物质组成、流体性质等条件来判别，东风组大坞河泥石流属于暴雨—沟床侵蚀型—沟谷型—轻度易发—水石型—稀性泥石流。

根据对泥石流发生前后的地形进行对比，经估算，东风组泥石流2019年8月10日一次性冲出物固体总量达3.5万 m^3，理论计算降雨频率为5%时一次性流体总量为4.06万 m^3，一次性固体物质冲出量为1.66万 m^3，理论计算降雨频率为5%时泥石流洪峰流量达55.90 m^3/s、全流域物源总量合计303.04万 m^3，其中动储量14.09万 m^3，沟床平均纵坡降达275‰，按照相关规范判定东风组泥石流暴发规模属中型泥石流。

③ 泥石流特征、形成条件

该泥石流物源区（形成区）、流通区、堆积区特征较明显。

物源区（形成区）：区内由于内外营力的作用，崩塌、滑坡不发育，沟道内储存了大量松散固体物质,为东风组泥石流的形成提供了极为丰富的物源。东风组泥石流固体物源的类型有:沟道堆积型物源、沟道侧岸侵蚀物源、坡面侵蚀型物源等;固体物源分布相对较集中,主要分布于沟道的中上游位置,沟道中下部有零星物源分布,总体物源补给较充分,东风组泥石流物源总储量303.04万m^3。

流通区:该沟段主要为流水侵蚀切割第四系冲洪积物堆积层形成现有沟道,该段沟道平均纵坡降136‰,平均冲刷高度约4 m,沟道纵坡降总体较缓,但由于上游洪流流速快、动能较强,该段沟道中上游洪流侵蚀强烈,该段沟槽两岸极易发生垮塌,并不断被侧蚀,土体进入沟道成为沿程补给物源,使泥石流规模不断扩大,直至流通区下部达到冲淤平衡。该段是泥石流的主要流通通道,泥石流运动以冲刷为主,在沟内宽缓处有淤积现象,总体上表现为以冲为主、以淤为辅的冲淤特征。

堆积区:漫流堆积区位于流域下游沟口地形坡度平缓处,该区域平均纵坡降113‰,由于该区段地形较为开阔、平缓,泥石流在该区域流速减小、动能变弱,洪流携带固体物质能力降低。该区域水石分离,泥石流固体物质逐渐停淤堆积,水流继续向主沟道汇流,部分泥石流固体物质冲入挤压河道。该段沟道的总体冲淤特征表现为以淤为主。

④ 主要影响因素

形成东风组大坞河泥石流地质灾害的条件主要有地形地貌及沟道条件、丰富的松散固体物质条件、充足的水源条件和强烈的人类工程活动条件。

地形地貌:泥石流区及周边地貌为侵蚀低起伏中山,东风组泥石流沟沟道平均纵坡降为275‰,沟域内山势较为陡峻,地形高差较大,堆积区前缘与沟源分水岭相对高差达820.8 m,沟谷两侧斜坡坡度为30°~40°,平均坡度37°,沟床平均坡度为16.4°,坡度较陡,这为泥石流沟的形成提供了较好的势能条件。

地层岩性:区内出露的地层主要为奥陶系下统西阳山组(O_1x)、侏罗系上统劳村组(J_3lc)、白垩系下统黄尖组(K_1h)、新生界第四系松散堆积。其中,西阳山组主要为青灰色粉砂质泥岩,夹薄层泥页岩,岩石较坚硬;劳村组为暗紫色泥质粉砂岩夹不稳定的流纹质凝灰岩和少量砾岩,黄绿色砂岩、粉砂岩等,局部含钙质结核及凸镜状灰岩,底部有不稳定的砾岩;黄尖组酸性熔岩或酸性火山碎屑岩夹中性熔岩,偶夹沉积岩薄层;松散堆积体包括第四系全新统泥石流堆积(Q_4^{sef})、第四系冲洪积物(Q_4^{al+pl})、第四系残坡积物(Q_4^{el+dl}),主要为碎石土及砾石和含卵石砾石土层。

构造裂隙:区内岩层发育多组裂隙,主要为220°∠45°、120°∠87°、6°∠42°三组,将岩体切割成碎块状。

人类工程活动:中上部主要分布坡耕地,现状坡耕地已荒废,植被类型主要为山核桃及低矮灌木,山体上大多种植了山核桃,人为破坏了原来的天然植被,破坏山地斜坡岩土体的自然平衡,降低山坡固土能力,加剧水土流失,造成自然生态环境失衡;灾害发生时,正值山核桃采摘前的除草期,山核桃种植区域坡面上的草本固土植物覆盖率近乎为零,使地表耕植层寸草不生，表层残积层松散，大气降雨直接入渗，土体快速饱和，暴雨时径流携带急速汇入沟谷，水土流失极其严重。

降雨：根据气象局资料，8月9日～10日，宁国市各地经历了较长时间强降雨，截至11日10时，全市平均降水量达到210 mm，最大降水量420 mm，东津河沙埠水文站水位达到64.87 m，超过历史最高水位0.07 m。附近的朱家桥水文监测站，24小时降雨262 mm，创造了小时最大降水量59.5 mm、30分钟最大降水量34.5 mm、10分钟最大降水量13.5 mm的纪录。

局地暴雨成为诱发泥石流、滑坡、崩塌等地质灾害的重要诱因。持续的降雨不仅增大了坡体的自身重量，还给坡体提供了丰富的地下水源，促使坡体软化和抗剪强度降低，从而降低了泥石流启动的临界雨量。由此可见，激发泥石流形成的水源条件是充分的。

⑤ 暴发频率与易发程度

泥石流流域面积较大，纵坡降大，汇水条件较好，坡面植被覆盖受村民种植核桃树影响，径流系数较大，且沟道内存储较多松散堆积物，为泥石流的形成提供了丰富的物源。地形条件和松散固体物质的分布状况对泥石流的形成十分有利，持续的强降雨极易激发泥石流沟谷形成泥石流。大坞河泥石流为首次暴发，为泥石流轻度易发区。据泥石流沟域基本特征和参数，综合判定泥石流易发程度属轻度易发。

沟域内有大量松散固体物源，在暴雨条件下仍有发生大规模泥石流灾害的可能。一旦发生大规模泥石流灾害，其威胁对象主要为沟口的东风组居民，共计17户48人，可能造成的直接经济损失约200万元。

4. 岩溶塌陷

(1) 土坝孜岩溶塌陷

土坝孜地区位于淮南市八公山区，是淮南市岩溶地面塌陷灾害分布地区之一，塌陷坑在平面上呈串珠状分布，显现继续扩大的趋势(图2-2-59)。

图2-2-59　八公山土坝孜岩溶塌陷

该地区发生岩溶塌陷的原因是区内广泛分布碳酸盐岩，因地处断层交汇地带，两侧岩溶发育,地下水运动促使其溶蚀作用加强。从1978年起该地段曾先后发生岩溶塌陷10余次,仅1997年主汛期便产生地面岩溶塌陷坑6个,形成长约95 m,宽约15 m的条带状不连续的塌陷带,造成31户65间民房整体被毁。2005年投入地质灾害治理资金328.8万元,拆除了危房,对受地面塌陷直接威胁最严重的住户实行了搬迁安置,但对岩溶塌陷本身并未能采取工程治理措施,未彻底解决对周边住户的威胁。

自2012年至2020年,在原老塌陷区外围,尤其是沿构造断裂带,即向西南与东北方向,岩溶地面塌陷时有发生、发展。2021年入汛以来淮南市八公山区土坝孜地区于5月16日、7月23日发生岩溶塌陷,其中5月16日为老塌陷坑复活,塌陷坑面积进一步扩大,长轴约23 m、短轴约13 m、最大塌陷深度约10 m,塌陷坑周边土体开裂变形,有继续扩大的趋势。2021年7月23日区内新发生塌陷坑,长轴约0.9 m、短轴约0.6 m、最大塌陷深度约0.9 m。该塌陷坑位于路旁且规模较小,后已被就势填埋并作为监测巡查点。2021年10月1日~10月7日,由于北侧泄洪沟疏淤,造成泄洪沟水倒灌至塌陷坑,1号塌陷坑已基本被淤泥填满,塌陷坑有扩大趋势,长轴约30 m,短轴约16 m,塌陷坑外围有环形裂缝。塌陷坑西北角一处房屋已显露地基基础,距离塌陷坑1 m左右,形成危房。

2020年6月,安徽省地质环境监测总站在八公山土坝孜岩溶塌陷区域安装3部中科光大ZKGD2000—MD地下水自动监测仪、1台HC-RAIN-2型压力式雨量计、1台GNSS接收机,探索研究岩溶塌陷预测预报工作。

(2) 铜官区先锋西村71栋、91栋—老粮站岩溶塌陷

塌陷点位于铜陵市铜官区先锋西村71栋、91栋楼房附近。塌陷区地处丘陵冲沟,地面标高约17~19 m,地表为第四系粉质黏土,厚约12~16 m,下伏基岩为三叠系下统南陵湖组大理岩和龙山组大理岩夹角岩。区内自2002年12月年出现塌陷,后分别于2004年6月、2007年1月、2008年10月、2011年4月零星发生地面塌陷,区内已累计产生塌洞6处,均为小型,洞径2.0~3.0 m,深度0.5 m~1.0 m,总影响面积约5800 m^2。2017年5月,隐患区外围发生一处地面塌陷,平面近似圆形,直径约1.5 m,剖面呈桶型,深约1.0 m,主要系排水诱发(图2-2-60、图2-2-61)。

区内自2011年起未再发生塌陷,核查未发现地面有塌陷及地面敲击异响,塌陷区北侧局部地段已拆迁,威胁对象减少。

塌陷点周边开采矿山有大龙潭铜矿、包村金矿和冬瓜山铜矿。大龙潭铜矿、包村金矿2014年10月份前已先后关闭,不再疏排地下水。冬瓜山铜矿主要疏排深层地下水,对浅层地下水影响较小。预计该区域发生塌陷的可能性小,整体呈基本稳定趋势,区内近5年未发生新的岩溶塌陷。

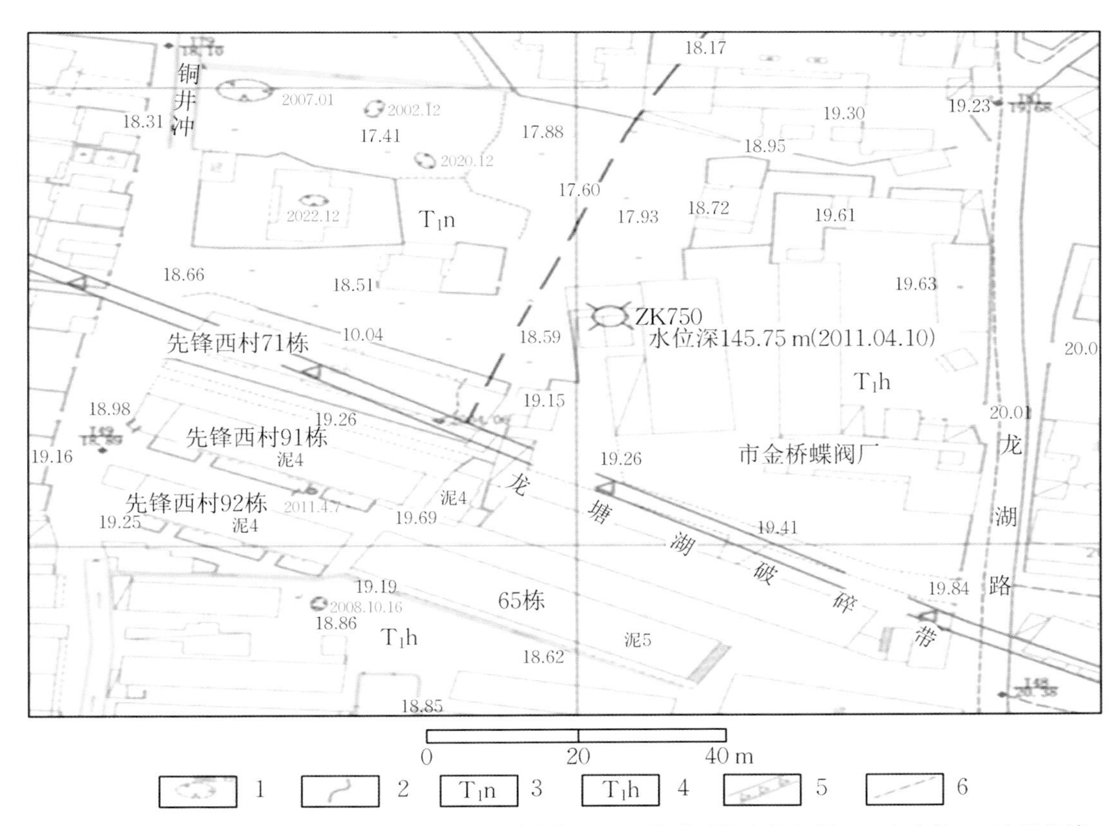

1. 岩溶塌陷点　2. 墙体裂缝　3. 三叠系下统南陵湖组　4. 三叠系下统和龙山组　5. 破碎带　6. 地层界线

图2-2-60　铜官区先锋西村71栋、91栋—老粮站岩溶塌陷平面图

图2-2-61　铜官区先锋西村71栋、91栋—老粮站岩溶塌陷区现状

5. 地面沉降

安徽省地面沉降主要分布于淮北平原,其中阜阳市地面沉降最为典型。地面沉降产生的主要原因为过量开采深层地下水,地下水位大幅度持续下降,导致地面沉降。

阜阳市城市供水依赖深层地下水,天然状态下深层地下水侧向径流十分微弱,长期大量开采导致地下水位大幅度下降,形成巨大水头差,使黏性土压密释水,不仅给供水带来了危机,同时还诱发大范围地面沉降。阜阳市地面沉降的特征表现为随深层地下水开采量的增加而逐步形成和发展,为一动态变化的过程。20世纪60年代以前,地下水开采量较小,地面未见变形,到20世纪70年代,地面沉降量不足100 mm。进入20世纪80年代,随深层地下水的开采量急剧增加,地面沉降范围也扩大了7倍多。1980—1990年10年间,地面沉降范围已超出阜阳市区,其形态为一近椭圆形浅漏斗,长轴为北西—南东向,约25 km,短轴为北东—南西向,约21.2 km,最大沉降范围410 km^2,累积最大沉降量为817.6 mm,沉降速率73.39 mm/a。1990—1995年累积沉降量127.4 mm,沉降速率25.48 mm/a。1995—2001年累积沉降量220 mm,沉降速率36.7 mm/a,中心最大沉降量已达1418 mm。到2002年中心沉降量为1501.82 mm,2007年中心沉降量为1508 mm。至2017年底,阜阳市地面沉降形态呈一近椭圆形浅漏斗,漏斗面积约为1200 km^2,累计最大沉降量1838.2 mm,最大沉降速率约为35 mm/a。

地面沉降经多年的发展,目前已直接或间接地给阜阳市的城市建设和经济发展造成了一定的危害,其危害对象主要是以地基作为其必要构成部件的工程设施,如房屋建筑物、桥梁、防洪堤坝、排水渠道、供水供气管道、道路、供水井等。位于沉降中心的颍河闸、颍河桥多处开裂,几经修缮后,继续产生新的裂缝;1997年建成的及阜裕大桥、泉河公路大桥,因地面沉降,致桥面伸缩缝明显扩张。为确保闸、桥的安全使用,需缩短维修周期,增加维修次数,增加了维护费用,间接地造成了经济损失。位于沉降中心的阜阳市服装厂、纺织厂、供电局、卷烟厂、农科所等单位深井均有井管抬升、井台地面变形等现象,而且比较明显,沉降区外围的袁寨水厂深水井,井深245 m,处于地面沉降边缘,也有井台地面开裂现象。位于阜阳地面沉降中心的阜阳节制闸受不均匀沉降影响,闸底板多处开裂、闸墩错位、铰座倾斜,致使闸门启闭不灵,经1995—1997年闸基加固闸门更新及2001—2002年的闸面桥梁更新,修复后又出现了新的开裂现象。闸体的最大泄洪能力也从1959年的3500 m^3/s下降到2500 m^3/s,并有逐年下降趋势。其中典型破坏为颍河大桥北栏杆因地面沉降产生6.5 cm的落差。据估算,地面沉降灾害造成的直接经济损失为86.1亿元,对阜阳市的社会经济发展造成严重的影响(图2-2-62至图2-2-64)。

图2-2-62　阜阳服装厂深井井台抬升加弯曲管

图2-2-63　阜阳市颍河桥因地面沉降造成错位

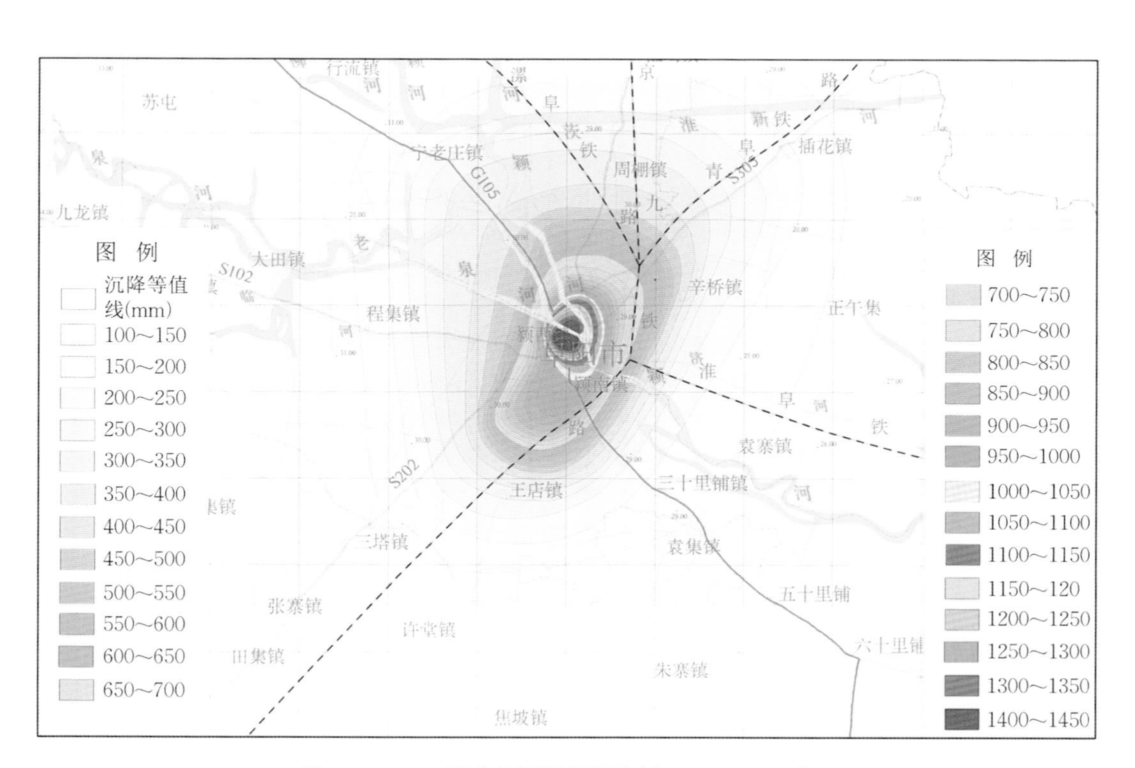

图2-2-64　阜阳市地面累积沉降量(1970—2014年)

三、安徽省地理地质环境与地质灾害

(一) 地形地貌

地形地貌是崩塌、滑坡、泥石流地质灾害形成的基础条件、第一要素,在很大程度上决定了崩塌、滑坡、泥石流能否形成及其类型、数量、规模。大别山区和皖南山区整体隆起,且在垂向上具有明显的成层性。通过对层状地形的分布特点和相关堆积物的研究,这些地形分属早白垩纪、早第三纪、晚第三纪至第四纪形成的剥蚀夷平面。由于地壳运动的不连续性,使之在不同地区分布高程略有差异:早白垩纪剥蚀夷平面主要分布于大别山和皖南山区,为各山系残存的峰顶面、山脊面,标高一般在900 m左右;早第三纪剥夷面主要分布于山地的边缘、山间,多为山顶面,标高在300~400 m;第三纪至第四纪初形成的剥夷面主要分布在山前,为丘顶面,标高在80 m左右。隆起区地势一般陡峻,容易产生崩塌、滑坡、泥石流灾害。

从地貌单元上看,全省3270处地质灾害点主要分布在皖南山区和大别山区,两大山区地质灾害点占灾害点总数的95.81%。其中崩塌、滑坡主要分布在两大山区;泥石流主要分布在皖南山区,大别山区次之;地面塌陷主要分布在皖南山区、沿江丘陵平原、江淮波状平原;地面沉降则主要分布在淮北平原。

从地形起伏上看,高起伏低山区地质灾害点数量明显高于其他地貌类型区,占灾害点总数的44.40%。其次为低起伏中山、低起伏低山、高丘,这3个类型区地质灾害点数量占灾害点总数的43.03%。结合地质灾害类型来看,崩塌、滑坡、泥石流主要分布在高起伏低山;地面沉降则主要分布在平原地区(表2-3-1、图2-3-1)。

表2-3-1 各地貌类型单元地质灾害点数量统计表(处)

地貌类型	崩塌	滑坡	泥石流	地面塌陷	地面沉降	小计
平原	1	1	0	2	2	6
波状平原	8	7	0	5	0	20
浅丘状平原	22	4	0	2	0	28
低丘	25	20	0	10	0	55
中丘	81	57	2	7	0	147
高丘	180	115	12	11	0	318
低起伏低山	293	187	12	0	0	492
高起伏低山	901	474	64	13	0	1452

续表

地貌类型	崩塌	滑坡	泥石流	地面塌陷	地面沉降	小计
低起伏中山	339	321	23	4	0	597
高起伏中山	92	58	5	0	0	155
合计	1942	1244	118	54	2	3270

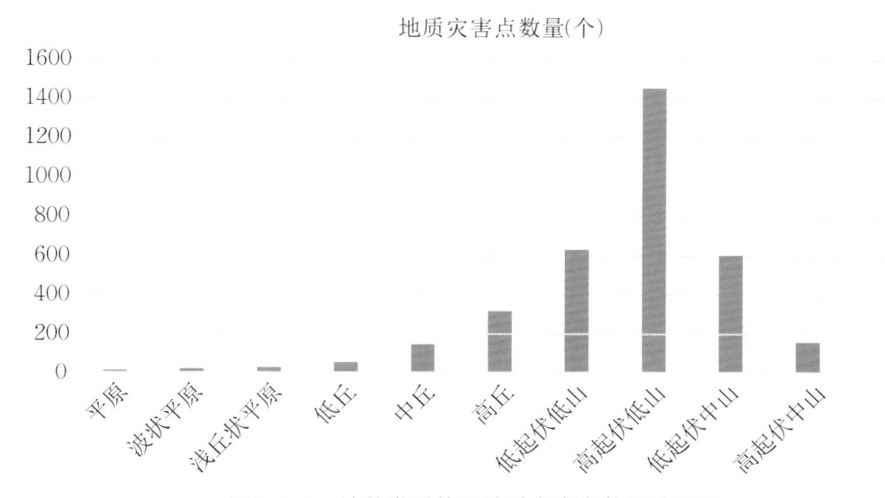

图 2-3-1　地貌类型单元地质灾害点数量统计图

(二) 地质构造

安徽省大地构造共划分出四级构造单元，其中一级构造单元以康西瓦-修沟-磨子潭地壳对接带和郯庐断裂为界，将安徽省一级构造单元划分为两个：即柴达木-华北板块和羌塘-扬子-华南板块；二级构造单元共划分为三个：华北陆块、扬子陆块及大别造山带，详见表2-3-2、图2-3-2。

地质灾害点在三个二级构造单元上均有分布，其中又以扬子陆块上分布最广，占总数的64.8%。扬子陆块位于安徽省东南地区，包含沿江地区及皖南山区，约占全省面积一半以上，属扬子板块北缘造山系二级构造单元。安徽扬子陆块可进一步划分为两个次级构造单元：下扬子被动陆缘($Ⅲ_1$)、江南隆起($Ⅲ_2$)。扬子陆块的基底结构颇为复杂。资料证实下扬子地区存在古元古宙和太古宙变质结晶基底。扬子陆块的盖层发育良好，分布广泛，据调查，这一盖层易发生崩塌、滑坡、泥石流等地质灾害。

表2-3-2 安徽省大地构造分区划分方案

1	2	3	4
柴达木—华北板块	华北陆块(Ⅰ)	徐淮坳陷($Ⅰ_1$)	淮北断褶带($Ⅰ_1^1$)
		霍邱—蚌埠隆起$Ⅰ_2$	蚌埠断隆$Ⅰ_2^1$
			淮南断褶带$Ⅰ_2^2$
			霍邱断隆$Ⅰ_2^3$
		北淮阳活动陆缘$Ⅰ_3$	庐镇关构造岩片$Ⅰ_3^1$
			佛子岭构造岩片$Ⅰ_3^2$
	大别造山带(Ⅱ)	岳西微陆块$Ⅱ_1$	岳西杂岩带$Ⅱ_1^1$
			太湖超高压岩片$Ⅱ_1^2$
羌塘—扬子—华南板块		宿松—肥东陆缘$Ⅱ_2$	肥东构造岩片$Ⅱ_2^1$
			张八岭构造岩片$Ⅱ_2^2$
			宿松构造岩片$Ⅱ_2^3$
	扬子陆块(Ⅲ)	下扬子被动陆缘$Ⅲ_1$	滁州断褶带$Ⅲ_1^1$
			沿江褶断带$Ⅲ_1^2$
			东至-泾县断褶带$Ⅲ_1^3$
			宁国-太平褶断带$Ⅲ_1^4$
		江南隆起$Ⅲ_2$	障公山断隆$Ⅲ_2^1$
			蓝田坳陷$Ⅲ_2^2$
			白际岭断隆$Ⅲ_2^3$
			浙西褶断带$Ⅲ_2^4$

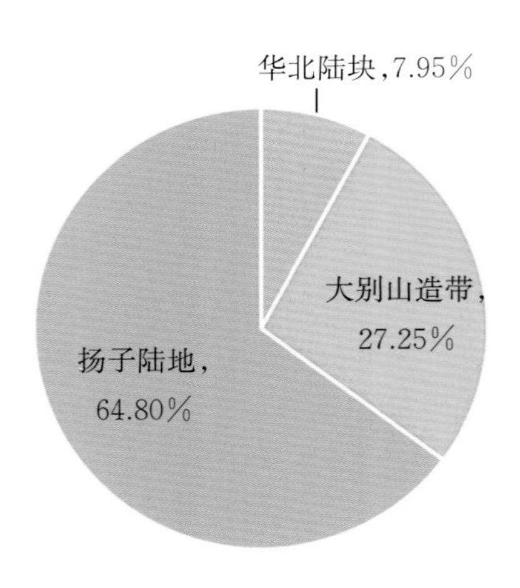

图2-3-2 各构造单元地质灾害点占比图

大别造山带地质灾害点占总数的27.25%。这一区域以区域断裂带、韧性剪切带为边界，夹持于柴达木—华北陆块、羌塘—扬子—华南板块之间，经历了多期离合形成了复杂的复合型大陆造山带，具长期多阶段发展演化史，印支期扬子陆块向北深俯冲，是造山带形成的主幕。安徽大别造山带内可划分三个二级构造单元，分别为北淮阳活动陆缘（I_3）、岳西微陆块（II_1）及宿松—肥东陆缘。晋宁期以来，经历了多次造山作用，不同动力体系热构造事件相互叠加、复合、改造，使其长期处于强应变状态，表现为复杂的剪切流变构造、推覆构造、伸展拆离构造、断裂构造、穹隆构造、弧形构造及复杂的褶皱变形构造，易形成崩塌、滑坡、泥石流等地质灾害（图2-3-3）。

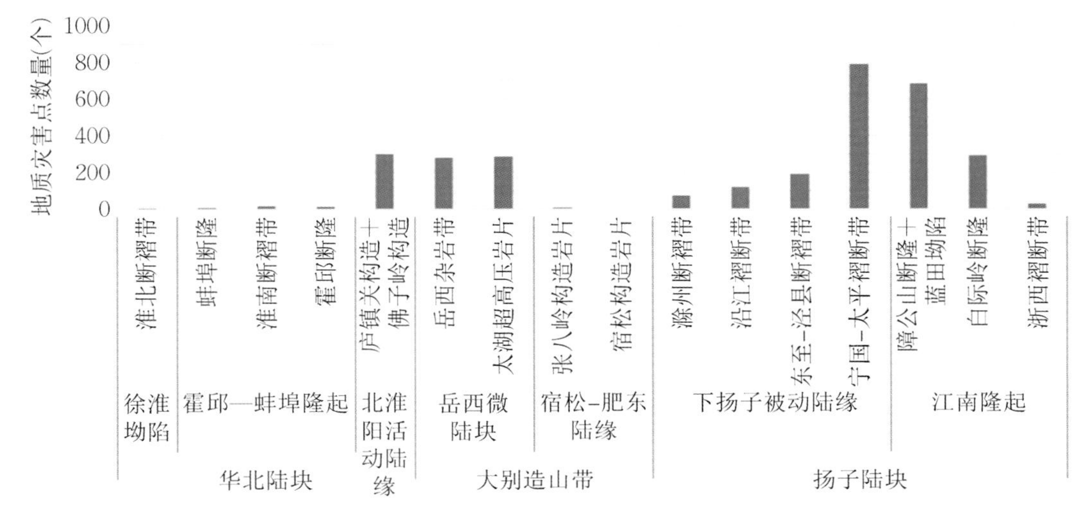

图2-3-3　各构造单元地质灾害点数量统计柱状图

（三）工程地质

1. 工程地质分区

全省分为淮北平原工程地质区、江淮波状平原工程地质区、大别山中低山工程地质区、沿江丘陵平原工程地质区、皖南中低山工程地质区五个工程地质区。

全省地质灾害点主要集中分布在大别山中低山工程地质区和皖南中低山工程地质区。大别山中低山工程地质区地貌类型比较复杂，受岩浆活动及构造运动的影响，低山、丘陵与山间盆地相间排列。盆地内沉积了厚约3～8 m的第四纪冲积物，具双层结构，工程地质性质良好。区内岩体广布，主要为坚硬块状的岩浆岩岩组（In）、坚硬厚层至薄层状片麻岩岩组（Hy）、坚硬—较坚硬厚层状碎屑岩岩组（Cl）。该区山高坡陡，岩石裸露，风化强烈，降雨丰沛，导致崩塌、滑坡、泥石流灾害频发。

皖南中低山工程地质区由白际—天目山、黄山和九华山三大山系组成了全区的山地地貌，山间局部分布有剥蚀平原。区内地层出露较齐全，岩体主要为元古界坚硬—较坚硬厚层至薄层状浅变质岩岩组（Ep）和古、中生界坚硬—较坚硬中厚层状碳酸盐岩岩组（Ca）和碎屑岩岩组（Cl），局部有火山喷出岩岩组（Ex）出露。河谷两侧和山间盆地中有第四系分布，厚度一般2.5～7.1 m，具双层结构，工程地质条件较好。本区活动性断裂较少，历史发震率也较低，除泾县外，其他地区未发生过3.5级以上的地震。但该区山高坡陡，岩石裸露，风化强烈，降雨丰沛，导致崩塌、滑坡、泥石流灾害时有发生。

2. 建造类型

全省地质灾害在岩浆岩建造、变质岩建造、碎屑岩建造区易发，3种建造类型下，地质灾害点又集中分布在5类工程地质综合体分布区，分别为坚硬块状花岗岩、闪长岩综合体（I_1）、坚硬—较坚硬薄层至页片状板岩、千枚岩综合体（II_3）、较坚硬—软弱中厚至薄层状粉砂岩、泥岩综合体（III_2）、坚硬—较坚硬厚层至中厚层状砂岩、砾岩综合体（III_1）、坚硬中厚至薄层状片岩夹大理岩综合体（II_2）。碳酸盐建造区及各种土体分布区地质灾害点分布相对较少，详见表2-3-3、表2-3-4。

表2-3-3　建造类型、岩性组合及工程地质综合体划分与地质灾害点数量统计表

建造类型	岩性组合	工程地质综合体	代号	灾害点个数
岩浆岩建造	侵入岩岩性组	坚硬块状花岗岩、闪长岩综合体	I_1	1086
	火山岩岩性组	坚硬厚层至块状熔岩综合体	I_2	9
		坚硬—较坚硬中厚至薄层状火山碎屑岩综合体	I_3	47
变质岩建造	混合岩、片麻岩岩性组	坚硬厚至中厚层状混合岩、片麻岩综合体	II_1	40
	片岩、板岩、千枚岩岩性组	坚硬中厚至薄层状片岩夹大理岩综合体	II_2	180
		坚硬—较坚硬薄层至页片状板岩、千枚岩综合体	II_3	839
碎屑岩建造	碎屑岩岩性组	坚硬—较坚硬厚层至中厚层状砂岩、砾岩综合体	III_1	322
		较坚硬—软弱中厚至薄层状粉砂岩、泥岩综合体	III_2	344
	红层岩性组	坚硬—较坚硬厚层状红色砂岩、砾岩综合体	III_3	43
		较坚硬—软弱中厚至薄层状红色粉砂岩、泥岩综合体	III_4	9
碳酸盐岩建造	碳酸盐岩岩性组	坚硬—较坚硬厚至中厚层状碳酸盐岩综合体	IV_1	70
		坚硬—较坚硬厚至中厚层状碳酸盐岩夹碎屑岩综合体	IV_2	49
		坚硬—较坚硬中厚至薄层状碳酸盐岩碎屑岩互层综合体	IV_3	62
小计				3100

表2-3-4　土体类型划分与地质灾害点数量统计表

土体类型		代号	地层代号	主要分布地区	灾害点个数
砾类土		V_1	N、Q_hb、Q_hw	安庆、望江、铜陵、定远-明光、泗县山头、六安淠河上游、太湖长河上游	4
砂类土(中粗砂、粉细砂)		VI_1	Q_hb、Q_hw	大别山南东侧山前河谷地带,长江、淮河、废黄河的漫滩及沙洲	31
粘性土	全新世亚砂土	VII_1	Q_hb、Q_hw	沿江、淮北及大别山北麓	4
	早中更新世黏土	VII_2	Q_pq	沿江、皖南	53
	中晚更新世亚黏土	VII_3	Q_pxf、Q_pl、Q_px	淮北、江淮、沿江	35
	全新世亚黏土	VII_4	Q_hb、Q_hw	淮北、沿江	43
小计					170

(1) 坚硬块状花岗岩、闪长岩综合体(I_1)

主要分布在大别山、沿江及皖南山区,形成于新太古代至白垩纪。主要为岩基、小型侵入体及脉岩,岩性多为花岗岩、闪长岩、正长岩等,块状结构。岩石抗压强度差异较大,新鲜花岗岩干抗压强度80～200 MPa之间,最大达214 MPa;风化的岩石,干抗压强度明显降低,最小值约为12 MPa;闪长岩干抗压强度一般为93～188 MPa。这类岩体由于岩石坚硬,抗压强度高,岩体较完整,裂隙不发育,结构面延展性差,因而成为最好的建筑场基和建筑材料,一般情况下,此类岩体对于边坡、地基、地下工程都是坚固的。但强风化带部位结构松散、透水性强,抗压强度明显下降,易出现塌方、崩落及风化物流失等不良工程地质现象,导致崩塌、滑坡、泥石流灾害,特别是断层和裂隙发育带及接触带等,更易发生崩滑流地质灾害。

(2) 坚硬—较坚硬薄层至页片状板岩、千枚岩综合体(II_3)

主要分布于皖南山区南部以及皖东张八岭地区(明光)。岩性为千枚岩、板岩夹变质粉砂岩及泥岩等,千枚岩常与板岩、变质粉砂岩呈互层状,局部可见大理岩。软硬相间,中层至薄层状。除变质砂岩、变质火山岩质地坚硬,抗压强度较高外,一般因片理、劈理发育而强度较低。薄层板岩和千枚岩等抗风化能力弱,山体边坡部位易产生崩塌、滑坡,同时风化物较多,可成为泥石流物源。

(3) 坚硬—较坚硬厚层至中厚层状砂岩、砾岩综合体(III_1)

主要分布于沿江及皖南山区,皖中及皖西的霍邱四十里长山、肥西周公山、淮南八公山也有零星出露。为青白口纪—侏罗纪的砂岩、石英砂岩、砾岩等。砂岩类具有颗粒支撑结构,属孔隙式胶结或接触式胶结;砾岩类砾石分选性及磨圆度较差,呈颗粒支撑结构,孔隙式胶结。除局部夹中—薄层粉砂岩或泥岩外,砂岩和砾岩一般均为厚层至中厚层状结构,坚硬—较坚硬,干抗压强度51.6~149.8 MPa,岩体工程性质较好,但层理和节理发育的岩体,沿结构面易产生崩塌和滑坡。

(4) 较坚硬—软弱中厚至薄层状粉砂岩、泥岩综合体(Ⅲ$_2$)

全省均有分布,皖中及皖北多被新近纪和第四纪松散层覆盖,沿江及皖南出露广泛。为南华纪—侏罗纪砂质页岩、炭质硅质页岩、砂质泥岩和粉砂岩等,薄至中厚层状结构,多互层,易风化,风化裂隙及层间、构造裂隙发育。岩石性脆,抗水性及完整性差。力学强度较低,干抗压强度多为20.5~83.1 MPa。岩体工程性质差,由其组成的边坡,易产生滑坡、崩塌、泥石流等地质灾害(如宁国、绩溪等地广泛分布的该综合体山体边坡,常发生崩塌、滑坡、泥石流等地质灾害)。

(5) 坚硬中厚至薄层状片岩夹大理岩综合体(Ⅱ$_2$)

分布于明光—滁州、肥东双山、大别山北麓及凤阳山区等地。主要为石英岩、片岩,夹大理岩,中至薄层状,抗压强度随云母含量增加或片理发育而降低。大理岩的抗压强度较高,但具弱可溶性。由于层理、节理等结构面较发育,易产生崩塌、滑坡等地质灾害。

(四) 降雨因素

安徽省位于我国中东部,居长江与淮河中下游,气候以淮河为界,淮河以北为暖温带半湿润季风气候,夏季高温多雨,冬季寒冷干燥;淮河以南为亚热带湿润季风气候,四季分明、气候温和、雨量适中。全年平均气温在14 ℃~17 ℃,由南向北递减,日照充足,平均无霜期为200~250天,一月份平均气温−4 ℃~−1 ℃,七月份平均气温27 ℃~29 ℃。

全省降雨量各地分布不均,多年平均降雨量为750~2100 mm不等,主要集中在春夏两季。大别山区多年平均降雨量1200~1500 mm,降水由山区至平原,随着地形的降低而逐渐减少,最大年降雨量2200 mm,最小年降雨量900 mm,最大连续降雨量达700 mm以上。皖南山区多年平均降雨量1300~1700 mm左右。最大年降雨量为2400 mm,最小年降雨量900 mm,平均年降水日数为120~170天。最大日降雨量200~400 mm,最大连续降雨量可达470 mm。降水年分配不均,5~9月为全省汛期,降雨量约占全年降雨量的50%以上。

据统计分析,在年降水量大的年份(年降水量>1600 mm),如1983年、1991年、1996年、1998年、2003年、2005年、2008年、2012年、2013年、2016年发生灾害的数量多。

从多年平均降雨量来看,地质灾害的发生与降雨量有明显相关性,如表2-3-5所示,降雨量1200~1800 mm的区域内地质灾害点数量占总数69.91%,降雨量1400~1600 mm的区域内地质灾害点数量占总数39.99%;降雨量1800 mm以上区域地质灾害数量占总数26.29%;降雨量1200 mm以下,地质灾害数量显著减少。

表 2-3-5　2000—2023年多年平均降雨量与崩滑流地质灾害点数量统计表

多年平均降雨量(mm)	崩塌	滑坡	泥石流	地面塌陷	地面沉降	总计
＜1000	34	16	0	5	2	57
1000～1200	45	33	1	3	0	82
1200～1400	82	132	6	5	0	225
1400～1600	851	245	30	20	0	1146
1600～1800	542	442	40	21	0	1045
＞1800	388	286	41	0	0	715
小计	1942	1154	118	54	2	3270

年内来看，全省地质灾害的分布情况显著受降雨量影响，汛期地质灾害多发，尤其集中在6～8月，与降雨在年内的分布情况高度正相关，其他时期地质灾害发生较少。

我省降雨颇具特色，6至7月多梅雨，6至8月多暴雨，8至9月有台风侵扰。梅雨特点是连续降雨，我省地质灾害也多发生在连续3至7天的降雨时段。暴雨多发生于汛期，主要发生在6至8月，因冷暖气流受两山地形影响，小气候特征非常明显，地质灾害往往在暴雨当天发生或暴雨后一天发生，与强降雨呈高度正相关。

根据安徽省30年(1971—2000年)气候整编资料(表2-3-6)，计算安徽各月暴雨出现的频率，可见50%以上的暴雨出现在6～7月，近80%的暴雨出现在5～8月。可以看出地质灾害年内分布与局地暴雨的密切关系，如图2-3-4所示，1～5月随着暴雨次数的逐渐增多，地质灾害发生数量也逐渐攀升，暴雨次数与地质灾害次数呈现出明显的正相关。但进入6～7月则又有所不同，暴雨次数在6月最多，地质灾害则在7月更为集中发生，这也表明地质灾害的发生不仅受到单次降雨的影响，还受到多次降雨、累计降雨量的影响，暴雨和梅雨同时影响着地质灾害的形成。6～7月是地质灾害最为集中发生的两个月，隐患点多在暴雨影响下最终产生不稳定变形，之后逐渐趋于稳定，8月以后随着降雨量减少，地质灾害的发生次数则显著减少。

表 2-3-6　全省78个台站30年(1971—2000年)各级暴雨站次累计情况统计表

单位:处

	1月	2月	3月	4月	5月	6月	7月	8月	9月	10月	11月	12月
暴雨	15	46	184	485	996	2128	1891	1098	575	377	149	2
大暴雨			11	34	120	575	443	164	85	17	3	
特大暴雨						10	13	1				
合计	15	46	195	519	1116	2713	2347	1263	660	394	152	2

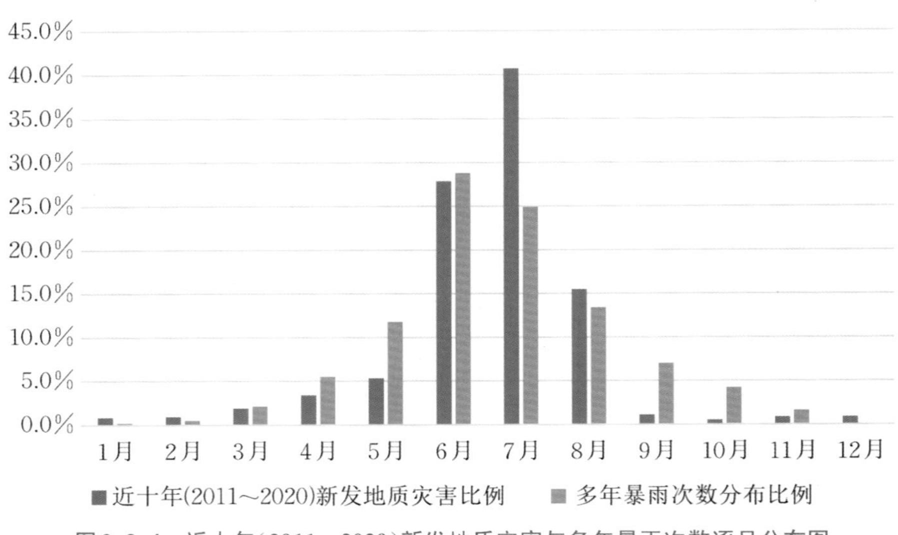

图2-3-4　近十年(2011—2020)新发地质灾害与多年暴雨次数逐月分布图

安徽省位于华东内陆,距离华东沿海海岸线只有一省之隔,这种特殊的地理位置使得两大类台风(登陆我国的台风、近海转向的台风)都可能对安徽带来较明显的影响。台风对安徽造成的影响不容忽视,而且特别复杂。例如,7504号台风“Ora”于1975年造成安徽淮河以南地区大范围强降水;2004年台风“云娜”引起了3天的持续降水,致使河水陡涨、山洪暴发、短时间内形成山体滑坡等严重灾害;2005年,台风“麦莎”“泰利”“卡努”两个月内相继袭击安徽,造成575万人受灾,因诱发地质灾害致40余人死亡,直接经济损失近10亿元,其中“泰利”是新中国成立以来影响安徽较为严重的台风之一。

据统计,我省每年遭台风约1.7次,台风具有发生频率高、突发性强、影响范围广、成灾强度大等特点。受太平洋和印度洋环流影响,进入我省的台风多由南北上、少数东进转而北上,宣城、宁国等风道、风口地区受害严重,受黄山、天柱山、九华山、大别山的层层阻挡,山后区域受台风暴雨影响较小。据统计,2008年至今,全省台风诱发地质灾害共计602起,威胁人数6101人,造成直接经济损失约1.65亿元。

(五)地震次生地质灾害

地震次生地质灾害是指因地震引起的地质灾害。如由地震引发的山体崩塌、滑坡、泥石流等,以及平原区的砂土液化、软土变形等次生地质灾害。

地震引发的次生地质灾害资料最详实的是2008年的汶川特大地震(图2-3-5)。该地震触发了15000余处滑坡、崩塌、泥石流,据相关部门对42个受灾县隐患点进行排查,发现滑坡点约10000处,堰塞湖34处。汶川地震发生后,灾区地质灾害隐患点增加了237%,其中以崩塌增加最多,达到617%,泥石流增加152%,滑坡增加123%,反映出地震对山区高陡斜坡的影响差异性非常大，在山顶上的放大作用非常明显。

图2-3-5　汶川大地震后形成的最大堰塞湖（唐家山堰塞湖）

自公元294年以来，安徽共发生M≥4.0地震92次，其中4.5级地震13次，破坏性以上地震（M≥$4^{3/4}$）33次，5.0～$5^{3/4}$级地震19次，M≥6.0地震4次，最大震级为$6^{1/4}$级（安徽省地震局，1990），属典型的中等强度地震区。全省没有发生过7级以上地震，未有因地震引发地质灾害的记载。但安徽地处华北、扬子两个大陆板块的交接地带，其间夹大别造山带—秦岭古海洋板块，历经多次构造变动，形成不同时代的结晶基底和沉积盖层，是一个地质构造较为复杂的地区。未来，安徽省将进行一大批基础设施、交通干线、水利工程建设工程活动，因此仍应警惕因地震引发的次生地质灾害风险。

（六）人类工程活动

安徽省地理位置优越，交通便利。随着安徽省经济建设的迅速发展，人类工程活动对地质环境的影响日渐增强，主要表现为切坡建房、切坡修路、水利水电工程、矿产开采以及抽排地下水等。

1. 切坡建房

山区山多地少，主要为林业用地，用于城镇村庄建设用地的土地资源紧缺，受自然条件的限制，乡镇建设及农民建房多采用开挖山体，削坡建房，开挖的山坡高度多在3～15 m，坡度40°～70°，切坡距房屋一般0.5～3.0 m。随着经济、建设水平的提升，新建楼房切坡高度普遍增高，切坡规模越来越大，同时，由于地质环境知识欠缺和受经济条件限制，大部分切坡未进行防护，致使切坡后的边坡基本上处于不稳定状态，成为不良地质体，引发崩塌、滑坡灾害的可能性增加。此类破坏地质环境的工程活动最为强烈，破坏地质环境的程度最为严重（图2-3-6至图2-3-10）。

图2-3-6 太湖县晋熙镇梅河村韦东组某屋后切坡

图2-3-7 长陔乡某屋侧切坡

图2-3-8 施集镇孙岗村某切坡边坡拉裂缝

图2-3-9 金寨县桃岭乡上畈组某高陡切坡

图2-3-10 东至县龙泉镇某屋后切坡

若排除道路沿线地质灾害,全省约90%以上地质灾害隐患都在切坡建房点上,存量难减、新增不断,做好切坡建房引发的小微地质灾害防治是我省的重点、难点(图2-3-11)。

切坡建房小微灾害特点：

——发育类型：滑坡、崩塌、滚石、坡面泥石流类。

——分布位置：屋后（开口线上中下）、房前（基础上下）。

——敏感时段：建设、降雨、大风、冻胀、融缩和震动。

——致灾规律：堆覆、冲淤、击穿、拖曳。

——风险特征：工程、技术与管理风险并存。

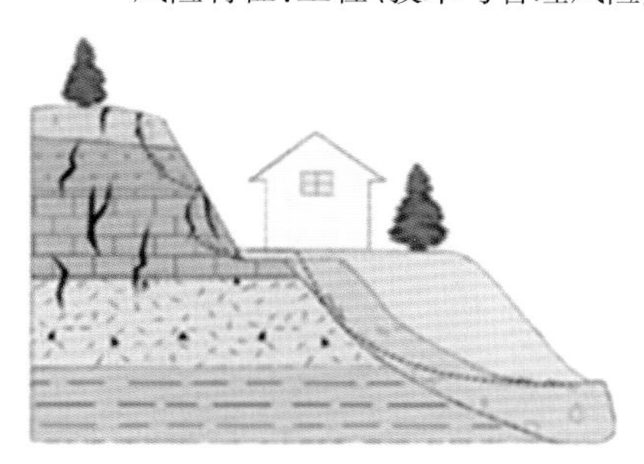

图2-3-11　切坡建房地质灾害特征

安徽省两山地区多地乡镇政府对切坡建房危险点已建立了包保责任，乡镇政府可安排切坡建房户开展定期和不定期巡查，因为户主对房前屋后情况最熟悉，只要房前、屋后、地面、树木、房屋有变形，动物有异常，住户会很快知晓、最先知晓。只要及时上报、及时认定，及时撤离，可最大限度减少地质灾害危害。自然资源所同志可与切坡建房户主建立电话联系，随时查询、收集切坡建房变形信息和地质灾害前兆信息，指导防灾减灾。

——选址环节，乡镇组织开展地质灾害危险性评估，地勘单位提供技术与指导。

——建设环节，因地制宜参照防灾减灾指导手册、指南或图册。

——使用维护环节，规划雨污水排放，加强群测群防。

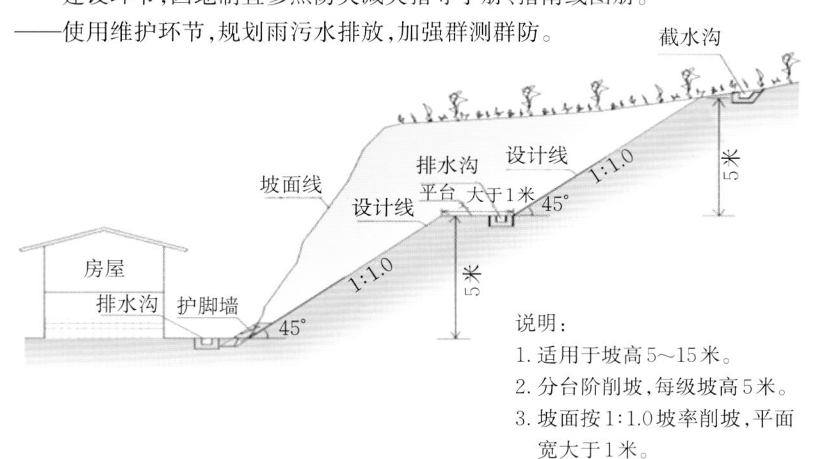

图2-3-12　切坡建房坡体防护示意图

2. 公路建设工程

随着社会经济和城镇化建设发展,区内公路建设的速度将进一步加快。在修建或扩建山区公路时,由于受地形条件的制约,公路多切坡修建,切坡高度3～15 m不等,部分地段可达20～30 m,坡度40°～80°,切坡既高又陡,且多未进行必要的防护,造成公路沿线岩土体边坡失稳,从而引发滑坡、崩塌等地质灾害。

图2-3-13　五河镇某道路边坡崩塌

图2-3-14　隘口乡某道路边坡崩塌

图2-3-15　船渡组某公路滑坡

图2-3-16　下关组某公路崩塌

3. 水利水电工程

丘陵山区水利资源丰富,地方政府为了开发利用水利资源,在充分利用地形、地物的基础上,兴建了许多大、中、小型水库以及灌溉沟渠。在兴修水利过程中,会进行一些山体切坡,加上库坝、渠道渗水对岩土体的浸润,以及库区内水体对坡体的长期浸泡,降低了坡体的稳定性(图2-3-17至2-3-18)。

图2-3-17 水利工程坝体开裂

图2-3-18 堤坝道路开裂

4. 抽排地下水

过度开采地下水已致地面出现沉降，根据安徽省地质环境条件及地下水开发利用状况，地面沉降主要发生在淮北平原。松散地层厚度＞100 m的地区，为地面沉降易发区。包括淮北市、宿州市、亳州市、阜阳市全部，蚌埠市的怀远县、五河县、固镇县、淮上区，淮南市的凤台县、潘集区等，共涉及6市27县(区)，面积约38302 km^2。

据淮北平原地区地面沉降多年监测结果表明，除已开采地表水及浅层地下水为主的沿淮地区(蚌埠市、淮南市)及开采岩溶地下水为主的淮北市、宿州市萧县、灵璧县地面沉降不发育外，其他已开采中、深部含水层地下水的各市县均发生一定程度的地面沉降。根据地面沉降调查研究成果，一般松散岩层孔隙地下水位下降10 m会产生地面沉降，下降20 m以上会产生较快速地面沉降，以阜阳市为典型代表的城区及县城区大幅度较快速地下水位下降，已造成和继续产生新的地面沉降，地面沉降造成阜阳闸底板多处开裂，闸墩错位，颍河、泉河大堤下沉，严重影响到人民的生命财产安全及经济发展(图2-3-19至图2-3-22)。

图2-3-19 大地桥桥体沉降错位

图2-3-20 开采井井台抬升

图2-3-21　人民大桥南端引桥开裂

图2-3-22　林津渡大桥沉降错位

(七)安徽省地质灾害区划

1. 安徽省地质灾害易发分区

依据地形地貌、岩土体性质、地质构造、地下水特征等地质环境条件和降雨、人类活动等影响因素,全省可分为地质灾害易发区和非易发区,其中地质灾害易发区可划分为高、中、低三个级别。

地质灾害高易发区:主要分布于皖南山区、大别山区和淮北平原煤矿开采集中区,总面积3.62万km^2,占全省总面积的25.84%,威胁3.6万余人、财产19.11亿元。其中,崩塌、滑坡、泥石流高易发区主要分布在皖南山区和大别山区;地面塌陷高易发区主要分布于淮北、淮南煤矿开采集中区;岩溶塌陷高易发区主要分布于淮南、铜陵石灰岩浅覆盖区;地面沉降高易发区主要分布于淮北平原阜阳、亳州、宿州地下水超采区。

地质灾害中易发区:主要分布于皖南山区中南部的休宁、屯溪、青阳—繁昌—广德一带,沿江丘陵平原的怀宁—庐江、明光—全椒和江淮波状平原的定远中部地区,总面积1.38万km^2,占全省总面积的9.85%,威胁0.5万余人,威胁财产约3.74亿元。

地质灾害低易发区:主要分布于沿江丘陵平原的长江沿线南陵—郎溪、马鞍山、宿松—巢湖,江淮波状平原的霍邱、凤阳部分地区,淮北平原的萧县、埇桥、灵璧局部地区,总面积1.82万km^2,占全省总面积的12.99%,威胁0.2万余人,威胁财产约1.18亿元。

2. 安徽省地质灾害防治区划

依据地质灾害易发程度、人口密度、社会经济财富集中度、重要基础设施布局、自然保护区及重要风景名胜区的分布,全省共划分为3个地质灾害重点防治区、9个地质灾害次重点防治区、2个地质灾害一般防治区。其中:重点防治区面积4.27万km^2、次重点防治区面积3.67万km^2、一般防治区面积6.07万km^2。

(1) 皖南山区池州、黄山、宣城、芜湖、铜陵崩塌滑坡泥石流岩溶塌陷重点防治区

包括黄山市全部，池州市、铜陵市、宣城市的大部分地区，芜湖市的繁昌区、南陵县部分地区，总面积27483.65 km²。该区是崩塌、滑坡、泥石流、地面塌陷灾害高、中易发区。本区防治重点是城镇、村庄、学校、医院等人口聚集区及重要基础设施和重大建设工程周边的崩塌、滑坡、泥石流、岩溶塌陷灾害。

(2) 大别山区安庆、六安崩塌滑坡泥石流重点防治区

包括六安市的金寨县、霍山县大部及舒城县南部、安庆市的岳西县全境及太湖县、潜山市、桐城市和宿松县西北部地区，总面积12690.68 km²。该区是崩塌、滑坡、泥石流灾害高易发区。本区防治重点是城镇、村庄、学校、医院等人口聚集区及重要基础设施和重大建设工程周边的崩塌、滑坡、泥石流灾害。

(3) 皖西北地面沉降重点防治区

包括阜阳市区及界首市、临泉县、太和县部分地区，总面积2497.54 km²。该区松散层厚度大，地下水长期超采，地面沉降达0.2～1.8 m。本区防治重点是城镇、村庄、学校、医院等人口聚集区及重要基础设施和城市建成区周边的地面沉降灾害。

(4) 沿江丘陵平原南陵—郎溪崩塌滑坡泥石流次重点防治区

包括芜湖市的湾沚区、南陵县，宣城市的宣州区、郎溪县，广德市部分地区，总面积4087.18 km²。该区地貌类型平原—中丘，岩土体类型以碳酸盐岩、浅变质岩、碎屑岩为主，地下水资源较丰富。本区防治重点是城镇、村庄、学校、医院等人口密集区及重要基础设施周边的崩塌、滑坡、泥石流灾害。

(5) 沿江丘陵平原马鞍山崩塌滑坡泥石流次重点防治区

包括马鞍山市濮塘镇、霍里镇，当涂县银塘镇—龙山桥镇，博望区等地区，总面积764.61 km²。该区地貌类型为中丘和高丘，局部为波状平原，岩土体类型以碎屑岩、侵入岩为主。本区防治重点是城镇、村庄、学校、医院等人口密集区及重要基础设施周边的崩塌、滑坡、泥石流灾害。

(6) 沿江丘陵平原宿松—巢湖崩塌滑坡泥石流地面塌陷次重点防治区

包括宿松县，安庆市的潜山市、太湖县、怀宁县，铜陵市枞阳县，合肥市庐江县、巢湖市，马鞍山市含山县、和县部分地区，总面积12699.34 km²。该区地貌类型为低丘高丘，岩土体类型以碎屑岩、变质岩、碳酸盐岩为主。本区防治重点是城镇、村庄、学校、医院等人口密集区及重要基础设施和重点水利水电工程周边的崩塌、滑坡、泥石流、地面塌陷灾害。

(7) 沿江丘陵平原明光—全椒崩塌滑坡泥石流次重点防治区

包括滁州市的明光市自来桥镇、三界镇、张八岭镇，南谯区大柳镇、珠龙镇、章广镇，全椒

县马厂镇等地区,总面积 2591.88 km^2。该区地貌类型为中低丘,岩土体类型以碎屑岩和浅变质岩为主,地下水资源贫乏。本区防治重点是城镇、村庄、学校、医院等人口密集区及重要基础设施周边的崩塌、滑坡、泥石流灾害。

(8) 江淮波状平原定远地面塌陷次重点防治区

包括滁州市定远县永康镇、朱湾镇、西卅店、三和镇一带,总面积 726.30 km^2。该区地貌类型为波状平原,岩土体类型以碎屑岩和松散岩类为主。本区防治重点是城镇、村庄、学校、医院等人口密集区及重要基础设施周边的地面塌陷灾害。

(9) 江淮波状平原凤阳崩塌滑坡泥石流次重点防治区

包括滁州市的凤阳县武店—殷涧镇,定远县西卅店镇等地区,总面积 666.04 km^2。该区地貌类型为低丘-高丘,岩土体类型以变质岩和碎屑岩为主,地下水贫乏。本区防治重点是城镇、村庄、学校、医院等人口密集区及重要基础设施周边的崩塌、滑坡、泥石流灾害。

(10) 八公山—凤台岩溶塌陷次重点防治区

包括淮南市区及凤台县等地区,总面积 726.31 km^2。该区地貌类型仅淮南市为低山丘陵外,其他均为平原。岩土体类型主要为碳酸盐岩组,地下水以碳酸盐岩裂隙岩溶水和松散岩类孔隙水为主。本区防治重点是城镇、村庄、学校、医院等人口密集区及重要基础设施和重大建设工程周边的岩溶塌陷灾害。

(11) 江淮波状平原霍邱地面塌陷次重点防治区

包括六安市的霍邱县周集镇—马店镇一带,总面积 331.11 km^2。该区地貌类型为东北部属平原,西南属中低丘,岩土体类型以变质岩和碎屑岩为主,地下水资源贫乏。本区防治重点是城镇、村庄、学校、医院等人口密集区及重要基础设施周边的地面塌陷灾害。

(12) 淮北平原界首—涡阳地面沉降次重点防治区

包括阜阳市的阜南县、颍上县和亳州市区及利辛县、涡阳县的大部分地区,总面积 14153.89 km^2。该区地貌类型为平原,地势平坦,岩土体主要为巨厚松散岩类黏性土和砂性土。地下水主要为深层松散岩类孔隙水,水量丰富,为城镇主要供水水源。本区防治重点是城镇、村庄、学校、医院等人口密集及重要基础设施和重点水利水电工程周边的地面沉降灾害。

(13) 淮波状平原寿县—天长、沿江丘陵平原望江—和县崩塌滑坡一般防治区

包括六安市区及霍邱县、舒城县,淮南市的寿县,合肥市,滁州市的凤阳县、来安县、天长市、全椒县,安庆市的望江县,铜陵市的枞阳县,马鞍山市的和县,芜湖市区及无为市等大部分地区,总面积 37259.22 km^2。该区地貌类型为平原和丘陵,岩土体类型以浅变质岩、碎屑岩、碳酸盐岩为主。本区防治重点是城镇、村庄、学校、医院等人口密集区及重要基础设施和

重点水利水电工程周边的崩塌、滑坡灾害。

(14) 淮北平原蚌埠—宿州—淮北地面沉降一般防治区

包括蚌埠市、宿州市、淮北市及淮南市和亳州市部分地区，总面积23502.45 km^2。该区地貌以平原为主，土体主要为碳酸盐岩和松散岩类，地下水为碳酸盐岩裂隙岩溶水和松散岩类孔隙水。本区防治重点是城镇、村庄、学校、医院等人口密集区及重要基础设施和重点水利水电工程周边的地面沉降灾害。

四、安徽省地质灾害防治情况

(一) 调查评价

地质灾害调查评价是风险防控的前提和基础，一般以行政区为单元，开展不同精度的地质灾害调查。自20世纪90年代以来，安徽省组织开展了1∶500000区域地质灾害调查、1∶100000县(市、区)地质灾害调查、1∶50000县(市、区)地质灾害详细调查、小流域1∶10000地质灾害详细调查、安徽省地质灾害隐患全面深入排查工作及1∶50000县(市、区)地质灾害风险普查、调查评价等工作(图2-4-1)。此类项目的开展不仅全面系统地提高了我省地质灾害研究水平，而且也丰富了地质灾害与防治的理论和方法，对预防和减少地质灾害，提升本省地质灾害的综合防治能力起到了积极作用。安徽省下一步将逐步开展重点乡镇1∶10000地质灾害风险调查和区块1∶2000地质灾害风险调查。在地质灾害危险性评估方面，自1999年11月1日原国土资源部发出《关于实行建设用地地质灾害危险性评估的通知》后，安徽省地质灾害危险性评估工作蓬勃开展，全省还完成了大量建设工程地质灾害危险性评估项目，进行地质灾害预测和综合评估，结合建设工程的特点，提出了地质灾害防治对策及措施建议。

图2-4-1　自20世纪90年代以来主要开展的地质灾害调查评价工作

1. 1:500000区域地质灾害调查

安徽省1:500000区域地质灾害调查是省地矿局贯彻1989年原地矿部苏州会议精神而立项开展的,由安徽省地质环境监测总站与安徽省地矿局第二水文地质工程地质队共同承担,于1990—1993年完成。此次调查对全省地质灾害类型进行了系统的划分,划分出自然地质灾害和人为地质灾害两大类24种,其中自然地质灾害9种(活动断层、地裂缝、高放射性背景、软土变形破坏、胀缩土变形破坏、盐渍土、沼泽化、地方病、江湖崩岸与淤积),人为地质灾害15种(地面塌陷、矿坑突水、煤矿瓦斯爆炸、岩爆、热害、露天采场边坡失稳、矿区尾砂坝失稳、矿山废水污染、废渣石堆放、地面沉降、崩塌、滑坡、泥石流、水土流失、地下水污染)。报告指出,人为地质灾害在我省居主要地位。报告通过对不同灾种分布和发育程度的研究,对全省地质灾害进行了区划,提出了地质灾害防治对策及减灾规划建议。这是安徽省第一份与地质灾害有关的、系统的、完整的调查研究成果,该成果填补了安徽省地质灾害领域的一项空白。

2. 1:100000县(市、区)地质灾害调查

1999—2008年,原国土资源部及原安徽省国土资源厅、安徽省财政厅的任务部署,安徽省先后完成1:100000全省县(市、区)地质灾害调查与区划,累计完成了67份县(市、区)地质灾害调查与区划报告成果(易发区按县、平原区按市),实现全省全覆盖(表2-4-1)。

表2-4-1　安徽省县(市、区)地质灾害调查与区划项目工作情况汇总表

序号	县(市、区)名称	完成单位
1	石台县	安徽省地质调查院
2	歙　县	安徽省地质环境监测总站
3	铜陵市市区	安徽省地矿局三二一地质队、安徽省地质环境监测总站
4	绩溪县	安徽省地质调查院
5	屯溪区徽州区	安徽省地质环境监测总站
6	黄山区	安徽省地质环境监测总站
7	祁门县	安徽省地矿局第二水文地质工程地质队
8	宁国市	安徽省地质调查院
9	枞阳县	安徽省地质环境监测总站
10	舒城县	安徽省地矿局第一水文地质工程地质队
11	休宁县	安徽省地质调查院
12	繁昌区	安徽省地矿局第一水文地质工程地质队
13	东至县	安徽省地质环境监测总站

续表

序号	县(市、区)名称	完 成 单 位
14	旌德县	安徽省地质调查院
15	黟　县	安徽省地矿局第二水文地质工程地质队
16	霍山县	安徽省地勘局第一水文工程地质勘查院
17	金寨县	安徽省地质环境监测总站
18	太湖县	安徽省地质环境监测总站
19	宿松县	安徽省地勘局第二水文工程地质勘查院
20	和　县	安徽工程勘察院
21	潜山市	安徽省地勘局第一水文工程地质勘查院
22	岳西县	安徽省地质矿产勘查局326地质队
23	青阳县	安徽省地质调查院
24	宣州区	安徽省地质环境监测总站
25	泾　县	安徽省地勘局第二水文工程地质勘查院
26	南陵县	安徽省地勘局第二水文工程地质勘查院
27	桐城市	安徽省地质矿产勘查局326地质队
28	怀宁县	安徽省地质矿产勘查局326地质队
29	贵池区	安徽省地质环境监测总站
30	广德市	安徽省地质调查院
31	金安区裕安区	安徽省地勘局第一水文工程地质勘查院
32	居巢区	安徽工程勘察院
33	蚌埠市辖区	安徽省地勘局第一水文工程地质勘查院
34	怀远县	安徽省地质环境监测总站
35	五河县	安徽省地勘局第一水文工程地质勘查院
36	来安县	安徽省地勘局第一水文工程地质勘查院
37	无为市	安徽工程勘察院
38	含山县	安徽工程勘察院
39	庐江县	安徽工程勘察院
40	芜湖市辖区	安徽省地勘局第二水文工程地质勘查院
41	芜湖市	安徽省地勘局第二水文工程地质勘查院
42	马鞍山市市区	安徽省地质矿产勘查局322地质队

续表

序号	县(市、区)名称	完 成 单 位
43	望江县	安徽省地质矿产勘查局326地质队
44	琅琊区南谯区	安徽省地质环境监测总站
45	全椒县	安徽省地质环境监测总站
46	凤台县	安徽工程勘察院
47	郎溪县	安徽省地质调查院
48	淮南市辖区	安徽工程勘察院
49	亳州市市区	安徽省地勘局第二水文工程地质勘查院
50	淮北市市区	安徽省地勘局第一水文工程地质勘查院
51	阜阳市市区	安徽省地质调查院
52	砀山县	安徽省地质环境监测总站
53	萧 县	安徽省地质环境监测总站
54	埇桥区	安徽省地质环境监测总站
55	灵璧县	安徽省地质环境监测总站
56	泗 县	安徽省地质环境监测总站
57	凤阳县	安徽省地质环境监测总站
58	定远县	安徽省地质环境监测总站
59	明光市	安徽省地质环境监测总站
60	天长市	安徽省地质环境监测总站
61	霍邱县	安徽省地勘局第一水文工程地质勘查院
62	寿 县	安徽省地勘局第一水文工程地质勘查院
63	安庆市辖区	安徽省地质矿产勘查局326地质队
64	长丰县	安徽工程勘察院
65	肥西县	安徽工程勘察院
66	肥东县	安徽工程勘察院
67	合肥市辖区	安徽工程勘察院

项目查明了各县(市、区)的地质灾害类型、分布、形成条件及危害程度，丘陵山区以县为单元开展调查，平原多以市为单元开展调查，共查出地质灾害隐患6480处，各类地质灾害及隐患点按类型划分有滑坡2660处、崩塌3227处、泥石流192处、地面塌陷397处(其中采空塌陷313处、岩溶塌陷84处)、地面沉降4处，按规模划分有巨型7处、大型112处、中型211处、

小型6150处,首次摸清了全省地质灾害隐患家底(表2-4-2)。

表2-4-2　地质灾害及隐患点类型与规模统计表

单位:处

规模 灾害类型	类型合计	巨型	大型	中型	小型
滑坡	2660	0	7	95	2558
崩塌	3227	0	1	22	3204
泥石流	192	0	1	18	173
采空塌陷	313	6	102	65	140
岩溶塌陷	84	/	/	9	75
地面沉降	4	1	1	2	0
规模合计	6480	7	112	211	6150

3. 1:50000县(市、区)地质灾害详细调查

2010年,原国土资源部部署了全国1:50000地质灾害详细调查工作。2010—2014年,安徽省先后实施了40个1:50000地质灾害详细调查项目,完成了48个丘陵山区县1:50000地质灾害详细调查工作(表2-4-3)。

表2-4-3　1:50000县(市、区)地质灾害详细调查情况一览表

序号	下达时间	市	区县	承担单位
1	2010	黄山市	歙县黄山区	安徽省地质环境监测总站
2	2011	黄山市	黟县	南京地调中心
3	2011	黄山市	休宁县	省地勘局332地质队
4	2011	安庆市	岳西县	安徽省地质环境监测总站
5	2011	宣城市	绩溪县	安徽省地勘局第二水文工程地质勘查院
6	2011	池州市	石台县	安徽省第一水文工程地质勘查院
7	2011	六安市	舒城县	安徽省地质调查院
8	2011	六安市	霍山县	安徽工程勘察院
9	2011	六安市	金寨县	安徽省地质矿产局313地质队
10	2012	合肥市	庐江县	安徽金联地矿科技有限公司
11	2012	宣城市	泾县	安徽省地勘局第二水文工程地质勘查院
12	2012	宣城市	宁国市	金联地矿

续表

序号	下达时间	市	区县	承担单位
13	2012	池州市	东至县	安徽省地质环境监测总站
14	2012	池州市	青阳县	安徽省地质环境监测总站
15	2012	安庆市	桐城市	安徽省地质矿产局326队
16	2012	芜湖市	繁昌区	安徽金联地矿科技有限公司
17	2012	池州市	贵池区	安徽省水文地质工程地质公司
18	2012	合肥市	巢湖市	安徽工程勘察院
19	2012	安庆市	潜山市	安徽省地质矿产局326队
20	2012	安庆市	宿松县	安徽省水文地质工程地质公司
21	2012	黄山市	徽州区屯溪区	安徽省地质矿产局332地质队
22	2012	黄山市	祁门县	安徽省地质环境监测总站
23	2012	全椒市	全椒县	安徽省地质环境监测总站
24	2012	马鞍山市	含山县	安徽工程勘察院
25	2013	安庆市	太湖县	安徽省地质环境监测总站
26	2013	铜陵市	枞阳县	安徽省地质矿产局321队
27	2013	安庆市	怀宁县	安徽省地质矿产局326队
28	2013	芜湖市	南陵县	安徽省地勘局第二水文工程地质勘查院
29	2013	宣城市	广德市	安徽省地勘局第二水文工程地质勘查院
30	2013	六安市	金安区	安徽省地质矿产局313地质队
31	2013	宣城市	旌德县	安徽省地勘局第二水文工程地质勘查院
32	2013	铜陵市	铜陵县	安徽省地质矿产局321地质队
33	2013	滁州市	定远县	安徽省地质环境监测总站
34	2013	安庆市	宜秀区	安徽省地质矿产局326队
35	2013	六安市	裕安区	安徽省地质矿产局313地质队
36	2013	马鞍山市	当涂县	安徽省地质矿产局322地质队
37	2014	宣城市	宣州区	安徽省第一水文工程地质勘查院
38	2014	安庆市	望江县	安徽省地质矿产局326地质队
39	2014	宣城市	郎溪县	安徽金联地矿科技有限公司
40	2014	淮南市	凤台县(含淮南市辖区)1县6区,不含寿县	安徽省地质环境监测总站

项目在充分收集已有资料的基础上，以遥感解译、地面调查、测绘和工程勘查等主要手段，开展安徽省1∶50000地质灾害调查，查明滑坡、崩塌和泥石流等地质灾害发育特征、分布规律以及形成的地质环境条件，并对其危害程度进行评价，划分地质灾害易发区和危险区。项目的实施进一步查清了安徽省地质灾害隐患家底，在此基础上安徽省逐步建立健全了群测群防网络，建立了地质灾害信息系统，有计划地开展了地质灾害防治，减少地质灾害损失，保护人民生命财产安全，为防灾减灾和制定区域防灾规划提供基础地质依据。

4. 小流域1∶10000地质灾害详细调查

小流域大比例尺地质灾害调查试点是在安徽省1∶50000地质灾害调查全面完成的基础上提出并实施的新一轮地质灾害调查的开始，探索改变地质灾害调查思路和新的工作方法，不仅是精度上提高，最关键的是观念的转变，意在着实解决前期1∶50000地质灾害调查过程中普遍存在的"就灾论灾"孕灾背景认识不足、成灾机理研究不深、成灾规律总结研究不够等问题，探索解决地质灾害预测、预报预警问题，以满足人民政府日益提高的防灾减灾需求。

2015—2017年，安徽省地质矿产勘查局332地质队完成了《黄山市徽州区丰乐河流域1∶10000地质灾害详细调查（试点）》，安徽省地质环境监测总站完成了《岳西县主簿镇园口河流域1∶10000地质灾害详细调查（试点）》，2020年，安徽省地质环境监测总站完成了《合肥市重点区域（庐江县龙桥镇）1∶10000地质灾害详细调查》，覆盖面积共422.56 km^2。

5. 安徽省地质灾害隐患全面深入排查工作

为深入贯彻落实习近平总书记对贵州水城"7·23"特大山体滑坡灾害作出的重要指示批示精神，认真贯彻落实全省安全生产电视电话会议精神，以"防风险、保安全、迎大庆"为主线，扎实做好安全生产各项工作，2019年8月5日安徽省自然资源厅印发了《安徽省自然资源厅关于印发安徽省2019年地质灾害隐患全面深入排查工作方案的通知》（皖自然资明电〔2019〕60号），由安徽省地质矿产勘查局、华东冶金地质勘查局、安徽省煤田地质局下属各单位承担排查任务（表2-4-4）。

全省排查工作于2019年8月底全部完成，完成各类排查点69886处，其中，已知地质灾害隐患点3903处，农村切坡建房建卡点63443处，矿山排查点1523个，市政、水利、道路等工程切坡排查点1017个（表2-4-5）。该排查是安徽省首次地质灾害隐患全面深入排查，摸清了安徽省地质灾害隐患、农村村民切坡建房和矿山地质灾害情况，全面掌握了隐患点动态变化和农村切坡建房稳定状态。

表2-4-4　安徽省地质灾害隐患全面深入排查完成单位一览表

<table>
<tr><th colspan="2">单位名称</th><th colspan="2">单位名称</th></tr>
<tr><td rowspan="15">安徽省地质矿产勘查局</td><td>安徽省地质环境监测总站</td><td rowspan="4"></td><td>安徽省地质矿产勘查局332地质队</td></tr>
<tr><td>安徽省地质调查院</td><td>安徽省地质矿产勘查局311地质队</td></tr>
<tr><td>安徽省勘查技术院</td><td>安徽省地质矿产勘查局312地质队</td></tr>
<tr><td>安徽省物化探院</td><td>安徽省地质矿产勘查局313地质队</td></tr>
<tr><td>安徽省地质实验研究所</td><td rowspan="6">华东冶金地质勘查局</td><td>华东冶金地质勘查研究院</td></tr>
<tr><td>安徽省地质测绘技术院</td><td>华东冶金地质勘查局物探队</td></tr>
<tr><td>安徽省核工业勘查技术总院</td><td>华东冶金地质勘查局综合地质大队</td></tr>
<tr><td>安徽省地质矿产勘查局第一水文工程地质勘查院</td><td>华东冶金地质勘查局八一一地质队</td></tr>
<tr><td>安徽省地质矿产勘查局第二水文工程地质勘查院</td><td>华东冶金地质勘查局八一二地质队</td></tr>
<tr><td>安徽省地质矿产勘查局321地质队</td><td>华东冶金地质勘查局屯溪地质调查所</td></tr>
<tr><td>安徽省地质矿产勘查局322地质队</td><td rowspan="5">安徽省煤田地质局</td><td>安徽省煤田地质局第一勘探队</td></tr>
<tr><td>安徽省地质矿产勘查局324地质队</td><td>安徽省煤田地质局第二勘探队</td></tr>
<tr><td>安徽省地质矿产勘查局325地质队</td><td>安徽省煤田地质局第三勘探队</td></tr>
<tr><td>安徽省地质矿产勘查局326地质队</td><td>安徽省煤田地质局物探测量队</td></tr>
<tr><td>安徽省地质矿产勘查局327地质队</td><td>安徽省煤田地质局水文勘探队</td></tr>
</table>

表2-4-5　实物工作量完成情况一览表

<table>
<tr><th colspan="3">工作内容</th><th>计量单位</th><th>实际工作量</th></tr>
<tr><td rowspan="7">地面调查</td><td rowspan="3">调查点</td><td>切坡建房排查点(各地市上报数据)</td><td rowspan="4">处</td><td>323658</td></tr>
<tr><td>切坡建房建卡点</td><td>63443</td></tr>
<tr><td>矿山排查点</td><td>1523</td></tr>
<tr><td colspan="2">其他人类活动工程排查点</td><td>1017</td></tr>
<tr><td colspan="2">已知地质灾害隐患点</td><td>处</td><td>3903</td></tr>
<tr><td colspan="2">照相</td><td>张</td><td>153500</td></tr>
<tr><td colspan="2">录像</td><td>份</td><td>3000</td></tr>
<tr><td colspan="2">其他地质工作</td><td>手持GPS定点</td><td>点</td><td>69886</td></tr>
</table>

6. 1:50000地质灾害风险调查评价

为深入贯彻习近平总书记在2018年中央财经委员会第三次会议上的重要讲话精神，自然资源部出台了《地质灾害防治三年行动实施纲要》，正式向全国推出了1:50000地质灾害风险调查评价项目，配合全国六大自然灾害（地质灾害、地震灾害、气象灾害、水旱灾害、海洋灾害、森林和草原火灾）风险普查工作。在1:100000、1:50000地质灾害调查工作的基础上，开展了风险调查、风险评价、风险双控工作。自然资源部部署开展1:50000地质灾害风险调查评价主要是想解决新发生灾害点与前期确认的隐患点吻合程度低的问题，重点开展地质灾害隐患早期识别和孕灾主控地质条件调查，开展形成机理和规律认识，总结成灾模式，开展不同层级地质灾害风险区划，提出地质灾害风险管控对策与建议，为地质灾害双控（隐患点和风险区管控）提供基础依据。

安徽省自然资源厅于2020—2021年部署了104个县（市、区）1:50000地质灾害风险调查工作（第一批10个县、第二批24个县、第三批34个县、第四批36个县）（表2-4-6），资金投入约1.3亿元。截至2023年底，104个县（市、区）风险调查评价成果报告已全部通过省级验收。

表2-4-6　1:50000地质灾害风险调查评价

序号	地市	县（市、区）	项目批次	承担单位
1	合肥市	瑶海区	四	安徽省地勘局第二水文工程地质勘查院
2	合肥市	庐阳区	四	安徽工程勘察院有限公司
3	合肥市	蜀山区	四	安徽工程勘察院有限公司
4	合肥市	包河区	四	安徽工程勘察院有限公司
5	合肥市	长丰县	三	安徽工程勘察院有限公司
6	合肥市	肥东县	四	安徽工程勘察院有限公司
7	合肥市	肥西县	四	安徽工程勘察院有限公司
8	合肥市	庐江县	三	安徽工程勘察院有限公司
9	合肥市	巢湖市	四	安徽工程勘察院有限公司
10	芜湖市	镜湖区	四	安徽省地勘局第二水文工程地质勘查院
11	芜湖市	鸠江区	四	安徽省地勘局第二水文工程地质勘查院
12	芜湖市	弋江区	四	安徽省地勘局第二水文工程地质勘查院
13	芜湖市	湾沚区	四	安徽省地质环境监测总站 （安徽省地质灾害应急技术指导中心）
14	芜湖市	繁昌区	二	安徽省地勘局第二水文工程地质勘查院

续表

序号	地市	县(市、区)	项目批次	承担单位
15	芜湖市	南陵县	二	安徽省地勘局第二水文工程地质勘查院
16	芜湖市	无为市	三	安徽工程勘察院有限公司
17	蚌埠市	龙子湖区	四	安徽省地勘局第一水文工程地质勘查院
18	蚌埠市	蚌山区	四	安徽省地勘局第一水文工程地质勘查院
19	蚌埠市	禹会区	四	安徽省地勘局第一水文工程地质勘查院
20	蚌埠市	淮上区	四	安徽省地勘局第一水文工程地质勘查院
21	蚌埠市	怀远县	三	安徽省地勘局第一水文工程地质勘查院
22	蚌埠市	五河县	四	安徽省地勘局第一水文工程地质勘查院
23	蚌埠市	固镇县	三	安徽省地质环境监测总站 (安徽省地质灾害应急技术指导中心)
24	淮南市	大通区	三	安徽省煤田地质局水文勘探队
25	淮南市	田家庵区	三	安徽省煤田地质局第一勘探队
26	淮南市	谢家集区	三	安徽省煤田地质局第一勘探队
27	淮南市	八公山区	三	安徽省地质矿产勘查局313地质队
28	淮南市	潘集区	三	安徽省地勘局第一水文工程地质勘查院
29	淮南市	凤台县	三	安徽省地勘局第一水文工程地质勘查院
30	淮南市	寿县	三	安徽工程勘察院有限公司
31	马鞍山市	花山区	四	安徽省地质环境监测总站 (安徽省地质灾害应急技术指导中心)
32	马鞍山市	雨山区	四	安徽省地质矿产勘查局322地质队
33	马鞍山市	博望区	四	安徽省地质环境监测总站 (安徽省地质灾害应急技术指导中心)
34	马鞍山市	当涂县	四	安徽省地质矿产勘查局322地质队
35	马鞍山市	含山县	四	华东冶金地质勘查研究院
36	马鞍山市	和县	四	安徽工程勘察院有限公司
37	淮北市	杜集区	三	安徽水文地质工程地质有限公司
38	淮北市	相山区	三	华东冶金地质勘查研究院
39	淮北市	烈山区	三	安徽省地质矿产勘查局325地质队
40	淮北市	濉溪县	三	安徽省地质矿产勘查局325地质队
41	铜陵市	铜官区	三	安徽省地质矿产勘查局321地质队

续表

序号	地市	县(市、区)	项目批次	承担单位
42	铜陵市	义安区	二	安徽省地质矿产勘查局321地质队
43	铜陵市	郊区	三	安徽省地质矿产勘查局321地质队
44	铜陵市	枞阳县	二	安徽省地质矿产勘查局321地质队
45	安庆市	迎江区	四	安徽省地质矿产勘查局326地质队
46	安庆市	大观区	三	安徽省地质矿产勘查局326地质队
47	安庆市	宜秀区	二	安徽省地质矿产勘查局326地质队
48	安庆市	怀宁县	二	安徽省地质矿产勘查局326地质队
49	安庆市	太湖县	一	安徽省地质矿产勘查局326地质队
50	安庆市	宿松县	二	安徽省地质矿产勘查局326地质队
51	安庆市	望江县	四	安徽省地质矿产勘查局326地质队
52	安庆市	岳西县	一	安徽省地质矿产勘查局326地质队
53	安庆市	桐城市	二	安徽省地质矿产勘查局326地质队
54	安庆市	潜山市	二	安徽省地质矿产勘查局326地质队
55	黄山市	屯溪区	二	安徽省地质环境监测总站（安徽省地质灾害应急技术指导中心）
56	黄山市	黄山区	一	安徽省地质矿产勘查局332地质队
57	黄山市	徽州区	二	安徽省地质矿产勘查局332地质队
58	黄山市	歙县	一	安徽省地质矿产勘查局332地质队
59	黄山市	休宁县	一	安徽省地质矿产勘查局332地质队
60	黄山市	黟县	二	华东冶金地质勘查研究院
61	黄山市	祁门县	二	安徽省地质环境监测总站（安徽省地质灾害应急技术指导中心）
62	滁州市	琅琊区	三	华东冶金地质勘查局八一一地质队
63	滁州市	南谯区	三	安徽省地质矿产勘查局332地质队
64	滁州市	来安县	四	华东冶金地质勘查局八一一地质队
65	滁州市	全椒县	二	安徽工程勘察院有限公司
66	滁州市	定远县	二	四川省冶勘设计集团有限公司
67	滁州市	凤阳县	三	安徽省地勘局第一水文工程地质勘查院
68	滁州市	天长市	四	安徽工程勘察院有限公司
69	滁州市	明光市	三	华东冶金地质勘查局八一一地质队

续表

序号	地市	县(市、区)	项目批次	承担单位
70	阜阳市	颍州区	三	安徽省地质矿产勘查局322地质队
71	阜阳市	颍东区	三	安徽省地质矿产勘查局322地质队
72	阜阳市	颍泉区	四	安徽省地质矿产勘查局322地质队
73	阜阳市	临泉县	四	安徽省地质矿产勘查局313地质队
74	阜阳市	太和县	四	安徽省地质矿产勘查局322地质队
75	阜阳市	阜南县	四	安徽省地勘局第一水文工程地质勘查院
76	阜阳市	颍上县	三	安徽省地质矿产勘查局332地质队
77	阜阳市	界首市	四	安徽省地质矿产勘查局313地质队
78	宿州市	埇桥区	三	安徽省地质环境监测总站 (安徽省地质灾害应急技术指导中心)
79	宿州市	砀山县	四	安徽省地质实验研究所
80	宿州市	萧县	三	安徽省地勘局第一水文工程地质勘查院
81	宿州市	灵璧县	三	安徽省地质环境监测总站 (安徽省地质灾害应急技术指导中心)
82	宿州市	泗县	四	安徽省地质矿产勘查局322地质队
83	六安市	金安区	三	安徽省地质矿产勘查局313地质队
84	六安市	裕安区	二	安徽省地质矿产勘查局313地质队
85	六安市	叶集区	四	华东冶金地质勘查研究院
86	六安市	霍邱县	四	安徽省地质矿产勘查局313地质队
87	六安市	舒城县	二	安徽省地质矿产勘查局313地质队
88	六安市	金寨县	一	安徽省地质矿产勘查局313地质队
89	六安市	霍山县	一	安徽省地质矿产勘查局313地质队
90	亳州市	谯城区	四	安徽工程勘察院有限公司
91	亳州市	涡阳县	三	安徽金联地矿科技有限公司
92	亳州市	蒙城县	三	安徽工程勘察院有限公司
93	亳州市	利辛县	三	安徽工程勘察院有限公司
94	池州市	贵池区	二	安徽省地质矿产勘查局324地质队
95	池州市	东至县	二	安徽省地质矿产勘查局324地质队
96	池州市	石台县	一	安徽省地质矿产勘查局324地质队
97	池州市	青阳县	二	安徽省地质矿产勘查局324地质队

续表

序号	地市	县(市、区)	项目批次	承担单位
98	宣城市	宣州区	二	安徽省地质矿产勘查局311地质队
99	宣城市	郎溪县	三	安徽省地质矿产勘查局311地质队
100	宣城市	泾县	二	安徽省地质矿产勘查局311地质队
101	宣城市	绩溪县	一	安徽省地质矿产勘查局311地质队
102	宣城市	旌德县	二	安徽省地质矿产勘查局311地质队
103	宣城市	宁国市	一	安徽省地质矿产勘查局311地质队
104	宣城市	广德市	二	安徽省地质环境监测总站 (安徽省地质灾害应急技术指导中心)

7. 突发性地质灾害应急调查

按照省突发地质灾害应急指挥部和省自然资源厅的要求，在发生重大地质灾害时，第一时间组织应急专家组赶赴灾害现场，开展应急调查工作，为地方抢险救灾提供技术支持，第一时间编制地质灾害应急调查报告(图2-4-2)。

省自然资源厅地质勘查管理与灾害防治处或市(县)自然资源和规划局在接到下级自然资源主管部门地质灾害灾情速报后，第一时间成立应急调查组，赶赴灾害现场开展野外现场调查工作，划定危险区域，为地方抢险救灾提供技术支持，同时对灾害的成因进行分析，对趋势进行预测，并提交地质灾害应急调查报告，供地方政府使用。

8. 地面沉降调查工作

自20世纪80年代至2019年，安徽省以项目形式开展了多次地面沉降调查评价工作，1989—1991年开展了安徽省阜阳市水文地质工程地质环境地质详查工作；2007—2014年开展了安徽省阜阳市地面沉降调查工作；2013—2014年开展了亳州市地面沉降调查与评价工作；2014年9月，根据水利部办公厅发布的《关于开展全国地下水超采区评价工作的通知》(办资源〔2012〕285号)，安徽省组织开展了新一轮地下水超采区评价工作；2017年安徽省对皖北阜阳市、亳州市、宿州市、淮北市、淮南市及蚌埠市全面进行了地面沉降控制区划定工作，划分地面沉降一级控制区1913.04 km^2、二级控制区625.93 km^2、一般环境影响区33480.95 km^2、矿山地质环境影响区面积2282.08 km^2，为明确控制指标与重要防控对象提供了重要成果及数据；2019年，安徽省开展了安徽省地面沉降现状及防治研究、安徽省地面沉降现状及防治等项目。地面沉降调查工作为地下水禁采控采区划、土地利用规划、城镇建设规划、安徽省生态保护红线划定、地面沉降防治等工作提供了科学依据。

图2-4-2　突发地质灾害应急调查

目前,淮北平原地面沉降监测网络已初步建立并不断完善,地下水压采改水工作有所成效。阜阳市自20世纪80年代即已调查确定存在明显地面沉降,并产生一定危害。根据中、深层地下水禁限采要求,2000—2011年,阜阳相关部门加大力度对城市地下水集中开采区中深层开采井采取了封井禁采等工作,地面沉降曾出现明显减缓趋势。为减轻地面沉降发育程度,亳州市城市供水采取分散水源地开采、减少城区深层地下水开采等措施,并取得一定的成效。近年来淮北平原地下水保护力度不断加大,地面沉降趋势有望进一步减缓。

（二）监测预警

2000年以来，安徽省建立了已知地质灾害隐患点全覆盖的群测群防体系，地质灾害气象风险预警日趋完善。近年来，安徽省普适型监测设备开始规模化安装，专业监测曾在皖南重大地质灾害隐患试点示范，防灾减灾成效显著。

1. 气象风险预警

安徽省地质环境脆弱，地质灾害频发，为最大限度地减轻地质灾害造成的人员伤亡和财产损失，根据《国土资源部和中国气象局关于联合开展汛期地质灾害气象预报预警工作的通知》（国土资发〔2003〕229号）精神，省自然资源厅和省气象局于2003年9月5日，联合签署了《安徽省国土资源厅 安徽省气象局联合开展地质灾害气象预报预警工作协议》，启动了安徽省地质灾害气象预报预警工作。

2004—2007年，省国土资源厅、省气象局联合开展的安徽省地质灾害气象预警预报项目具体工作由省地质调查院和省气象台承担。2008年至今，该项业务的具体工作由安徽省地质环境监测总站（安徽省地质灾害应急技术指导中心）和安徽省气象台承担。

安徽省地质灾害预警预报已历经两代预警模型方法的研究和应用，第一代预警模型是把除降雨以外的其他地质环境因素隐含在降雨参数中，仅用降雨参数即单一临界降雨量预警指标来建立某一地区的预警判据模型来进行预警。这一时期，安徽省地质灾害气象预警技术学习了国家级第一代隐式统计预报法，基于最初的地质灾害预警区划图（包括5个预警分区）对全省历史24小时灾害性降雨分布分析和历史成灾特点分析，对每个预警区的历史崩塌、滑坡泥石流事件和降雨过程的相关性进行统计分析，建立每个预警区的灾害事件与临界过程降雨量的相关关系数值模型，确定事件在一定区域暴发的不同降雨过程临界值（上限值、下限值），作为预警判据。

第二代预警方法在第一代预警方法基础上，将引发地质灾害的基础因子（如地形地貌、岩性、断裂构造等）和诱发因子（降雨）综合考虑，并建立两者相互耦合的预警判据模型，常用的有归一化方程预警分析模型。从2011年开始，安徽省基于地质灾害基础调查工作的不断推进、气象实测与预报成果精度和时效性的不断提高，结合前期预警工作实践和专项研究，对省级地质灾害气象预警系统及分析模型进行了不断升级。预警模型充分学习了中国地质环境监测院第二代显式统计预报法：一方面充分考虑地质环境变化与降雨参数等多因素叠加，采用了临界过程降雨量判据与地质环境空间分析耦合模型的理论方法；另一方面充分考虑安徽的特点，通过对梅雨强降雨、台风降雨和局地强降雨这三种主要降雨类型诱发地质灾害特点和规律研究，在原有的临界雨量判别优势的基础上，在每个预警分析单元上进一步考虑了区域地质环境条件，逐步建立起适宜不同降雨条件的预警分析模型和动态的临界雨量研判模型，使预警分析模型更加灵活，不断提高预警准确度。

每日15:00前后,安徽省地质灾害气象预警系统自动采集72h的预报雨量及实况雨量。每日15:00~16:00,在预报预警产品制作过程中,与应急、气象、水利等部门以及有关市自然资源主管部门会商,必要时与中国地质环境监测院进行会商,根据会商结果,利用安徽省地质灾害气象风险预警预报系统自动分析或在必要时进行人工干预,制作初步预报预警产品。初步预警产品经省自然资源厅审批、省气象局审核后发布。地质灾害气象风险预警信息经省广播电台、报纸、省自然资源厅网站、微信公众号等媒体向社会公众发布,并通过传真、短信等方式将地质灾害预警信息送达预警级别地区的市、县政府、自然资源主管部门以及地质灾害隐患点责任人和监测人员,预警工作流程如图2-4-3所示。自2008年安徽省地质灾害气象预警预报工作由安徽省地质环境监测总站承担以来,截至2023年,21年间共制作预警产品3392次,发布3级以上预警680次,其中:黄色预警(3级)555次,橙色预警(4级)113次、红色预警(5级)12次。预警准确率84.35%,发出地质灾害预警预报信息91万余条,避免4000余人伤亡,避免经济损失20664万元。地质灾害气象预警工作在我省开展以来,对地质灾害防灾减灾工作发挥了重要作用,防灾减灾效益显著(表2-4-7)。

表2-4-7　2003年以来地质灾害预警预报情况统计表

年份	制作地质灾害气象预警产品期数	发布黄色以上预警次数	发布橙色预警次数	发布红色预警次数	预警短信信息条数	传真信息件数
2003	158	22	3	0	9233	650
2004	160	19	4	0	12033	890
2005	161	23	7	0	9560	960
2006	159	15	2	0	18200	1200
2007	155	21	2	0	23020	1120
2008	156	43	5	0	3000	1650
2009	160	38	5	0	9668	1496
2010	171	55	5	0	26787	1370
2011	154	28	6	0	24676	3941
2012	157	20	5	2	34550	620
2013	169	33	5	1	34225	978
2014	157	27	3	1	44427	1229
2015	153	26	4	1	68810	788
2016	175	61	11	4	210000	1575
2017	155	28	6	1	77903	796
2018	155	27	2	2	40000	2572
2019	156	19	4	0	40260	2120

续表

年份	制作地质灾害气象预警产品期数	发布黄色以上预警次数	发布橙色预警次数	发布红色预警次数	预警短信信息条数	传真信息件数
2020	179	60	13	0	57629	1954
2021	154	41	5	0	72912	920
2022	192	30	6	0	48552	443
2023	156	44	10	0	49393	848
合计	3392	680	113	12	914838	28120

安徽省地质环境监测总站地质灾害气象预警预报工作组汛期在安徽电视台、省广播电台、安徽日报、省自然资源厅网站等媒体发布预警信息，并通过手机短信、电子邮件、传真等方式，向社会和可能遭受地质灾害威胁的地方政府、地质灾害点监测人员发布预警信息（图2-4-3、图2-4-4）。三级以上地质灾害预警预报信息在安徽卫视上播报，强降雨时段采用滚动字幕不断播报，提醒地方政府和群众做好防范工作。地质灾害气象预警预报、地质灾害调查与群测群防相结合的地质灾害防治工作最大限度地减轻或避免地质灾害造成的人民群众生命和财产损失，为政府及时调整部署我省地质灾害防治工作提供了重要依据，为全省的防灾减灾和社会经济可持续发展提供有力支撑。

近年来，预警预报业务工作持续向市、县级拓展延伸，截至2023年底，全省共有16个市和63个县（市、区）开展了地质灾害气象风险预警工作，基本覆盖了全部高中易发区。历经20年发展，安徽省地质灾害预警预报时空精度逐步提升。目前，已升级完善地质灾害监测预警系统，以乡镇为预警单元，实行24小时常规预警与1小时动态智能化预警。多年来，地质灾害气象预警预报较好地发挥了“消息树”“信号灯”作用，取得了良好的社会效益。2023年，共发布省级预警156期，其中黄色以上预警44期，发布地质灾害气象预警预报信息49393条，传真848件。“十三五”以来，全省共成功避险64起，避免415人伤亡，避免经济损失6335万元，由于各项防治措施得力，实现了地质灾害“零死亡”。

2. 专业监测

专业监测预警是在群测群防监测的基础上，配备一定数量监测设备，对地质灾害体演化、发生过程以及降水等触发因素进行自动监测、风险预警的工作。为扎实、有序推进全省地质灾害专业监测预警网络体系建设，国家及省财政资金支持的专业监测项目全面实施项目库管理，并实行分级负责制。专业监测预警体系建设实行五级管理，省、市、县、乡（镇）、村分级负责安徽省专业监测预警体系的管理工作。

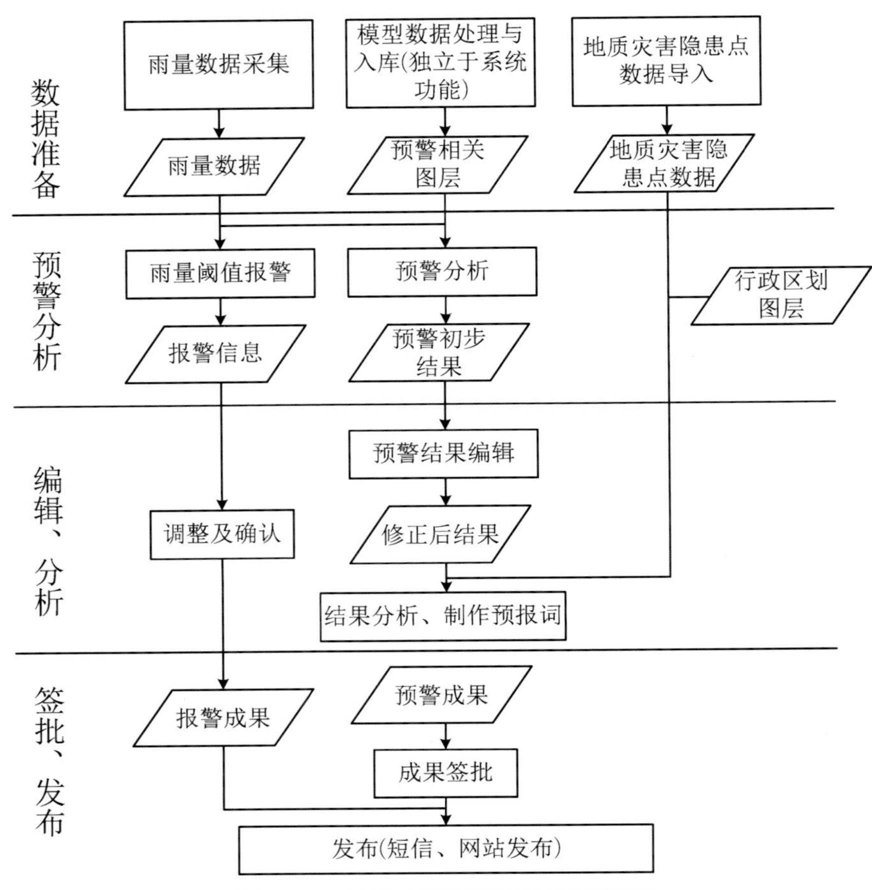

图2-4-3　地质灾害预警预报系统流程图

图2-4-4　安徽省自然资源厅网站——预报预警信息

2019年12月,安徽省自然资源厅与合肥工业大学签署了战略合作框架,将最新的研究成果应用于安徽省内防灾减灾的各个方面。2020年,安徽省自然资源厅委托合肥工业大学实施了地质灾害专业监测试点项目——北斗Ⅲ+多模感知山体滑坡灾害监测与预警系统,该项目目标是在黄山、安庆、宣城、六安市各选定1个典型的地质灾害隐患区域,开展地质灾害专业监测试点,科学布置变形监测仪、矢量动测仪、土壤浸润监测站、深部测斜监测仪和泥位自动监测站等现代化专业监测设备,构建多模态、立体化、智能化的监测体系。后端数据中心基于海量监测数据,结合滑坡和泥石流生长发育模型,对地质灾害隐患点进行状态评估,并对灾情进行分析、推理与精准预警(图2-4-5、图2-4-6)。

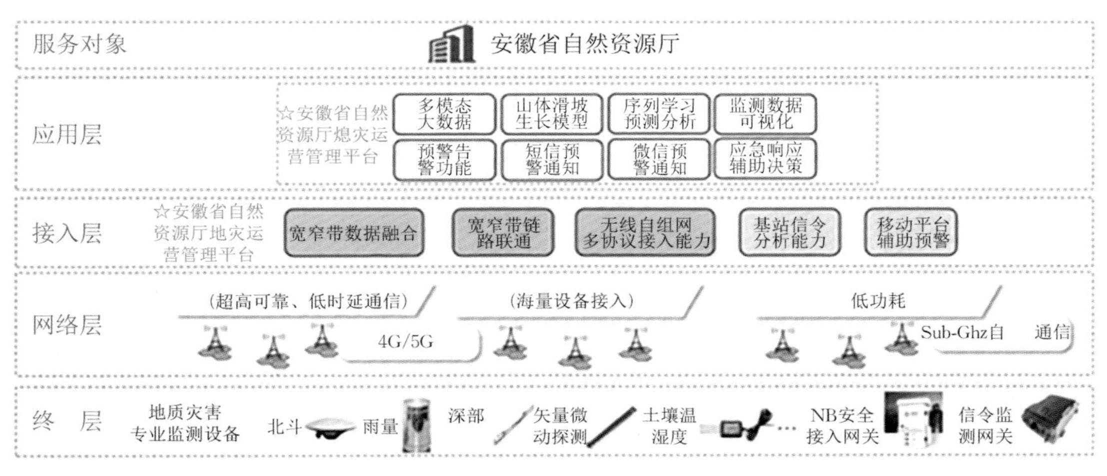

图2-4-5　系统整体应用框图

图2-4-6　六安市舒城县晓天镇独树村道岩组吕兆龙滑坡监测设备平面布置图

技术内容是:基于变分同化方法的北斗高精度定位方法研究、基于层次分析法的三维矢量变形监测系统及方法研究、基于序列学习的山体滑坡和泥石流生长发育模型研究、基于深度学习的山体变形预测及置信水平评估方法研究、基于北斗三代与多传感器数据融合的山体滑坡和泥石流智能监测与预警系统开发。

3. 普适型监测

监测预警作为地质灾害综合防治体系建设的重要组成部分,是减少地质灾害造成人员伤亡和财产损失的重要手段。"十二五"以来,我国建立了已知地质灾害隐患点全覆盖的群测群防体系,地质灾害气象风险预警持续完善,专业监测在重大地质灾害隐患及各级示范区开展应用,防灾减灾成效显著。当前,智能传感、物联网、大数据、云计算和人工智能等新技术快速发展,为构建地质灾害自动化监测预警网络提供了技术支撑。在此背景下,充分依托群测群防体系和专业监测工作基础,遵循"以人为本,科技防灾"理念,基于对地质灾害形成机理和发展规律的认识,重点聚焦临灾预警需求,研发性价比高、功能针对性强、安装便捷的监测仪器,开展以地表变形和降雨为主要监测内容的普适型仪器监测预警点建设,提升地质灾害"人防+技防"能力水平,支撑地方政府科学决策与受威胁群众防灾避险。

地质灾害普适型仪器监测预警实验是由自然资源部统一部署、中国地质调查局全程科技支撑、各省(市、区)自然资源主管部门组织实施。根据《安徽省地质灾害防治"十四五"规划(2021—2025年)》部署,在"十四五"期间,我省将建成新型高效群专结合智能化监测预警体系,显著提升地质灾害监测预警能力。

2021年,安排资金2265万元,部署布设300个雨量站和1574台监测设备。目前,已在340处地质灾害隐患点部署压电式雨量计、一体化表面位移(裂缝)自动监测站、普适型GNSS监测站、倾角加速度监测仪、土壤含水率自动监测站、土压力监测站、泥水位自动监测站、视频监控装置、声光预警预报装置等普适型监测设备1876套,围栏和标识牌1524套,涉及安庆、六安、淮南、黄山、池州、铜陵、宣城、马鞍山、滁州9个市。

2022年,第二批次安排资金3644万元,已布设1006个雨量站和2790台套监测设备。目前,均已实施完成安装压电式雨量计、一体化表面位移(裂缝)自动监测站、一体化普适型GNSS监测站、一体化倾角加速度监测仪、一体化视频监控装置、一体化声光预警预报装置、一体化土壤含水率自动监测站、一体化泥水位自动监测等普适型监测设备。

4. 地面沉降监测

基于20世纪80年代至2016年安徽省开展的大量地面沉降调查评价工作成果,自2020年开始,安徽省陆续实施了安徽省国家级地面沉降监测项目、安徽省地面沉降监测项目。2023年,安徽省开展了淮北平原地面沉降骨干监测网建设及运行维护工作,地面沉降监测工作进入常态化(图2-4-7)。目前,我省淮北平原区已初步建成"三位一体"地面沉降监测网络,主要包括空中监测、地表监测及地下监测。空中监测主要为InSAR监测,地表监测主要

1991

《安徽省阜阳市水文地质工程地质环境地质综合详查报告(1/5万)》[总站],首次开展了地面沉降地质条件研究,固定了阜阳地面沉降区范围360 km²,最大沉降量872.82 mm。

《安徽省环境地质调查报告(1/50万)》,[总站],圈定了阜阳地面沉降区范围410 km²,最大沉降量1400 mm。

2000

《安徽省阜阳地面沉降调查报告》【地调陡】,确定阜阳市沉降面积715 km²,最大沉降量1567.2 mm;《安徽省亳州市地面沉降调查报告》【总站】,确定亳州市沉降面积226 km²,最大沉降量144 mm。

2014

皖北六市进行了地面沉降控制区划定工作,初步建立了淮北平原地面沉降监测网。发现地面沉降严重区域和地下水超采区高度重合。初次加入长江三角洲地面沉降防治区域合作协议。

2017

7月安徽省在阜阳召开了《2019年淮北平原地面沉降防治工作会议》会议达成共识:完善监测网络、将地面沉降监测工作纳入常态化经费投入与管理。

11月在安徽省举办了《2019年度长三角地区地面沉降防治省际联席会议》落实地面沉降防治工作。会议对长江三角洲地区地面沉降近年来防治工作进行了系统总结,形成基本认识和判断。会议明确,加强地面沉降监测工作;多方联动;法治化、制度化;提高地面沉降防治能力。

2019

我省在上海参加《2020年度长三角地区地面沉降防治省际联席会议》,形成基本认识和判断。促进了长三角"三省一市"地面沉降防治信息、人才的交流,同时加快了长三角地面沉降防治一体化的进程。

2020

因疫情影响,《2021年度长三角地区地面沉降防治省际联席会议》未能召开。

阜阳市深层基岩标和地面沉降试验基地开始建设。

2021

开展淮北平原地面沉降骨干监测与运行维护项目,地面沉降监测工作迈入常态化。

2023

图2-4-7　地面沉降监测大事记时间轴

由水准点、GPS监测点、分层标(组)、光纤孔等构成。其中,GPS监测点58座;分层标(组)6组均分布在阜阳市及其辖县;光纤孔3眼主要分布在阜阳市、宿州市、砀山县;二级以上水准点共246个,淮北平原全区均有分布。地下监测主要为地下水动态监测孔,截至2023年底,淮北平原区共有地下水动态监测孔有412眼。

(1) 地下水动态监测工作

安徽省淮北平原区地下水动态监测工作自20世纪90年代开始,2000年之后所有市县都进行了地下水动态长期观测,获得了各县市城区为中心的浅中深不同开采层位的地下水动态变化序列,为分析预测地面沉降发展趋势提供了大量可靠的地下水动态数据。2014年9月,根据水利部办公厅《关于开展全国地下水超采区评价工作的通知》(办资源〔2012〕285号)要求,安徽省水利厅组织开展了新一轮地下水超采区评价工作,安徽省共划分地下水超采区25个,超采区总面积为3068.5 km²(重叠面积1131.9 km²),分布在淮北地区阜阳、亳州、淮北、宿州以及蚌埠市等5个市区所辖的17个区县水源地。目前安徽省大部分监测孔由自动化水位仪进行水位水文监测,具有监测精度高、数据采集密度大,数据分析简捷方便的特点。

(2) 二等水准高程测量

安徽省地面沉降二等水准高程测量工作在20世纪80年代末至2017年,主要在阜阳市、亳州市进行了数次工作,并获得了宝贵的数据资料。2017年,皖北六市地面沉降划分项目的实施完成,对淮北平原区各市分别进行了地面沉降二等水准高程测量,测量路线总长约2900 km,实测水准点、固定点、专门性孔等537处,首次基本查明本区地面沉降量及沉降速率发育分布现状,为地面沉降控制区划分奠定了重要基础。

(3) InSAR遥感解译

在进行地面沉降二等水准高程测量的同时,全区进行了全面的InSAR遥感解译,一方面,对水准测量结果进行了相互验证,另外,对现状二等水准点缺少及不足的砀山县城、泗县城区均确定发现存在明显的地面沉降,一定程度弥补了现状二等水准测量网建设尚未完善的问题。

(4) 专门性监测

光纤监测孔、分层标是监测研究地面沉降垂向变化及分析其控制影响因素的重要技术手段(图2-4-8、图2-4-9)。阜阳市、亳州市及砀山县等地面沉降发育中等至强的城市地下水集中开采区建立专门性监测孔实施长期序列性监测是必要的。该工作现在继续规划实施中,阜阳市已基本建立,根据亳州市及宿州市地面沉降防治规划,预计至中期(2025年)建立完成。

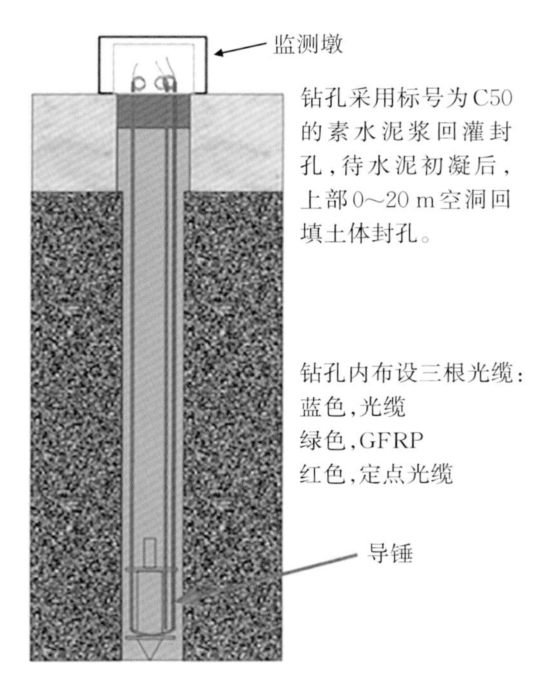

图2-4-8 光栅布设示意图

图2-4-9 光纤监测点及现场数据采集

(5) 行业部门专项监测

地面沉降对高速铁路正常和安全运行的影响已经成为一个不可回避的问题，铁路部门针对高铁轨道沿线建立了精密的水准测量网，用于获取沉降发育地段轨道设施变形信息，用于铁路梁面高程修正，自2016年以来，商合杭高铁共布设了300余个水准点，实施每年3次的二等水准测量工作。

(6) 长三角一体化监测

2017年12月22日，"长三角地区地面沉降防治2017年度省际联席会议"在江苏常熟召开。为深入贯彻落实党的十九大精神，推进生态文明建设，按照《国务院关于加强地质灾害防治工作的决定》(国发〔2011〕20号)要求，全面落实《全国地面沉降防治规划(2011—2020年)》的目标任务，协同推进长三角地区地面沉降防治工作，促进资源环境和经济社会协调发展，按照合作联动、优势互补、信息共享、互利共赢的原则，原上海市规划和国土资源局、原江苏省国土资源厅、原浙江省国土资源厅、原安徽省国土资源厅经协商一致，在原国土资源部地质环境司见证下，签订了《长三角地面沉降防治区域合作协议》(以下简称《协议》)。《协议》主要包括四个方面：一是加强协调，建立区域合作机制；二是统筹规划，同步开展防治工作；三是健全网络，构建信息共享平台；四是交流研讨，共促控沉目标实现。上海市和江苏、浙江、安徽三省(以下简称"三省一市")协议确定了长三角地面沉降防治省际联席会议制度，系统推进长三角地面沉降防治工作。协议的签订为进一步掌握安徽省淮北平原的地面沉降现状,服务于安徽省皖北乡村振兴战略,衔接长三角地面沉降一体化监测网络,为促进安徽省淮北平原地面沉降地质灾害的防治提供了有效支撑。至此,安徽省地面沉降防治工作开启了“融入长三角”的新篇章;开启了“三省一市”定期会商研判区域地面沉降防控形势,部署区域联防联控工作的新局面。

2018年12月5日,在温岭召开了2018年度长三角地区地面沉降防治省际联席会议,安徽省首次将地面沉降信息接入长三角信息平台,标志着长三角地面沉降信息网络一体化平台初步形成(图2-4-10)。

图2-4-10　长三角地面沉降防治区域合作协议签署仪式现场

(7)常态化监测

全省地面沉降监测工作多年来相对零散,2023年,以淮北平原地面沉降骨干监测与运行维护项目的开展为标志,安徽省地面沉降监测工作迈入常态化。

(三)搬迁避让

1. 目的意义

地质灾害搬迁避让是指对居民正常生活安全威胁严重且短期内有治理困难的地质灾害区域,对当地危险区域内房屋进行重新选址的搬迁工作,其主要目的是避免地质灾害损毁居民正在使用的居住建筑,减少居民财产损失,避免人身伤亡。在地质灾害发生后,或者某地方有潜在的地质灾害隐患,通过地质工作人员的实地调查,确认此处不适合居住、生活、生产后,并对所有地质灾害进行工程治理效益比较低下的情况下,另选新址重建家园的方案更为安全、经济合理,则应当进行统一规划建新村,进行户籍不变的或者改变的人口迁移。而搬迁避让的地点也必须经过地质人员的现场勘查论证，确定没有地质灾害隐患才可以搬入新居，一般为搬迁避让选取的居住点称之为安置点。

地质灾害治理是事关人民生命财产安全的大事，是保护地质环境的需要，对合理开发利用环境资源、保护环境生态安全、维护社会稳定、促进经济社会可持续发展具有重要意义，也是政府维护社会公共安全的重要职责之一。搬迁避让是地质灾害综合治理的一种措施，可以有效预防地质灾害的发生，切实保障人民群众生命财产安全，本着以人为本的工作原则，最大程度保障群众安全，维护群众利益。安徽省自然资源厅牢固树立“人民至上、生命至上”的理念，按照“搬得出、稳得住、能致富”的思路，着力破解搬迁群众心中所虑。在坚持“政府引导、群众自愿、统筹兼顾、整体推动”的原则基础上，用足政策红利，拿出实招硬招，推动搬迁工作的开展，走出了一条搬迁避险和致富双赢的路子。

2. 制度建设

自从2012年开展搬迁避让工作以来，安徽省共发布了3版关于搬迁避让项目的实施办法，分别为(财建〔2011〕369号) 安徽省国土资源厅 安徽省财政厅关于印发《安徽省地质灾害避让搬迁“以奖代补”实施办法》的通知、(皖国土资〔2015〕47号)安徽省国土资源厅 安徽省财政厅关于印发《安徽省地质灾害搬迁避让“以奖代补”实施办法》的通知以及(皖自然资规〔2022〕5号)安徽省自然资源厅和安徽省财政厅关于印发《安徽省地质灾害防治项目及专项资金管理办法》的通知，为群众搬迁避让后的安置做出了有力保障。

3. 完成情况

(1) 2012年搬迁避让具体情况

全省共有7个地市共16个县(区)申报搬迁，申报搬迁点数为95个，所有地质灾害隐患点威胁1825户6044人，计划搬迁户数为1307户4456人，申请以奖代补1307万元，实际完成1307户4456人搬迁避让工作，完成率100%，消除地质灾害隐患点80处，发放“以奖代补”搬迁避让资金1307万元。

(2) 2013年搬迁避让具体情况

全省共有5个地市共9个县(区)申报搬迁，申报搬迁点数为111个，所有地质灾害隐患点威胁1184户3910人，计划搬迁户数为452户1509人，申请以奖代补452万元，实际完成452户1509人搬迁避让工作，完成率100%，消除地质灾害隐患点91处，发放“以奖代补”搬迁避让资金452万元。

(3) 2014年搬迁避让具体情况

全省共有6个地市共12个县(区)申报搬迁，申报搬迁点数为278个，所有地质灾害隐患点威胁1334户4553人，计划搬迁户数为875户3416人，申请以奖代补875万元，实际完成

875户3416人搬迁避让工作,完成率100%,消除地质灾害隐患点203处,发放“以奖代补”搬迁避让资金875万元。

(4) 2015年搬迁避让具体情况

全省共有8个地市共22个县(区)申报搬迁,申报搬迁点数为213个,所有地质灾害隐患点威胁1334户4553人,计划搬迁户数为561户3416人,申请以奖代补1683万元,实际完成561户3416人搬迁避让工作,完成率100%,消除地质灾害隐患点203处,发放“以奖代补”搬迁避让资金1683万元。

(5) 2016年搬迁避让具体情况

全省共有9个地市共26个县(区)申报搬迁,申报搬迁点数为555个,计划搬迁户数为1369户4667人,申请以奖代补4107万元,实际完成1212户4042人搬迁避让工作,完成率71.2%,消除地质灾害隐患点503处,发放“以奖代补”搬迁避让资金3636万元。

(6) 2017年搬迁避让具体情况

全省共有6个地市共18个县(区)申报搬迁,申报搬迁点数为538个,计划搬迁户数为1183户3890人,申请以奖代补4107万元,实际完成1179户3898人搬迁避让工作,完成率99.66%,消除地质灾害隐患点483处,发放“以奖代补”搬迁避让资金3537万元。

(7) 2018年搬迁避让具体情况

全省共有6个地市共24个县(区)申报搬迁,申报搬迁点数为316个,计划搬迁户数为724户2285人,申请以奖代补2172万元,实际完成713户2312人搬迁避让工作,完成率98.48%,消除地质灾害隐患点289处,发放“以奖代补”搬迁避让资金2139万元。

(8) 2019年搬迁避让具体情况

全省共有5个地市共21个县(区)申报搬迁,申报搬迁点数为208个,计划搬迁户数为444户1413人,申请以奖代补1332万元,实际完成445户1416人搬迁避让工作,完成率100.23%,消除地质灾害隐患点155处,发放“以奖代补”搬迁避让资金1335万元。

(9) 2020年搬迁避让具体情况

全省共有5个地市共22个县(区)申报搬迁,申报搬迁点数为231个,计划搬迁户数为481户1540人,申请以奖代补1443万元,实际完成481户1540人搬迁避让工作,完成率100%,消除地质灾害隐患点162处,发放“以奖代补”搬迁避让资金1443万元。

(10) 2021年搬迁避让具体情况

全省共有5个地市共11个县(区)申报搬迁,申报搬迁点数为62个,计划搬迁户数为142户388人,申请以奖代补426万元,实际完成116户339人搬迁避让工作,完成率81.69%,消除地质灾害隐患点41处,发放“以奖代补”搬迁避让资金348万元。

(11) 2022年搬迁避让具体情况

全省共有4个地市共9个县(区)申报搬迁，申报搬迁点数为70个，计划搬迁户数为97户309人，申请以奖代补291万元，实际完成97户309人搬迁避让工作，完成率100%，消除地质灾害隐患点61处，发放"以奖代补"搬迁避让资金291万元。

(12) 2023年搬迁避让具体情况

全省共有7个地市共24个县(区)申报搬迁，申报搬迁点数为93个，计划搬迁户数为210户605人，申请以奖代补1260万元，实际完成210户605人搬迁避让工作，完成率100%，消除地质灾害隐患点193处，发放"以奖代补"搬迁避让资金1260万元。

(四) 工程治理

1. 工程治理概况

新世纪以来，省委、省政府高度重视地质灾害防治工作，自然资源主管部门履行"对地质环境进行监测、评价和监督"职能，在各级政府的领导和支持下，采取一系列有效措施加强对地质灾害防治监督管理，陆续开展了一批地质灾害治理工程：2000—2005年我省对10余处重要地质灾害隐患点开展了工程治理，2006—2010年省级财政投入近3亿元，完成130余处省级重要地质灾害隐患点的工程治理，2011—2015年共完成180处省级重要地质灾害隐患点工程治理，2016—2023年共完成375处省级重要地质灾害隐患点工程治理。治理工程取得了显著的经济效益和社会效益，人民的生命财产安全得到有力保障，600余处地质灾害隐患点经治理得以核销(表2-4-8，图2-4-11至图2-4-15)。

表2-4-8　2012—2022年地质灾害工程治理完成情况

年份	2012	2013	2014	2015	2016	2017	2018	2019	2020	2021	2022	2023	合计
小计(处)	20	25	41	32	30	43	19	8	91	42	18	124	493

图2-4-11　蓝田镇南塘村羊山岭滑坡治理

图2-4-12 旌德县云乐乡刘村糯米钎组崩塌治理

图2-4-13 滁州学院不稳定边坡治理

图2-4-14 黄山区龙门乡龙源村石河坑泥石流治理

图2-4-15 小街岩溶塌陷治理后建成住宅小区

(1) 2005年以前工程治理概述

安徽省2005年之前对大量的中型、大型地面塌陷进行了工程治理,如新桥矿岩溶塌陷、安庆铜矿岩溶塌陷、铜陵市小街岩溶塌陷等,还对严重威胁人民生命财产安全的巢湖维尼纶厂滑坡、巢湖油泵油嘴厂滑坡、歙县斗山滑坡和绩溪县城滑坡等崩滑流灾害隐患点开展了工程治理,取得了显著的经济效益和社会效益。

贵池区殷汇镇灌口中心小学滑坡:灌口中心小学2003年汛期发生过小的滑坡,安徽省地质环境监测总站和原贵池区国土局根据有关部门提供的情况,于2005年初及时前往调查,并把该点调整为市级防灾方案中的重要地质灾害隐患点,学校及镇政府制订了应急预案,并采取了削方减载的初步治理措施。2005年3月再次出现滑动,且规模明显比初次增大。但由于治理措施得当,滑坡未造成任何人员伤亡,只是侵占了一部分操场。

铜陵市第一人民医院滑坡:2005年3月20日发现滑动。经调查分析,判断其属老滑坡复活,处不稳定状态,有关单位提出了防灾措施和建议,有关部门和医院采取了排水、加固挡土墙等措施,延缓了滑坡体下滑趋势,避免了可能产生的危害。

（2）2006—2010年工程治理概述

2006—2010年，全省累计投入资金6亿多元，仅2008年，就开展了129个省重点地质灾害危险点搬迁避让和工程治理，省级财政累计投入1.2亿元，市、县及相关单位投资1亿多元。这一时期大部分建设工程落实了地质灾害防治工程与主体工程建设的“三同时”制度，加强了地质灾害防治工程单位资质管理，全省共有各类地质灾害防治工程资质单位72家。全省大力推进省重点地质灾害危险点的避让搬迁和工程治理，共完成了951处地质灾害隐患点的工程治理或搬迁避让，涉及9521户45080人。其中，省级财政投入近3亿元，消除了133处省级重要地质灾害隐患点。

（3）2012年工程治理情况

2012年，安徽省继续加大地质灾害治理工作力度，针对难以实施搬迁避让的地质灾害危险区，尤其是人口密集区、城镇、重点文物保护区、地质遗迹保护区、风景名胜区、机关、学校、部队、医院驻地、革命老区、少数民族居住地、大中型工矿企业所在地，以及重大工程项目建设区、交通干线、重点水利水电工程等基础设施区，逐步组织进行工程治理。省级财政投入资金对20处地质灾害进行了工程治理，在省、市、县各级财政的支持下，经治理共消除了79处地质灾害隐患点。

（4）2013年工程治理情况

2013年，安徽省继续加大地质灾害治理工作力度，省委、省政府高度重视地质灾害防治工作，下达省级地质灾害防治资金1亿元，积极争取国家特大型地质灾害专项防治资金2687万元，工程治理省级财政投入1850.14万元，对20处地质灾害隐患点进行了工程治理，使567户3712人基本消除了威胁。及时下拨应急处置资金3165万元，有效防范了“苏力”“菲特”等台风对安徽省的袭击，提供了有力的物质保障。

（5）2014年工程治理情况

2014年，安徽省地质灾害防治首次取得了全年零伤亡的历史同期最好成绩。省级地质灾害防治资金共投入8550.1万元，其中，地质灾害工程治理省级投入3389.3万元，对41处地质灾害隐患点进行了工程治理，基本消除受威胁群众1138户6439人。

（6）2015年工程治理情况

2015年，受极端天气影响，安徽省地质灾害发生数量大幅增加，但由于多年来各级党委的正确领导，各级政府的高度重视，全省原国土资源系统和有关部门的共同努力和团结合作，安徽省地质灾害防治工作取得明显成效，全年未发生群死群伤事件，全年核准各级地质灾害治理工程补助项目32个，下拨补助资金2388万元。

至2015年末，安徽省基本完成地质灾害高易发区重大地质灾害隐患点的工程治理或搬迁避让，地质灾害防治取得阶段性胜利，有力地保障了人民生命财产安全。

(7) 2016年工程治理情况

2016年,受极端天气等因素影响,安徽省地质灾害发生数量较多。在原国土资源部和省委、省政府的正确领导下,全年未发生群死群伤事件。地质灾害防治工作取得明显成效,有力地保障了人民群众生命财产安全和经济社会发展大局的稳定。全年省级财政投入1780.61万元,完成地质灾害治理工程共30个。

(8) 2017年工程治理情况

2017年,原省国土资源厅会同省财政厅及时下达省级地质灾害防治和应急补助资金1.03亿元,市、县财政投入地质灾害防治资金1.2亿元,实施了43个省级地质灾害隐患点的工程治理和474户受地质灾害威胁居民的搬迁避让,消除地质灾害隐患点185处。

(9) 2018年工程治理情况

2018年,原省国土资源厅会同省财政厅及时下达地质灾害防治项目和应急资金7800万元,其中,安排省级地质灾害工程治理项目19个,省财政补助经费2703万元,包括贫困地区地质灾害工程治理项目、搬迁避让项目和应急资金共计4151.58万元,占2018年度全省地质灾害防治省级补助资金53.23%,涉及贫困地区地质灾害工程治理项目9个,投入资金1351.58万元,为全省防灾抗灾提供财力保障。为进一步加大地质灾害综合治理力度,各地积极筹措资金,对中小型地质灾害隐患积极开展工程治理,共安排地质灾害工程治理项目62个。

(10) 2019年工程治理情况

2019年,开展省级地质灾害工程治理项目8个,拨付省级补助资金841.17万元。为进一步开展地质灾害综合防治,本年度在全省范围内开展了地质灾害隐患全面深入排查工作。排查报告建议对已经开展的地质灾害工程治理进行总结,吸取经验教训,对地质灾害隐患点分期分批采取有效的防治措施。

(11) 2020年工程治理情况

2020年,根据全省地质灾害隐患点排查结果,安徽省对部分地质灾害隐患点进行了集中整治。省自然资源厅会同省财政厅安排地质灾害防治项目经费11649.64万元。其中,省级地质灾害工程治理项目37个,拨付省级补助资金3401.3655万元。本年度安徽省各地平均年降水量达1639 mm,较常年偏多四成,其中江淮之间、中西部及大别山区偏多五到九成。本年度安徽省梅雨期气候异常,6月2日入梅,8月1日出梅,梅雨期长达60天,全省平均降水量为856 mm,梅雨期之长、暴雨日数之多、累计雨量之大、覆盖范围之广、梅雨强度之强,均为历史第一位。为此财政部下达安徽省2020年自然灾害防治体系建设补助资金14954万元,用于支持洪涝灾害受害地区灾后恢复重建工作,涉及地质灾害工程治理项目54个,共7568万元。完成了黟县洪星乡大星集镇滑坡治理、黄山区三口镇风景区水库滑坡地质灾害治理工程、霍山县单龙寺镇东风桥村塘冲组崩塌和繁昌区峨山镇凤形村峨山头特大型滑坡治理等一批重大的地质灾害治理工程(图2-4-16)。

图2-4-16　宣城宣州区溪口镇华阳居委会滑坡治理工程

(12) 2021年工程治理情况

2021年,开展省级地质灾害工程治理项目42个,拨付省级补助资金2777.91万元。汛期及时排危除险,成功避免了人员伤亡及群众财产损失(图2-4-17)。

图2-4-17　安庆市桐城市唐湾镇八一村"6.30"滑坡排危除险施工现场

(13) 2022年工程治理情况

安排省级地质灾害工程治理项目18个,省财政拨付补助资金898.83万元。由于省委、省政府的高度重视,各级地质灾害防治工作长期持续推进,截至2022年,安徽省取得了地质灾害防治的连续7年无重大伤亡的成绩。

2. 典型治理工程

(1) 霍山县佛子岭镇迎佛路边坡一期支护治理工程

佛子岭镇迎佛路边坡崩塌位于佛子岭村佛子岭组东淠河北岸佛子岭水库大坝330°平距1.1 km处,佛叶路自西向东沿淠河北岸横穿山体中部,公路路堑边坡呈近直立状,崩塌部位位于黄岩岗北侧迎佛路开挖边坡上缘,出露岩性为佛子岭群诸佛庵组黑云石英片岩(图2-4-18)。由于地质构造作用强烈,该点节理裂隙发育,岩石较为破碎,加上开挖形成临空面,临空面由于风化剥落等,岩体多呈块状、层状凸起、悬空。由于无土层覆盖,植被不发育,风化作用强烈,该点岩体破碎,工程力学性质及稳定性较差。受雨水冲刷及风化侵蚀影响,开挖边坡临空面中-强风化基岩、块石因下部岩层风化剥落,易形成空腔,极易产生崩塌地质灾害。随着风化作用的持续加强和极端气候的不断增多,该路段发生过多起崩塌灾害,曾在2015年8月10日凌晨03:15,因台风"舒迪罗"引发的百年不遇的强降雨造成两处坡面流。因岩石上部为裂隙较发育的中风化层,多被切割成碎块石状,且部分区域仍有少量未下滑的碎石土,灾害发生后对碎石土进行清除并在坡体表面采用柔性防护网进行坡面防护。2020年10月16日,该路段再次发生一起崩塌事件,崩塌碎块石方量约12 m³,导致SNS主动防护网撕裂,撕裂面积约为长3 m、高6 m,公路中断,严重影响了车辆通行和居民正常生活。

图中黄色框线为开挖边坡,红色虚线为山脊线,红色原点表示崩塌点。

图2-4-18　霍山县佛子岭镇迎佛路边坡崩塌区全貌

该处崩塌、危岩灾害体主要为开挖边坡临空面危岩体(带),规模约604.7 m³,其次为上部自然斜坡不稳定危岩,在暴雨、地震等外因诱发下,易发生失稳崩塌灾害(图2-4-19)。其主要危害对象为斜坡中部迎佛路约1050 m,潜在经济损失约150万元。为尽快排除崩塌灾害的影响,尽快恢复道路通行,同时也为了避免类似的灾害再次发生,佛子岭镇政府委托有关单位在开展地质灾害应急勘查并进行支护治理工程设计的基础上,对该处路段崩塌地质灾害进行了工程治理。

中风化-强风化黑云石英片岩,基岩呈陡坎状,发育一组裂隙,根劈发育,树干歪斜,软弱层风化剥落,呈块状、层状。危岩体欠稳定,下部岩石碎块、土体被冲刷可能发生滑移失稳。

图 2-4-19　崩塌、危岩体发育特征

治理工程分两期进行,一期主要对崩塌点及其东西向沿线长度225 m范围内开挖边坡进行支护治理,采用"清理危岩+设置主动防护网+预应力锚索加固+设置支撑柱"综合治理方案,这种设置防护网的工程措施,在安徽省崩塌治理中,极具代表性(图 2-4-20)。治理工程的实施起到了保护居民生命和通行安全的作用,对景区的正常开放、消除居民的心理隐患、促进当地经济的持续发展、减轻岩体风化、减少水土流失和植被破坏、促进生态环境进一步改善具有重要意义。

图 2-4-20　霍山县佛子岭镇迎佛路边坡治理后效果图

(2) 峨山镇凤形村峨山头特大型滑坡地质灾害治理工程

受厄尔尼诺极端天气影响,2016年6月18日至7月4日,繁昌区连续强降雨,受持续强降雨影响,峨山镇凤形村峨山头发生5处滑坡地质灾害,形成一个纵贯南北长度1305.6 m的特大型滑坡群。

H1滑坡体:为推移式土质中层中型滑坡。滑坡平面形态呈似"半圆"形,开口方向70°~90°。长度30~100 m,前缘宽度512.6 m。滑坡体组成物质为杂填土和粉质黏土,表面杂填土含30%碎石,碎石成分为灰岩,粒径1~5 cm,呈棱角状,厚度0~2.65 m;下部为粉质黏土,黄褐色、稍湿、硬塑,含灰白色高岭土团块,含灰黑色铁锰结核,干强度高,中等压缩性,中等韧性,刀切面光滑,厚度1.5~19.7 m,平均厚度9.0 m;滑面为粉质黏土与下伏灰岩接触面。滑坡体积为20.7万m^3。滑坡前缘标高18.4~21.9 m,滑坡后缘标高42~45 m,前、后缘相对高差最大达26.6 m。后缘陡坎呈"半圆形圈椅状",陡坎高差1~2 m,坡体表面张裂缝发育,裂缝总体走向为南北向。坡体由于滑动表面多呈阶梯状。勘查时整个边坡段处于不稳定状态。滑体前缘修有浆砌块石挡土墙,挡墙高度3.3 m(含基础),顶宽2.0 m,底宽3.65 m,墙面坡率为1:0.5,墙背垂直。基础底面为反坡,坡度为0.1:1。墙顶标高19.49~21.32 m,墙底标高17.16~19.88 m,挡土墙局部可见裂缝,墙体变形、鼓起。墙顶水沟被挤压破坏,基本丧失排水功能,勘查时处于不稳定状态。

H2滑坡体:为推移式土质浅层小型滑坡。滑坡平面形态呈似"半圆"形,开口方向80°~85°。长度60~65 m,前缘宽度155 m。滑坡体组成物质为碎石土和粉质黏土,表面碎石土杂色、松散、稍湿,碎石含量约60%,碎石成分为灰岩,粒径一般1~3 cm,少量大于5 cm,呈棱角状。厚度0~2.3 m;下部为粉质黏土,黄褐色、稍湿、硬塑、干强度高,中等压缩性,中等韧性,底部夹有少量颗粒状风化物,稍有光泽,土体厚度2.3~14.6 m,平均厚度5.0 m;滑面为粉质黏土与下伏灰岩接触面。滑坡体积为4.5万m^3。滑坡后缘标高47~48 m,前缘标高22.46~25.54 m,前、后缘相对高差最大达25.68 m。后缘陡坎呈"半圆形圈椅状",陡坎高差1~2 m,坡体表面张裂缝发育,裂缝总体走向为南北向。坡体表面多呈阶梯状。滑体前缘修有浆砌块石挡土墙,挡墙高3.3 m(含基础),顶宽1.5 m,底宽2.82 m,墙面坡率为1:0.4,墙背垂直。基础底面为反坡,坡度为0.1:1。墙顶标高25.76~27.98 m,墙底标高22.32~24.78 m,勘查时滑坡前缘挡土墙局部已经倒塌,前缘地面鼓起、变形。墙顶水沟被挤压破坏,基本丧失排水功能。

H3滑坡体:为推移式土质中层中型滑坡。滑坡平面形态呈似"舌"形,开口向东,长度100 m,前缘宽度155 m。坡体组成物质为粉质黏土,滑面为粉质黏土与下伏灰岩接触面,滑坡体厚度3.0~12.5 m,平均厚度4.0 m,滑坡体积为6.5万m^3。滑体前缘标高24.95~36.89 m,后缘标高37.43~51.53 m,前、后缘高差最大为26.58 m。滑坡前缘剪出口明显,剪出口高度0.9~1.2 m。局部可见起伏的基岩面,后缘陡坎高4.0 m。勘查时坡体表面张裂缝发育,裂缝总体走向为南北向。坡体表面由于滑动多呈阶梯状。滑体前缘修建有抗滑桩挡墙,抗滑桩尺寸为1.5×2.0 m,地面以上高3.0 m,受本次连续强降雨影响,北部滑体越过桩顶,堆积于墙前,土体越顶高度2～3 m。勘查时坡体处于不稳定状态。

H4滑坡:为推移式土体浅层滑坡。平面上呈不规则形,前缘平直,滑体上部土体大部分已经下滑,滑坡宽度125 m,长度76 m,厚度5.0～12.6 m,体积77500 m^3,滑坡体的物质为第四系上更新统残坡积粉质黏土及全—强风化的安山质沉凝灰岩,滑坡体后缘呈弧形,滑床为中风化安山质沉凝灰岩及灰岩,滑动面为全—强风化与中风化安山质沉凝灰岩、灰岩界面,滑动面高低起伏。滑坡体的滑落方向为48°。滑坡的产生不仅造成整个边坡变形,坡体及坡后产生圆弧形的拉裂缝,坡体中部裂缝长65 m,裂缝宽度3～8 cm,深度为10～50 cm;后缘裂缝长70 m,裂缝宽度5～15 cm,深度为10～50 cm。滑坡后缘陡坎清晰,陡坎高度4.1～9.08 m。

H5滑坡:推移式土体浅层滑坡。滑坡平面上呈“舌”形,前缘平直,滑体上部土体已部分下滑,滑坡宽度17 m,长度36 m,厚度1.0～2.5 m,体积1200 m^3,滑坡体的物质为第四系上更新统残坡积粉质黏土及强风化的安山质沉凝灰岩,滑坡体后缘呈弧形,滑床为中风化安山质沉凝灰岩,滑动面为全—强风化与中风化安山质沉凝灰岩界面,滑动面光滑,该处滑坡体造成局部边坡破坏。滑坡体的滑落方向为345°。滑坡体不仅造成整个边坡破坏,也破坏了原截水沟工程,损坏长度达18 m;对坡体下部的护坡墙产生破坏,损毁长度达25 m;同时,滑坡对下方道路也产生一定程度的淤埋,淤埋长度20 m,淤埋厚度1.5～1.8 m。

不稳定斜坡区:位于H3滑坡体和H4滑坡体中间区域,边坡长度90～95 m,前缘宽度300 m,土体厚度6.4～8.5 m,平均厚度7 m,为滑坡隐患点。总规模21.0万m^3,分布标高19.25～43 m。本区自东向西分3级陡坎式的切坡段,单级切坡高6～10 m,坡度74°～85°,坡向90°,该段边坡一级平台台阶高8～10 m,从南到北依次分布为顺捷道路施救有限公司、加油站、自来水厂等。勘查时发现一级平台已经开裂变形,裂缝宽度3～5 mm,延伸长度2～3 m;二级平台台坎高7～8 m,高度5～6 m,局部边坡已开裂、变形;三级平台台阶高度3～4 m。边坡上部岩性为第四系的粉质黏土及其含碎石粉质黏土,下部为南陵湖组的灰岩,推测滑动面为松散层与下伏灰岩界面。

滑坡地质灾害总规模60.57万m^3,造成整个边坡破坏,严重威胁坡下凤峨泉景小区1012户3364人生命财产安全;周边停车场、加油站、自来水加压站、地下天然气管线和城市输电线路等不同程度受损;也造成原有截水沟,桩板墙被错断,北侧桩板墙呈悬空状;滑坡还造成S216部分路段交通中断及附近3个住宅小区5000余住户断电、停气数日;滑坡造成的潜在经济损失约6.8亿元。灾情发生后,繁昌区委县政府高度重视,按照原安徽省国土资源厅和芜湖市人民政府要求,立即启动突发性地质灾害应急预案,成立了峨山镇凤形村峨山头地质灾害应急防治工作指挥部,并由芜湖市原国土资源局总工负责组成地质灾害应急专家组,为科学有序开展应急防治工作提供专业技术指导,根据专家组建议,当地政府及时转移并妥善安置凤峨泉景小区全部受威胁人员,并加强监测巡查工作,同时委托安徽省地勘局第二水文工程地质勘查院编制了应急方案,根据应急方案和专家组意见,积极采取了开挖消能沟、填实裂缝、沙袋压脚等应急处置措施,切实消除各类地质灾害隐患,确保人民群众的生命财产安全。为加强灾后重建和恢复工作,保障人民群众生命安全,最大限度减少因灾造成的损失,繁昌区人民政府和原安徽省国土资源厅立即启动该地灾点工程治理前期准备,原繁昌区国土资源局委托安徽省地勘局第二水文工程地质勘查院及山东正元建设工程有限责任公司编制了《安徽省繁昌区峨山镇凤形村峨山头特大型滑坡地质灾害工程治理项目可行性研究报告》,于2016年9月上报原国土资源部。共申请专项资金5959万元(其中前期应急处置费375.6万元,概算工程治理总费用为5583.4万元)。2016年12月,根据财政部、原国土资源部《关于印发〈特大型地质灾害防治专项资金管理办法〉的通知》(财建〔2014〕886号)精神,原国土资源部下拨中央财政特大型地质灾害防治专项资金4000万元用于滑坡灾害治理工程。

峨山头滑坡工程治理,在安徽省具有很强的代表性(图2-4-21,图2-4-22)。工程治理采取"动态信息化施工法",即总体设计一次完成,且随地质条件变化进一步细化,分两部分进行:一是对可能存在山体滑坡区域进行土方削方卸载,采用削坡措施削去土体较厚、下滑力大、采用单纯的加固措施代价较大且难以保证效果的地段,主要有6个削坡区。二是对各隐

图2-4-21　繁昌区峨山头滑坡体全景

图2-4-22　繁昌区峨山头滑坡治理效果

患点进行专项治理加固。根据场地地质条件结合稳定性计算及下滑力大小分为7个段，主要加固措施为混凝土挡土墙、抗滑桩板墙、工字钢桩板墙、格构梁、锚索、填缝、削坡减载、排水工程等。治理工程的实施有力保障了人民群众生命安全。

（3）宁国市南极乡龙川村小坪泥石流地质灾害治理工程

该地质灾害隐患点位于宁国市南极乡龙川村小坪组沟谷中，东经118°59′28″、北纬30°39′27″（图2-4-23）。2019年8月9日，受台风“利奇马”影响，该村民组后山山体表层土因受暴雨冲刷，部分滑塌堆积至汇水沟谷冲至村庄，导致沟下35间房屋损毁，24户房屋淤积泥土。由于山体坡体后方多处滑塌，随时处于不稳定状态，加之汇水面积较大，遇强降雨存在继续发生泥石流的可能，严重威胁村庄25户93人的生命及财产安全。

图2-4-23　宁国市南极乡龙川村小坪泥石流地质灾害

灾情发生后，宁国市立即组织人员将受威胁群众转移至安全地带，设置警戒线及标示牌；并组织应急抢险队伍，对村庄内的堆积体进行清除；对村庄内道路、沟堤进行修复。落实监测人和责任人，及时开展监测。第一时间将防灾“两卡一表”发放至各责任人及受威胁群众，在村口明显位置设置雨量监测站、警示牌，标注撤离路线。

该地灾点原拟实施整体搬迁，但因群众房屋质量较好、补助资金少，大多数群众不愿搬迁，搬迁难度很大。经南极乡政府向宣城市市政府请示，变更为工程治理方式。受宁国市自然资源规划局委托，安徽省地质矿产勘查局332地质队承担了该地质灾害工程项目勘查设计工作，经专家组评审，通过“生物固源＋拦砂坝＋双边防护堤导流＋沟道清淤＋监测”工程予以治理（图2-4-24）。2020年10月，将该项目申报灾后恢复重建地质灾害治理项目，获中央补助380万元。2020年11月，经公开招标，确定施工单位为核工业赣州工程勘查院。该工程项目于2021年1月21日开工，2021年8月9日完工。2021年12月13日，宁国市自然资源和规划局组织专家和相关单位对该治理工程进行初步验收，施工单位根据初验意见对治理工程进行了整改。2021年12月29日，宣城市自然资源和规划局组织有关专家及有关单位对该泥石流地质灾害治理工程进行正式验收。该治理工程取得了良好的经济效益和社会效益,经治理,人民的生命财产安全得到了有效保障。

图2-4-24　宁国市南极乡龙川村小坪泥石流地质灾害治理效果

(4) 铜陵市小街长江东路段岩溶塌陷治理工程

铜陵市小街岩溶塌陷区位于安徽省铜陵市铜官山区,三面环山,位于铜官山背斜北西翼,地面标高30～138 m,底部地势低洼,地表覆盖第四系坡洪积层,成分为亚黏土夹碎石,厚4～27 m。下伏二叠系栖霞组、石炭系黄龙船山组灰岩,岩溶发育,钻孔见洞率60%,岩溶率2.74%～7.80%,岩溶发育深度约70～100 m,富水性强,如图2-4-25所示。

塌陷区内人口集中,建筑物集中,有大量市政设施。自1955年起,陆续有岩溶塌陷产生,据不完全统计,至今共产生塌洞116个,影响到小街地区及东村部分地区,影响面积51×10^4 m^2,累计经济损失达2亿元,灾害涉及8个居民村及铜陵市属一些单位,经初步评估,威胁人口30000人,威胁财产约10亿元,地质灾害危害程度属特大级(图2-4-26)。据有关资料记载,1989年9月以前塌陷主要分布在互助路东侧,共产生塌坑33个。1989年9月5日至26日在互助路西侧发生了历史上从未有过的大规模塌陷,共产生塌坑36个,并伴随大面积沉降及大量地裂缝。塌坑一般呈漏斗状、碟状、坛状、桶状,洞径一般2～7 m,深2～4 m,最大洞径19.8 m,深9 m。地裂缝一般长5～20 m,宽2～15 cm,以张性为主。平面形态有环(弧)型和直线型,以环形(弧)型居多,多围绕着塌洞和沉降区分布,可见深度1～2 m,最大4 m。局部地面沉降与塌坑和地裂缝相伴生,据沉降观测,1989年9月至1990年6月,小街地区铁路路基最大沉降量42 cm,公路路基为90 cm。到年底时塌坑已达56个,地裂缝近百条。岩溶塌陷使该区5.2×10^4 m^{2}范围的房屋发生陷落、倒塌、倾斜、开裂;供水管道、铜矿尾矿管道多处断裂;两条主要公路中断,铁路有400路段下7 cm,严重威胁到钢官山铜矿、有色水泥厂、郊区铁矿等几十个单位及街区居民的生产与生活,造成了极严重的经济损失,经当时核灾统计直接损失达1.6亿元。1989年10月以来塌陷趋弱,但塌陷仍时有发生,1991年6月至7月的暴雨期再次暴发岩溶塌陷,新发生塌坑11个,老塌坑复活4个,4681 m^{2}的住房受损,经济损失约96万元。至1996年底又陆陆续续产生塌陷累计39个(其中复活11个),主要分布在互助路西侧小街地区。1999年6月27日暴雨期间,区内再次发生了8处塌陷,其中7处位于居民房院内,1处位于山坡上,塌陷分布在互助路以东,说明区内塌陷并未稳定。

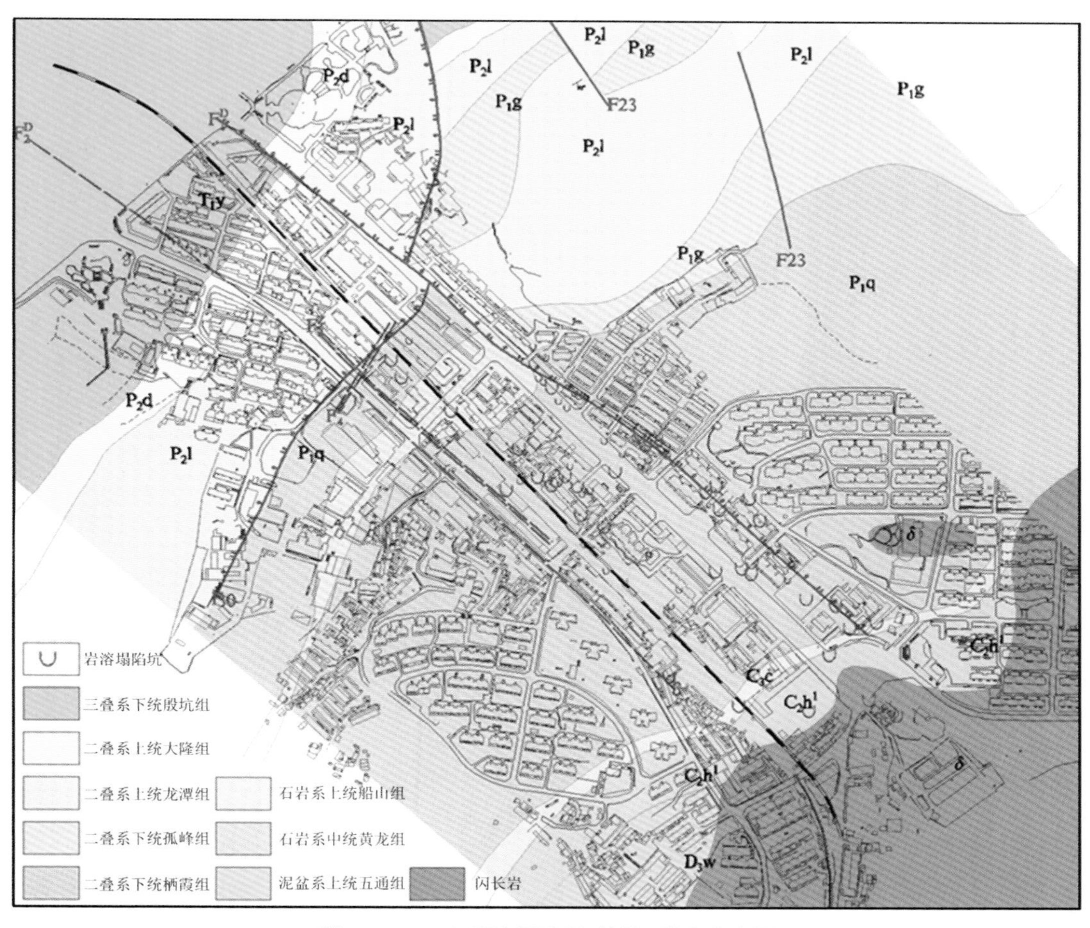

图2-4-25 小街地区地层、构造、塌陷分布图

图2-4-26 铜陵小街岩溶塌陷

2016年,有关单位拟开展长江中路(K0—K0+427.684)、长江东路(K0—K1+160)道路拓宽改造工程,基于小街地区岩溶塌陷的历史现状,为减少岩溶塌陷对道路建设产生的不利影响,有关单位组织开展了防治工程。根据勘查结果,工程区内灰岩区岩溶发育,基岩面凹凸不平,已形成的溶(土)洞在附加荷载或地下水位变化潜蚀作用下易继续扩展甚至塌陷。岩溶塌陷的防治主要采取注浆填充的方式,在项目区岩溶强发育范围内含砾粉质黏土土体、溶蚀裂隙和已探明及物探推测溶(土)洞进行注浆充填,以形成水平帷幕体,减少土体潜蚀作用。注浆范围为长江东路(K0+440—K1+160)段岩溶塌陷强易发区,由于项目区西北部孤峰组硅质页岩与栖霞组灰岩地质界线和南东部闪长岩岩体与灰岩地质界线不明显,在防治工程实施过程中,注浆孔揭露下伏基岩为碎屑岩或岩体厚度>5 m时,不采取治理措施,反之则注浆充填(图2-4-27、图2-4-28)。

图2-4-27　小街地区旧貌

图2-4-28　治理施工现场

21世纪以来,铜陵市小街岩溶塌陷通过修建地面防渗排水系统和坡脚防洪渠,矿坑地下堵水、塌陷坑回填注浆等工程措施,结合搬迁避让,进行了综合治理。随着长江东路岩溶路基(塌陷)防治工程的完成,加上周边铜官山铜矿、五松硫铁矿、五松金矿等矿山陆续关闭,有关责任单位还实施了防治水工程,矿山排水量减小,区内地下水位有所回升,预计后期因岩溶土洞造成地表塌陷的可能性较小,危险性下降,小街地区岩溶塌陷整体呈基本稳定状态(图2-4-29)。

(五)防灾能力建设

1. 地质灾害防治宣传

安徽省充分利用“4·22世界地球日”“5·12防灾减灾日”“6·25土地日”等活动日,积极开展地质灾害主题宣传教育活动,广泛开展地质灾害防灾、识灾、监测、预警、巡查、避险、自救等基本知识的宣传,尤其注重加强对受地质灾害威胁区域的群众、中小学学生地质灾害防治知识的教育和避险技能的普及,增强全社会预防地质灾害的意识(图2-4-30至图2-4-32)。

图2-4-29　铜陵市小街长江东路风貌（2020年）

图2-4-30　淮南站市国土局举行第45个世界地球日科普宣传活动

图2-4-31　马鞍山市自然资源和规划局开展第51个世界地球日主题宣传活动

图2-4-32　“5·12防灾减灾日”宣传活动

安徽省"十三五"期间共组织宣传培训762场,培训人数55781人,发放宣传光盘及宣传材料160737份,有效提高了人民群众防灾避灾和紧急情况下自救互救能力。安徽省2023年组织宣传培训347场、培训23627人次;发放地质灾害"防灾明白卡"和"避险明白卡"14058份,发放地灾防治宣传光盘及材料6625余份,提升了全社会防灾意识及自我保护能力。

2. 地质灾害防治培训

(1) 万村培训

根据2006年11月中共中央组织部、国土资源部、建设部、教育部关于联合印发的开展全国农村地质灾害防治知识万村培训行动的通知,安徽省组织了人员参加由中组部、原国土资源部、住房和城乡建设部、教育部共同召开"全国农村地质灾害防治知识万村培训行动"动员电视电话会,熟悉了电视电话会统一部署培训各项相关工作,完成省级实施方案规定的基层培训任务,以行政村和中小学校为培训单元,以乡镇基层干部,原乡镇国土所干部,乡村建设规划管理人员,村、组干部,部分骨干群众和中小学师生为宣传对象。

本次培训活动以皖南、大别山两大山区的(黄山、宣城、池州、安庆、六安)5市中地质灾害较为严重的(歙县、休宁、祁门、黟县、黄山区、屯溪区、徽州区、泾县、旌德、绩溪、太湖、潜山、岳西、宿松、霍山、金寨、舒城、金安区、裕安区等)22个县(区)为重点。根据各县(区)提出的培训意见,全省培训覆盖195个乡镇、460个行政村、63所中小学。培训主要对象是以上区域内的农村基层干部、原乡镇国土资源管理所工作人员、村组监测员、普通群众和中小学校师生,全省计划完成至少5万人的总体培训目标。大力组织开展地质灾害防治知识的宣传培训,增强基层干部群众的防灾意识和防灾知识,使他们在日常生产、生活中,更加自觉地避免人为引发地质灾害,同时积极参与地质灾害的监测和预防,增强自救互救的能力,是最直接、最有效的预防途径。充分发挥各类媒体覆盖面广、形式多样、群众喜闻乐见的作用,加强对培训行动的宣传,组织当地主要媒体配合宣传有关地质灾害防治的知识,推动培训活动广泛深入开展(图2-4-33)。

图2-4-33　安徽省农村地质灾害防治知识培训行动动员大会

（2）防灾知识培训

除上述万村培训以外，安徽省有关部门还不定期举行其他防灾知识培训，旨在加强地质灾害技术人员和管理人员的防灾水平，培训涉及地质灾害识别、地质灾害预测预报、地质灾害应急处置、地质灾害防灾能力建设、地质灾害治理工程管理等多个方面（图2-4-34至图2-4-37）。

图2-4-34　地质灾害群测群防培训授课

图2-4-35　地质灾害防治网格化管理培训

图2-4-36　地质灾害应急抢险知识培训

图2-4-37　汛期地质灾害防治知识进校园活动

2016年12月6日至7日，原国土资源部应急指导中心的领导专家相关负责人就地质灾害防治及地质灾害应急处置进行培训，对安徽省地质灾害治理工程、地质遗迹项目及资金管理办法，安徽省地质灾害治理工程定额标准进行了讲解。

2017年4月25日，原省国土资源厅与安徽广播电视大学（国家专业技术人员继续教育基地）共同举办安徽省“地质灾害的预测及防治”高级研修班。中国地质大学教授围绕地质灾害预测预报的研究意义、地质灾害主要特征与识别、地质灾害空间预测理论与实践等地质灾害相关问题展开了教学研讨。

2018年10月29日，知名专家对地质灾害防治、预测预报和地质灾害信息化管理系统应用等方面为大家作了专题介绍。

2019年12月12日，安徽省地质勘查管理与地质灾害防治工作业务培训班在霍山县举办，本次培训班深入学习贯彻落实十九届四中全会精神和习近平新时代中国特色社会主义思想，进一步增强安徽省地质灾害防治工作能力，增强各级地质灾害管理人员防灾知识，提升全省地质灾害防治工作水平。

2020年6月27日，华北水利水电大学地球科学与工程学院姜彤院长对气象防灾减灾、地质灾害防治基础知识、管理体系和能力建设等方面为大家授课。

2021年4月26日，授课专家围绕1:50000地质灾害风险调查技术方法解读、野外数据采集系统、图件编制、数据库建设及成果提交要求；地质灾害隐患点早期识别技术；基于ARC-GIS的地质灾害风险评价等方面展开讲解。

2021年10月27日，授课专家就安徽气象防灾减灾工作概况、安徽省地质灾害预防路径选择、崩滑流地质灾害调查中的斜坡结构研究等方面进行了讲解。

2022年4月15日下午，邀请知名地质构造专家对广大专业技术人员进行培训。主要从“褶皱和断裂构造的观测”“崩塌滑坡地质灾害的斜坡结构”两个方面，通过列举大量实例，深入剖析了地质构造对地质灾害形成与发育的影响。

2022年4月24日上午，专家主要从地质灾害调查的历史与现状，野外调查准备工作、野外调查的内容与方法、野外调查工作要点等四个方面对有关人员进行培训。

2022年5月16日，依托宿州市埇桥区1:50000地质灾害风险调查评价项目，安徽省地质环境监测总站派遣专业技术人员赴宿州学院开展地灾防治专题讲座。

3. 地质灾害避险演练

安徽省在“十三五”期间开展避险转移演练416场，参演人员37583人次，群众防灾意识和自救、互救能力显著提升。

2016年4月28日，原省国土资源厅会同安庆市政府、省政府应急办，在安庆市安徽化工学校开展了省暨安庆市突发地质灾害应急演练，部分地质灾害易发区的原市、县国土部门地灾防治人员现场观摩了应急演练（图2-4-38）。通过演练，提高了相关部门和地方对应急预案的实际操作和实战能力，增强了省直部门与市、县、乡、村应对突发地质灾害的协调联动、应急处置能力。

2017年6月1日和7日，安徽省先后举行北部、南部片区地质灾害防治演练观摩会，地点分别在全国地质灾害防治高标准“十有县”太湖县和歙县（图2-4-39）。受邀专家、两县原国土资源局及相关部门、演练的群众共1000余人，全省各市、县、区原国土资源及相关部门负责人，以及当地群众代表，分别在所在片区观摩见学。演练以实战为背景，分别根据两个片区地形、地貌、地质构造和民风、民俗等特点，以易发多发地灾类型为主要内容，采取预先想定和专家现场随机设置险情相结合的方法，有的放矢，因势利导，针对不同情况，依次完成地质灾害预报、巡查监测、险情上报、应急调查与响应、启动预案与发布预警、部门联动与紧急抢险、人员转移安置、应急处置等演练。

图2-4-38　芜湖市暨南陵县突发地质灾害应急演练

图2-4-39　安徽省暨黄山市(南片)突发地质灾害避险演练现场

2018年5月8日，祁门县举行市级地质灾害避险演练观摩会。原省国土厅、市政府、原市国土局、市应急办、市气象局、市安监局、市民政局等相关同志和各区县负责同志参加了观摩会。演练内容包括：地质灾害预报、巡查监测、险情上报、应急调查与响应、启动预案、发布预警、部门联动、紧急抢险、人员转移安置、应急处置等多个部分。演练队伍按照预案行动，消防、原国土、公安、卫生、民政等部门组成民兵应急小分队，抢险救援、医疗救护、治安防范、监测预警、安置保障等各小组迅速奔赴现场抢救伤者、发放救援物资。整个演练过程井然有序，取得良好效果。此次地质灾害应急演练是一次综合性实战演练，是各部门、各单位对突发地质灾害综合指挥、协同作战和现场处置能力的一次考验，检验了各部门职责的分工落实、后勤保障、人员集结等各个环节的协调配合能力，有助于全面提高地质灾害防灾应急工作能力。

2022年5月13日上午,广德市自然资源和规划局会同卢村乡人民政府精心组织了卢村乡宋陈村村民屋后崩塌地质灾害避险转移实战应急演练(图2-4-40)。此次崩塌地质灾害避险转移应急演练的任务是省自然资源厅发布橙色预警,未来24小时内发生地质灾害可能性较大,广德市自然资源和规划局全力配合卢村乡人民政府,尽快采取避险转移措施,对地质灾害点受威胁群众3户11人进行转移安置。此次应急演练在全体参演人员的共同努力下,取得了圆满成功。这是在汛期来临时的一次有组织有规模的突发地质灾害预案演练,实施方案科学合理,参演人员准备充分,演练环节衔接有序,应急联动及时高效,在很大程度上提高了各部门防灾人员的应急处置能力和广大人民群众的自救互救能力,是对灾害来临前应急联动的重大检验。

图2-4-40　广德市地质灾害转移避险应急救援实战演练

2022年5月31日上午,安庆市地质灾害转移避险应急救援实战演练在潜山市举行,安庆市政府副市长出席并担任现场总指挥。演练活动由安庆市自然资源和规划局,安庆市应急管理局,潜山市人民政府联合主办(图2-4-41)。此次演练是模拟潜山市发布地质灾害气象

图2-4-41　安庆市地质灾害转移避险应急救援实战演练观摩台

风险橙色预警,组织开展受地质灾害威胁群众有序转移避险。受强降水影响,天柱山地质公园博物馆楼后边坡出现滑坡地质灾害前兆,天柱山镇政府、博物馆管理处迅速组织开展游客、工作人员及周边住户转移避险,在此期间,楼后山体突发滑坡,造成博物馆工作人员和部分游客被埋、被困,天柱山镇、潜山市、安庆市先后启动应急响应,组织开展应急抢险救援工作。2023年组织开展避险转移演练84场,参演人数5263人次。

4. 网格化管理

2017年,原安徽省国土资源厅下发《关于开展地质灾害防治网格化管理试点工作的通知》,提出在全省开展地灾防治网格化管理试点工作,建立以县级为单位,乡(镇、街道)村、国土资源所、专业技术单位"四位一体、网格管理、区域联防、绩效考核"的地灾防治网格化管理体系。明确以乡(镇、街道)为区域,以行政村(居委会)为网格,全面查清网格内地灾隐患点,实行各隐患点数据、标准、动态化管理,做到早发现、早预警、早处置、早报告;以乡(镇、街道)为区域,制定行政区域网格图,网格的四至范围明晰,确保全面覆盖、界线明确、不留空白、不交叉重叠,并明确网格内各职责人员责任;以网格内受地灾威胁群众为对象,因地制宜、扎实开展地灾防治宣传、应急演练,提高群众识灾、防灾、避灾能力。要求成立市、县人民政府地灾防治网格化管理工作领导组,全面彻底摸清辖区内地灾隐患点基本情况,并逐一建立网格档案,做到底数清、情况明。建立健全网格化管理工作体系,确保形成岗位落实到人、责任落实到人、职责明确到人的工作体系。

根据通知要求,太湖县和舒城县作为全省试点县,制定了《太湖县地质灾害防治网格化管理工作实施方案》《舒城县地质灾害防治网格化管理工作实施方案》,开启了地灾防治网格化管理全新局面。《方案》坚持"属地负责、数量适度、方便管理、界定清晰"的原则,绘制地质灾害防治网格图,以村行政边界界定网格的四至范围,科学划分网格;并做好各地质灾害隐患点资料收集、整理、分析工作,采取统一化、标准化方法进行数据采集和录入,及时更新和维护网格内地质灾害数据库并统一汇总。

试点县推广后安徽省全面开展地质灾害防治网格化建设工作,建设完善地质灾害网格化管理体系以县级为单位,建立乡(镇、街道)、村、国土资源所、专业技术单位"四位一体"管理模式,坚持预防为主,防治结合,坚持专群结合、群测群防,充分发挥专业地质队伍作用,紧紧依靠广大基层群众全面做好地质灾害防治工作。

至2020年,已完成安徽省80个县(市、区)地质灾害防治网格化建设工作(表2-4-9),实现全省地质灾害高中易发区全覆盖。

通俗地说,网格化建设可以理解为群测群防的高级版本,按行政管理技术、技术支撑行政的组织模式进行体系建设和岗位设置。地质灾害网格化管理岗位设置:网格责任人、网格管理员、网格专管员、网格指导员、网格监测员(图2-4-42、图2-4-43)。

表2-4-9　已完成网格化建设的县(市、区)情况一览表

序号	城市	完成情况
1	芜湖	鸠江区、镜湖区、弋江区、无为市、南陵县、繁昌区、湾沚区
2	黄山	黄山、徽州、屯溪区、黟县、歙县、休宁、祁门县
3	淮南	八公山区、大通区、谢家集区、凤台、寿县
4	六安	裕安区、金安区、叶集区、霍邱县、金寨县、舒城县、霍山县
5	安庆	大观区、宜秀区、潜山市、迎江区、桐城市、怀宁县、太湖县、望江县、岳西县、宿松县
6	铜陵	铜官区、郊区、义安区、枞阳县
7	池州	贵池区、石台县、东至县、青阳县
8	宣城	宣州区、宁国市、泾县、旌德县、绩溪县、郎溪县、广德市
9	阜阳	颍东区
10	滁州	南谯区、琅琊区、明光市、天长市、凤阳县、全椒县、来安县、定远县
11	蚌埠	怀远县、禹会区
12	亳州	涡阳县、蒙城县、谯城区
13	马鞍山	花山区、雨山区、博望区、和县、含山县、当涂县
14	合肥	庐阳区、巢湖市、蜀山区、肥西县、庐江县

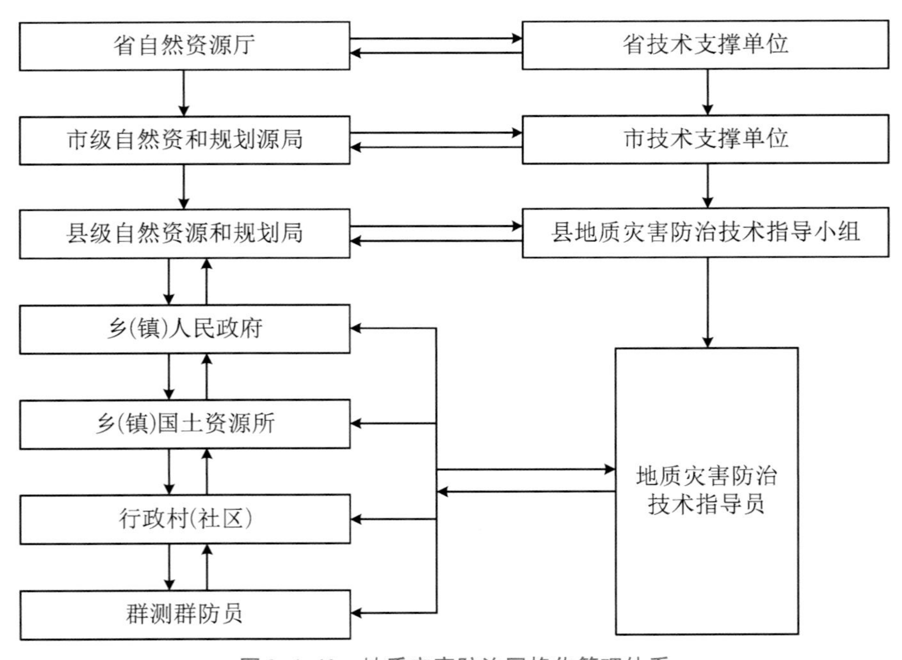

图2-4-42　地质灾害防治网格化管理体系

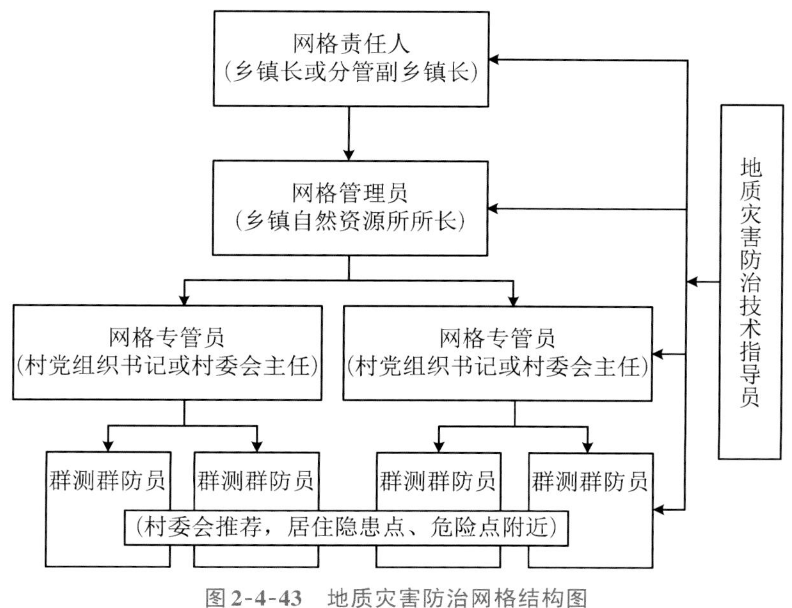

图2-4-43　地质灾害防治网格结构图

5. 体制机制建设

(1) 健全机构

乡镇(街道)完善地质灾害防治抢险救灾指挥部,由党委或政府主要负责人担任指挥长。明确负责地质灾害防治日常事务的办事机构,配备必要专业人员。抢险救灾指挥部主任一般由分管地质灾害防治的负责人担任,副主任由承担地质灾害防治任务的自然资源与规划所主要负责人担任。

(2) 压实责任

进一步强化乡镇(街道)地质灾害主体责任。一是乡镇(街道)会同县自然资源和规划局明确在册地质灾害隐患点“五位一体”管理人员,即网格责任人(乡镇党委、政府负责人)、网格管理员(自然资源规划所所长)、网格协管员(地质环境监测专业技术人员)、网格专管员[村(社区)委会书记或主要负责人]、网格信息员(地质灾害群测群防员)。二是乡镇(街道)编制地质灾害网格化建设体系图和网格结构图,网格内相关人员全部建档立卡。三是网格管理员每年汛前根据人员变动情况进行调整;发放防灾工作明白卡和避险明白卡等方式实行责任告知制度,确保每名责任人熟知其具体职责。

(3) 完善制度

一是乡镇认真落实地质灾害汛期值班、灾险情巡查、灾险情速报、月报等各项制度,及时修订完善有关制度。二是汛期严格实行24小时值班值守制度,坚持领导带班制度,应急抢险小分队和专业技术人员24小时应急待命。三是严格执行零报告制度,确保政令畅通、令行禁止。

(六)信息化建设

2014年10月,原安徽省国土资源厅组织编制了《安徽省地质环境信息化建设方案》,提出了地质环境信息化总体目标:充分利用自然资源信息化建设成果,依托安徽省自然资源业务专网,通过推进地质环境信息标准化体系建设,整合各类地质环境信息资源,构建省级地质环境数据中心和数据分中心,推进市级地质环境数据分中心及县(市)级数据节点建设,实现全省地质环境信息的大综合、大协作、大集成,以及与国家级地质环境信息服务体系相衔接和集成。建成系统一体化、数据集成化、信息综合化和成果可视化的全省地质环境信息平台,构建一个互联互通、资源充分共享的数字地质环境,实现全省地质环境信息服务能力的全面提升。

1. 地质灾害数据中心

地质灾害数据中心作为自然资源数据中心的组成部分,部署、开发应用地质灾害数据采集系统,建立省级地质灾害数据中心。省级地质灾害数据中心设立于信息中心,负责省级平台的管理和信息服务;在安徽省地质环境监测总站设立分中心,负责地质灾害数据的整理、标准化、录入、更新、维护等工作;在安徽省地质资料馆设立地质灾害应急指挥中心,负责地质灾害应急信息数据传输、应急会商、决策等工作。三者数据共享、互为备份。三个中心均设内外双网络,分别运行涉密和脱密后的数据(图2-4-44)。

2. 地质灾害应急指挥中心

2009年,原安徽省国土资源厅完成了全省省市级视频会议系统的建设。2010年,视频会议系统覆盖范围扩大到部分县区局。2015年底,原安徽省国土资源厅继续完成了省级视频会议系统的高清改造,并在安徽省地质资料馆内建设了安徽省突发地质灾害应急指挥调度中心,具备了省级视频会议系统连接及高清大屏显示基础(图2-4-45)。

地质灾害应急指挥中心的建成标志着安徽省地质灾害总指挥中心与现场应急救援及安徽省政府应急指挥中心具备了联动的基本条件。在此基础上,将视频会议系统与指挥系统整合,布设高清视频会议系统与外网现场音视频连接系统,建成了全省地质灾害应急指挥系统。

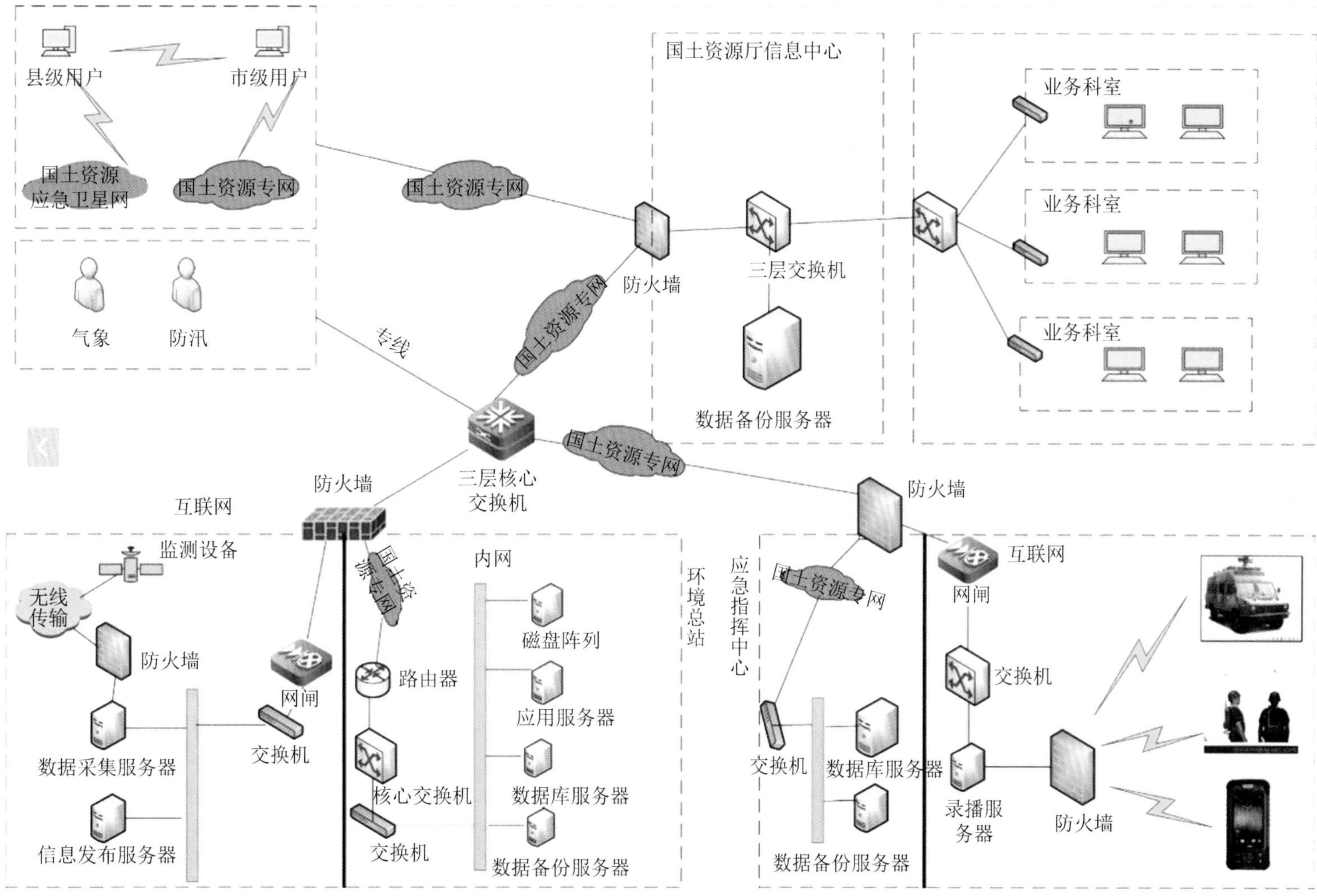

图2-4-44　地质灾害数据中心网络拓扑结构示意图

图2-4-45 安徽省地质灾害应急指挥中心

3. 地质灾害数据库

(1) 地质灾害数据库建设与维护

安徽省从1999年开始实施1:100000县地质灾害调查与区划项目。目前,全省共完成覆盖全省的67份县(市、区)地质灾害调查与区划成果,同时完成了每个县的空间数据库建设工作。2011年起,在中国地质调查局及原安徽省国土资源厅的统一安排部署下,在县地质灾害调查与区划工作的基础上又完成了48个丘陵山区县1:50000地质灾害详细调查项目,基本查明区内地质灾害及其隐患发育特征、分布规律以及形成的地质环境条件,并对其危害性进行评价,划分地质灾害易发区和危险区,建立了地质灾害信息系统,建立健全了群测群防网络。在此基础上,于2017年建立了安徽省地质灾害数据库,之后每年根据地质灾害汛前排查、汛中巡查、汛后核查结果,对地质灾害隐患点数据进行实时动态更新。

(2) 切坡建房数据库建设与维护

2019年,安徽省自然资源厅组织省地质矿产勘查局、华东冶金地质勘查局、省煤田地质局所属30多个地勘单位、1000多名专业技术人员,对全省32万余处切坡建房、已查明的3903处地质灾害隐患点、4700余处矿山地质灾害以及其他人类工程活动引发的潜在地质灾害隐患,进行全方位"拉网式"排查。

通过全面排查,全省首次发现有危险性的农村村民切坡建房21627处、新增地质灾害隐患点424处、新增矿山地质灾害隐患点5处和其他人类工程活动引发的地质灾害隐患点12处。根据排查结果,依据相关技术标准,建立切坡建房数据库,并根据每年"三查"结果实时动态更新，为各级政府的地质灾害防治和切坡建房管理提供数据支撑。

（3）重要地质灾害隐患点实景三维模型建设

2020年、2022年省厅组织专业技术人员，分两批次对安徽省190处重要地质灾害隐患点实景三维模型建设，并对地质灾害隐患点范围、影响范围、逃生路线等实体勾绘，形成SHP格式矢量文件，并纳入省地质灾害监测预警系统管理，实现可视化展示（图2-4-46）。

图2-4-46 重要地质灾害点三维模型

4. 地质灾害监测预警平台

将全省地质灾害监测预警系统整合到省厅综合管理平台。利用省级政务云，汇聚水利、气象等部门的基础数据、监测数据、预警数据及历史数据，动态更新全省地质灾害数据库，强化省、市系统功能对接和数据共享，数据库管理更加精细化；运用知识图谱、大数据、物联网、人工智能等技术，强化区域地质灾害监测预警和单体监测数据预警分析等功能，实现地质灾害监测预警更加智能化；支持远程会商，支撑灾情研判和决策，实现指挥调度更加实战化；加强地质灾害防治项目信息化管理，开展项目及资金全流程监管，实现项目管理更加规范化。

安徽省地质灾害监测预警系统是利用GIS技术、数据库技术、物联网技术等开发的集八大模块于一体的系统，主要分为：地质灾害概况、专群结合监测、智能预报预警、预警信息发布、指挥调度、数据管理、项目管理及系统配置。系统整合了各类地质灾害监测预警数据资源，构建了全省地质灾害数据库，推进了地质灾害气象区域风险预警、专业监测预警标准化体系建设，建设和完善了地质灾害气象区域风险预警模型与安徽省地质灾害监测预警应用系统。该系统能够全面满足安徽省地质灾害监测预警工作的实际需求，为省市县乡镇群众的专业技术人员、管理者及群测群防人员提供规范化、综合化、智能化、现代化、自动化的基础工作平台,使地质灾害监测预警工作更好地向政府及社会提供服务。

(七)科学研究

安徽省地质灾害点多、面积广、规模小、危害重、隐蔽性强、突发性强,切坡建房引发的地质灾害多、早期识别难、预警预报难。全省地质条件复杂,地形地貌复杂,年内降雨6~8月多暴雨、梅雨,9月又易受台风暴雨影响,地质灾害防治工作十分不易。为此安徽省科技工作者开展了大量与地质灾害防治有关的科学研究,研究成果为安徽省地质灾害防治工作提供了理论支撑。

1. 科技报告

近年来,安徽省围绕气象预警阈值、监测预警阈值开展了安徽省台风诱发崩塌滑坡泥石流地质灾害预报预警研究、基于多参数耦合的安徽"两山地区"滑坡监测预警阈值研究与应用等阈值研究项目。研究了台风极端气候条件下,安徽省崩滑流地质灾害的形成规律、控灾机理,探讨了不同降雨量、降雨模式和不同雨区条件下的预报预警阈值;通过布设多参数监测网点,开展包括降雨量的实时在线监测,探寻致灾主控因子及其耦合关系,提出了安徽省典型滑坡临界降雨量、含水率、变形等阈值。安徽省科研院所还陆续开展了安徽省地质灾害气象预报预警、安徽省大别山区滑坡地质灾害形成机理及预测预警技术研究、基于GIS技术的地质灾害评价预测预警系统研究、安徽省两大山区滑坡地质灾害生成机理与监测预警技术研究、一种面向复杂山区的"空-天-地"一体化山体滑坡监测技术、基于声发射岩质边坡防灾监测预警系统关键技术研究、黄山市地质灾害气象风险网格化预报预警系统、无人机在地质灾害快速识别中的应用研究、安徽省地质灾害监测网建设与维护等科研项目,对地质灾害预警预报、监测识别、信息传输等进行了研究和探讨,获取了大量的科技成果。

安徽省还开展了地质灾害成灾机理研究,如降雨触发浅层滑坡的孔隙水压力作用机制及滑动过程研究——以皖南山区为例、饱和—非饱和地面沉降数学模型研究、皖江上游地区易致灾地层边坡灾害成因分析及风险防控技术等项目,对降雨不同地区地质灾害的成灾机理、发育规律等进行了研究。降雨触发浅层滑坡的孔隙水压力作用机制及滑动过程研究——以皖南山区为例项目研究成果揭示了降雨历时和降雨入渗率对浅层滑坡的稳定性均有显著影响,表现为降雨历时和降雨入渗率越长(大),稳定性系数降低幅度越大,但后者的影响受到滑坡体竖向渗透系数的控制。饱和—非饱和地面沉降数学模型研究项目采用非饱和土三轴系统,在分别控制试样基质吸力和净平均应力条件下开展非饱和土试验研究,并结合非饱和土本构模型、饱和—非饱和非稳态渗流模型与基质吸力分布模式,提出了一种可以全面考虑饱和土区域与非饱和土区域沉降变形的数学模型,通过三维渗流—应力—变形耦合模拟分析,可计算出饱和区域土体有效应力增大引起压缩变形与非饱和区域土体基质吸力增大而引起的收缩变形，系统研究不同水文地质条件下水位降低对地面沉降的影响机理及规律。研究成果称此沉降数学模型可对地下水位降低而引起的地表沉降进行动态模拟，从而分析地面沉降与时间和空间的相关性。皖江上游地区易致灾地层边坡灾害成因分析及风险防控技术项目弄清了皖江上游易致灾地层不良工程地质及其工程影响，以皖江上游区域三种典型的易致灾地层和地质体（安庆组黏土砾石层、新生代红砂岩、网纹红土层）作为研究对象，揭示了易致灾地层的不良工程地质特性及其地层组构对地质灾害发生发展的影响；揭示了水环境与工程扰动共同作用下易致灾地层边坡失稳的内在机制；结合皖江上游易致灾地层边坡状态、工程特征与降雨入渗、干湿循环等水环境条件，阐明了易致灾地质体在内在特征、水环境与工程扰动影响的共同作用下，发生冲蚀—入渗破坏、结构崩解等边坡地质灾害的原因、模式及影响因素；根据皖江上游易致灾地层与地质体的工程地质特性，边坡失稳形式及边坡灾变机理，针对性地提出了皖江上游地区高速公路涉及的易致灾地层边坡防护技术。

2. 科技论文、专著

（1）论文

安徽省地质灾害防治科技工作者立足于安徽实际情况，在国内外期刊上公开发表论文百余篇，研究领域涉及地质灾害现状、分布、防治对策、类型、形成机理、临滑判据、孕灾条件、发育特征、破坏模式、诱发因素、预警预报、专业监测、工程治理、易发性评价、危险性评价、区划、信息系统等多个方面；对水文地质条件、环境地质条件、工程地质条件、降雨入渗条件、切坡建房、台风暴雨等与地质灾害的关系进行了研究；对遥感技术、无人机勘测技术、可视化技术、DTM、GIS、人工神经网络等技术在地质灾害防治中的应用进行了探索。研究成果为安徽省地质灾害防治奠定了科学基础。

（2）专著

安徽省先后出版了《安徽省气象灾害风险区划方法与实践》《硬黏土地区塌坡的初步研究》等多部与地质灾害有关的专著，对地质灾害调查、地质灾害气象风险区划方法、地质灾害的形成机理等进行了研究和探索。

3. 专利、软著

近10年来，全省地质灾害防治科学研究工作不断加强，取得专利200余项、软件著作权20余项。

（1）专利

地质灾害监测预警方面：近10年来取得专利百余项，如《一种基于APSO-HMM的滑坡时间预测方法》《一种无线裂缝伸缩测量仪》《裂缝信号无线传输仪》《无线裂缝伸缩测量仪》

《地质灾害无线报警器》《一种防滑坡预警装置及其使用方法》《一种可用于山体滑坡监测的角度可调的传感器》《基于K均值聚类算法的北斗和微动的山体滑坡预警方法》等,为地质灾害监测预警提供了新的技术设备和方法技术。

地质灾害综合治理方面:近10年来取得专利百余项,如《一种应用于海岸边坡滑坡模拟的模型实验装置》《一种用于防滑坡的微型抗滑桩加固装置及其安装方法》《一种预防山坡滚石的防护结构》《一种防止山体滑坡的排水结构》《一种矿山地质环境治理用护坡结构》等,为地质灾害综合治理提供了新装置、新方法技术。

地质灾害管理方面:取得专利10余项,如《地质灾害信息管理系统》《基于融合通信技术的地质灾害综合指挥调度系统》《地质监测主站系统》等,促进了地质灾害管理的信息化进程,提高了地质灾害管理的科学化水平。

(2) 软件著作

地质灾害监测预警方面:开发了《安徽省地质灾害专业监测预警系统V1.0》《高陡边坡安全监测平台V1.0》《地质灾害移动监测系统V1.0》《地质灾害预测预警平台V1.0》《地质灾害数据监测软件V1.0》《地质灾害监测预警与应急处置系统V1.0》《数地SD-GDNWS地质灾害监测预警系统》等软件,在地质灾害实时监测、在线监测、及时预警等方面进行了研究,为减少预警区域地质灾害造成的人员伤亡和财产损失做出了重要探索。

地质灾害模拟方面:开发了《地质灾害模拟软件V1.0》《地质灾害点监测三维展示系统V1.0》等模拟软件,对地质灾害的形成过程、监测、治理等进行模拟,模拟软件可视化程度高、操作简单,可有效节省地质灾害防治人力物力财力。

地质灾害评估方面:开发了《前锦地质灾害风险评估系统V1.0》《井田地质灾害危险性评估管理系统V1.0》《地质灾害风险评估系统V1.0》等评估软件,有助于规范、客观、简单地开展地质灾害评估工作。

地质灾害管理方面:开发了如《安徽省切坡建房信息管理系统V1.0》《地质灾害全生命周期管理系统V1.0》《安徽省地质环境业务平台V1.0》《地质灾害防治网格化管理平台V1.0》《新兴基于地理信息的自然灾害预警信息化平台V1.0》等管理软件。在地质灾害信息管理、查询、统计分析、报表生成、机器学习等方面做出了研究,促进了安徽省地质灾害管理的集成化、信息化进程,可服务于政府决策、应急指挥等。

4. 其他

安徽省在建成全省切坡建房数据库和地质灾害专业监测预警平台的基础上,以黄山市为试点,进一步构建了黄山市地质灾害智能监测预警平台,率先开启了由群测群防逐步向“人防+技防”并举的群专结合转变。安徽省还建成了第二代地质灾害监测预警模型,合力支撑全省地质灾害气象风险预警任务。自2003年以来,原省国土资源厅和省气象局联合开展安徽省地质灾害气象预警预报工作,其依据以往地质灾害发生的特点和规律,分析地质灾害发生与降水之间的关系，利用不同预警区内多年的滑坡、崩塌与泥石流事件和降水过程相关性的统计分析结果，分别建立了5个预警区地质灾害事件与临界过程降水量的统计关系图，确定地质灾害事件在一定区域暴发量的不同降水过程和降水过程临界值(低值、高值)，作为预警判据，全面开展我省地质灾害气象预警预报工作。

(八) 制度标准

地质灾害防治工作的开展离不开制度的保障，离不开标准规范的约束。1999年，为了保护和改善地质环境，减轻和防治地质灾害，保障人民生命、财产安全，根据国家有关规定，结合本省实际，安徽省人民政府发布了《安徽省地质灾害防治管理办法》，这是安徽省行政区域内地质灾害防治管理工作的纲领性办法，确立了全省地质灾害防治实行以防为主、防治结合、全面规划、综合治理的原则。21世纪以来，安徽省先后发布了50余项标准、规范、规定、通知、意见、办法等，如：

2005年，有序有效应对地质灾害，最大程度地避免和减少地质灾害造成的人员伤亡和财产损失，维护社会稳定，安徽省政府办公厅印发了《安徽省突发地质灾害应急预案》。2021年，安徽省应急管理厅发布了《安徽省突发地质灾害应急预案》替代上述预案，《安徽省突发地质灾害应急预案》的发布，为安徽省突发地质灾害应对工作的开展提供了依据和标准。

2006年，为了加强地质灾害治理工程项目的管理，规范项目验收程序，安徽省国土资源厅、财政厅联合发布了《安徽省地质灾害治理工程竣工验收管理办法》(暂行)，适用于所有的地质灾害治理工程项目，包括地质灾害勘查、治理和避让搬迁项目，该办法对地质灾害治理工程项目验收的内容与方式、申请与审查、结论和管理做出了规定，全省地质灾害治理工程的竣工验收得以规范化管理。

2010年，为切实加强全省地质灾害防治工作，进一步完善地质灾害群测群防体系建设，安徽省财政厅、安徽省国土资源厅联合印发了《关于进一步规范地质灾害群测群防监测员补助等有关问题的通知》，该通知对安徽省地质灾害群测群防监测员补助的对象、补助标准、监测工具的配置等做出了规定，群测群防员补助发放得以进一步规范，基层防灾能力建设得到进一步加强。

2012年，为贯彻落实《国务院关于加强地质灾害防治工作的决定》(国发〔2011〕20号)精神，进一步加强安徽省地质灾害防治工作，安徽省人民政府出台了《安徽省人民政府关于加强地质灾害防治工作的意见》，意见从加强调查评价、强化动态巡查、完善监测预报预警网络、提高群测群防水平、增强应急处置能力、实施搬迁避让和工程治理、推进综合治理、严格控制人为因素引发地质灾害、建立健全地面沉降、塌陷防控机制等方面对安徽省的地质灾害防治工作提出了要求。

2013年，原安徽省国土厅发布了《安徽省地质灾害防治“十二五”规划》。2018年，原安徽省国土资源厅发布安徽地质灾害防治“十三五”规划,提出全省三年内实现网格化管理全覆盖。2020年,安徽省自然资源厅发布了《安徽省地质灾害防治“十四五”规划(2021—2025年)》,五年规划是安徽省地质灾害防治的纲领性文件,为各阶段的地质灾害防治工作指明了方向。

2014年,为了规范地质灾害易发区农村村民建房管理,避免和减少地质灾害造成人身伤害和财产损失,安徽省人民政府发布了《安徽省地质灾害易发区农村村民建房管理规定》,从地质灾害易发区农村村民建房的规划、选址、许可申请、用地审核等多个方面的管理做出了规定,为安徽省切坡建房地质灾害的防治提供了制度保障。2020年,安徽省农业农村厅、安徽省自然资源厅联合发布了《关于进一步加强农村宅基地审批管理的实施意见》,进一步加强了农村宅基地审批管理,明确提出在地质灾害易发区选址建房可能引发地质灾害的,宅基地申请不予批准,进一步减轻了农村切坡建房引发地质灾害的风险。

2016年,为加强安徽省地质灾害防治项目及专项资金管理,提高项目管理质量和资金使用效益,原安徽省国土自然厅和安徽省财政厅联合发布了《安徽省地质灾害治理工程定额》(图2-4-47)。该定额为编制和审核地质灾害治理工程施工图预算、招标控制价、投标报价等提供了依据,也为工程项目编制投资估算、概算提供了依据。

图2-4-47 《安徽省地质灾害治理工程定额》宣贯培训

2016年,为规范地质灾害预警响应后应急处置工作,控制、减轻和消除各类突发地质灾害造成的危害和损失,保护人民生命财产安全,原安徽省国土资源厅发布了《安徽省国土资源厅地质灾害预警响应应急处置工作规程》,该规程规定了预警预报级和发布条件,对各级自然资源主管部门及群测群防员的地质灾害应急处置工作做出了详细规范。

2020年,安徽省地质灾害防治指挥部印发了《安徽省地质灾害防治行动实施方案》,对2020—2022年安徽省的地质灾害防治工作进行了详细部署。同年,为进一步做好安徽省特别重大自然灾害灾后恢复重建工作,保护灾区群众生命财产安全,维护灾区经济社会稳定,安徽省发展改革委、省财政厅、省应急厅联合印发《关于做好我省特别重大自然灾害灾后恢复重建工作的实施意见》,为健全灾后恢复重建机制,提升灾后恢复重建能力和水平,完善安徽省防灾减灾救灾体制机制发挥了重要作用。

2021年，为进一步加强安徽地质工作，主动对接国家重大发展战略需求，贯彻落实《自然资源部关于促进地质勘查行业高质量发展的指导意见》，安徽省自然资源厅、安徽省发展和改革委员会等8个部门联合印发了《加强新时代安徽地质工作实施方案》，该方案提出到2025年，地质工作转型升级迈出新步伐，全流程服务基本实现数字化；展望到2035年，地质工作全面实现转型发展，全流程服务实现智能化。安徽省地质灾害防治工作也不断向“人防＋技防”“群专结合”转型。同年，为进一步优化营商环境，深化工程建设项目审批制度改革，建立完善地质灾害危险性区域评估制度，安徽省自然资源厅印发了《关于加强地质灾害危险性区域评估工作的通知》，基于该通知，2021年安徽省对位于地质灾害易发区的各类经济功能区，包括产业集聚区、特别政策区、各类开发区和其他具备条件的区域，全面开展了地质灾害危险性区域评估，该通知完善了安徽省地质灾害危险性区域评估制度。

2022年，为加强受灾群众集中安置点规范化建设，最大限度保障集中安置群众基本生活，安徽省应急管理厅联合安徽省自然资源厅等13个部门联合发布了《安徽省受灾群众集中安置管理服务工作规范》，该规范为安徽省地质灾害灾后群众安置管理提供了依据和标准；为进一步做好地质灾害防范和应急处置工作，明确职责分工，强化协调配合，形成工作合力，有效防范应对地质灾害，切实保障群众生命财产安全，安徽省自然资源厅和安徽省应急管理厅联合发布了《关于加强地质灾害防范和应急处置工作的通知》；同年，为加强安徽省地质灾害防治项目及专项资金管理，提高项目管理质量和资金使用效益，安徽省自然资源厅、安徽省财政厅印发了《安徽省地质灾害防治项目及专项资金管理办法》，该办法为所有地质灾害防治项目（主要包括地质灾害调查评价、监测预警、搬迁避让、工程治理、排危除险、能力建设和技术支撑等项目）的申报、审查、资金拨付、实施、管理、变更、验收、资金使用、绩效管理、验收等做出了详细规定。2023年，省厅印发实施《安徽省2023年度地质灾害防治方案》，全面部署地质灾害防治工作。

制度标准类文件的发布为规范安徽省地质灾害管理、提高全行业素质、加强地质灾害防治提供了依据和保障。

五、各市地质灾害防治情况

（一）黄山市地质灾害防治情况

1. 地质环境状况

黄山市地处北亚热带，属于湿润性季风气候，多年平均降雨量1825.4 mm，梅雨多5月进，7月出。山地面积约5000 km^2，占比51％；丘陵面积约3540 km^2，占比36.1％；谷地、盆地面积约1267 km²,占比12.9%。黄山市最高峰为莲花峰,标高1864.8 m。一级地质构造单元为扬子准地台,二级构造单元为下扬子台坳、江南台隆。地层由老到新分别为中元古界的蓟县—长城系(千枚岩);上元古界的青白口系(玄武岩、石英砂岩)、南华系(泥岩、砂岩)、震旦系(硅质岩、泥岩);古生界的寒武系(灰岩、炭质硅质页岩)、奥陶系(泥岩、页岩)、志留系(砂岩)、泥盆系(砂岩)、石炭系(砂岩、泥质灰岩)、二叠系(灰岩、炭质硅质页岩);中生界的三叠系(砂岩)、侏罗系(砂岩、砾岩)、白垩系(砂岩、砾岩)、第四系(粘土、粉砂、粉土、砾石)。

2. 地质灾害基本情况

黄山市是安徽省地质灾害多发区之一,2015年查明地质灾害隐患点1369处,2016年新增74处、核销16处,2017年新增34处、核销38处,2018年新增21处、核销37处,2019年新增44处、核销43处,2020年新增26处、核销51处,2021年新增327处、核销331处,2022年新增12处、核销273处,2023年新增22处,核销35处。截至2023年年底,共有地质灾害隐患点1105处,规模均为小型。其中:崩塌592处、滑坡466处、泥石流47处,共威胁3578户11526人,威胁财产约48131万元。

3. 地质灾害防治情况

(1) 调查评价

黄山市于2015年先后完成了祁门县、休宁县、歙县、黟县、黄山区、屯溪区徽州区1:50000地质灾害调查与区划报告;2019年在全市范围内开展地质灾害隐患全面深入排查工作,共排查农村村民切坡建房隐患点6317处(含在册地质灾害隐患点499处),其中,纳入地质灾害数据库管理的35处(涉及43户),纳入乡镇群测群防体系管理的5194处。

(2) 监测预警

充分利用现代互联网技术,建成监测数据智能采集、及时发送和自动分析的监测系统。建立并完善专业监测网络,充分发挥专业监测机构的技术支撑作用,在重点地质灾害隐患点布设专业仪器进行实时、自动监测,构建群测群防与专业监测有机融合的地质灾害监测网络。目前已有403处地质灾害点安装了普适性监测设备,其中压电式雨量计380个,裂缝计9个,GNSS监测站182个,GNSS基站6个,倾角加速度计290个,土壤含水率119个,泥水位计16个,土压力传感器1个,地声传感器1个,次声传感器2个,三合一传感器45个,视频监控仪器37个,预警广播93个,室内报警器31个,围栏标识牌757个。

开展地质灾害预警预报系统研究。2018年,建成了黄山市地质灾害定向预警模型(第一代模型),并开发了定向预警软件系统和微信公众服务号,进一步完善地质灾害预警预报网络和工作机制;2022年,黄山市地质灾害智能监测预警平台项目通过最终验收,预警单元由县(区)缩小为乡(镇),预警频次由24小时缩短为10分钟,让预警工作变得更高效更精准;基于地质灾害发生和变化规律,结合地质背景和降水等因素,不断完善预报模型,实现地质灾害风险分级预测；建立预报预警会商和发布制度，科学研判，精准预警，最大限度地发挥防灾减灾效应。预警平台2023年发布地质灾害气象风险预警24次，其中橙色预警2次，黄色预警7次。发布实时定向预警427次，其中黄色预警41次，蓝色预警386次，预警乡镇745次，发送定向预警信息2747条，有效避免了人员伤亡。

与市气象局签订地质灾害气象预警协议，联合开展气象预警预报工作，强降雨期间共同开展地质灾害实时定向预警工作，进一步科学完善预报模式，提升预报精细化和科学化水平。并安排市自然资源和规划局以及市地质环境监测站有关人员参与24小时地质灾害应急值班。

(3) 搬迁工程

全市历年(自2016年有记录开始)共有198处地质灾害搬迁避让工程申报，其中已完成验收187处，保护受威胁群众507户1508人。

(4) 治理工程

全市历年(自2012年有记录开始)共有129处地质灾害治理工程立项，其中已完成治理验收105处，保护受威胁群众2532户9414人。

(5) 防灾能力建设

建立健全了县(区)、乡(镇)、村组、监测员四级群测群防体系。2017年起，在全市全面推进地质灾害防治网格化管理工作，进一步强化各级政府防治地质灾害的主体责任。全市所有查明隐患点均逐点落实乡镇和基层防灾责任人、监测人，重要地质灾害隐患点均设置警示牌，公布防灾责任人、监测人和报警电话，确定避险撤离路线和临时避险场所，落实紧急情况下采取“一对一”“一帮一”的应急措施，全市实现了“点点有人管，处处有人抓”。依托省地质环境监测总站(安徽省地质灾害应急技术指导中心)、省地质矿产勘查局332地质队等，建立了市级地质灾害防治技术中心和县分中心，将技术支撑力量向区县延伸，有效强化了基层防灾队伍。“十三五”以来，共填制发放防灾工作明白卡、避险明白卡近5万份；开展宣传培训483场次，参训人员27876人；开展应急演练283场次，参演人员近21741人。2019年起，每年均组织开展“十佳地质灾害群测群防员”评选，进一步激励在地质灾害防治工作中做出突出贡献的监测员。

(6) 信息化建设

建立黄山市地质灾害智能监测预警平台，实现地质灾害防治全生命周期、全流程管理，加强市县两级的地质灾害数据库网络的联网融合、数据共享程度得到提升；建立微信公众号为群测群防员和受威胁群众及时推送监测预警信息，为社会公众提供信息查询服务，同时为基层人员上报灾险情提供更便捷的方法。地质灾害气象风险预警信息通过市电视台、市广播电台、网站、国家突发事件预警信息发布系统和预警气象电子显示屏等载体向社会和特定对象发布。

(二) 安庆市地质灾害防治情况

1. 地质环境状况

安庆市地处大别山区南麓,属于北亚热带湿润气候区,多年平均降雨量1290.4～1518.5 mm,梅雨6月进,7月出。安庆市最高峰为岳西县天河尖1755 m,最低处为长江漫滩7.5 m,高差1747.5 m。山地占全市面积35.69%,丘陵占33.1%,圩区占20.05%,水面占10.58%,沿江滩地占0.58%。全市位于扬子准地台,横跨淮阳台隆和下扬子台坳两个二级构造单元,以池河—太湖断裂为界,北西属岳西地层小区,南东属安庆地层小区,地层出露较齐全。岳西地层小区主要为下元古界、上太古界的宿松群和大别山群,岩性以片麻岩夹斜长角闪岩、片岩、大理岩、变粒岩为主;安庆地层小区从上古生界震旦系到新生界均有分布。岩性:震旦系、寒武系、奥陶系、石炭系、二叠系、三叠系以灰岩、大理岩为主,夹砂岩、页岩、硅质岩;志留系、泥盆系、侏罗系、白垩系、第三系以碎屑岩为主,主要为砂岩、页岩、泥岩;第四系地层发育齐全。

2. 地质灾害基本情况

安庆市是安徽省地质灾害多发区之一,最早于2010年查明地质灾害隐患点1393处,2020年新增193处,2021年新增36处,2022年新增33处,2023年新增251处;2020年核销122处,2021年核销348处,2022年核销104处,2023年核销45处。截至2023年年底,共有地质灾害隐患点773处,全市无大、中型地质灾害点。其中崩塌627处、滑坡124处,泥石流19处,地面塌陷3处,威胁1557户、6108人,威胁财产约31083万元。

3. 地质灾害防治情况

(1) 调查评价

2014—2017年实现了1∶50000地质灾害详细调查全覆盖,汛前排查、汛中巡查、汛后核查和雨前排查、雨中巡查、雨后核查已常态化、制度化、规范化;"十四五"期间,全市累计查明新增地质灾害隐患点399处,核销地质灾害隐患点512处,查明全市目前已知地质灾害隐患点820处;完成岳西县1∶10000小流域地质灾害调查试点项目1个;开展了全市切坡建房隐患排查,调查面积13500 km^2,共查出切坡建房危险点2529户。

(2) 监测预警

2021年和2022年,省厅在175处地质灾害隐患点上安装了普适型监测设备,提升了监测预警的时效性;与市气象部门联合开展地质灾害预警预报工作,预警预报单元精细化到乡镇,预警信息通过短信、网站、传真、电视节目多种途径对外发布,并在全省率先将电话语音反拨运用到临灾预警工作中,"十四五"以来,累计发布预警产品94期,发送信息27.6万条;与市气象局签订地质灾害气象风险预警合作协议，在气象预警预报的基础上，建立地质灾害短临预警机制，并安排市自然资源和规划局以及市地质环境监测站有关人员参与24小时地质灾害应急值班；地质灾害防治网格化管理实现全覆盖，并逐步由群测群防向群专结合转变。

（3）搬迁工程

“十四五”以来，累计争取上级地质灾害防治资金6372.35万元用于地质灾害防治，消除地质灾害隐患点512处，解除受地质灾害威胁群众1048户4177人。其中，争取资金678万元用于地质灾害防治搬迁避让工作，开展地质灾害搬迁避让“以奖代补”项目113个，共避让搬迁受地质灾害威胁群众177户574人。

（4）治理工程

“十四五”以来，争取4322.73万元用于开展地质灾害综合治理，累计实施地质灾害工程治理项目54个，实施地质灾害排危除险项目142个，有效保障了受威胁人民群众的生命财产安全。

（5）防灾能力建设

依托省地质环境监测总站、省地质矿产勘查局311、326地质队等专业技术单位，全面提升地质灾害防治专业支撑能力，建立了市级地质灾害防治技术中心，每年均组织40多名地质灾害防治专业技术人员赴重点乡镇驻县包乡，“十四五”以来，累计组织技术专家1500多人次开展应急技术处置，为基层地质灾害防治工作提供有力技术支撑。加强地质灾害防治宣传培训，开展市、县级培训130多场，累计培训人员1.1万人。组织开展基层地质灾害防治转移避险应急演练近百场次，累计参演人员0.9万人，特别是2016年成功承办了全省首次突发地质灾害实战应急演练；2017年成功承办了安徽省（北片）地质灾害防治应急演练，地质灾害防治社会氛围浓厚，群众防灾意识和自救、互救能力显著提升。

（6）信息化建设

在太湖县成功完成全省地质灾害防治网格化管理工作，建成全市地质灾害防治视频指挥调度系统，实现省、市、县互联互通，建成了安庆市地质灾害智能监测预警信息化平台，实现了地质灾害短临预报预警和相关业务流程的数字化操作。全市地质灾害防治信息化工作不断稳步推进，日趋完善。

（三）宣城市地质灾害防治情况

1. 地质环境状况

宣城市位于皖东南，地处皖南山区与沿江平原结合地带。中亚热带湿润季风气候区，多年平均降水量为1317.5 mm，年际变化较大，最大年降水量为2160.51 mm（1954年），最小年降水量为760.88 mm(1978年),梅雨多从每年6月进,7月出;台风多在8、9月。受地质构造控制,地势南高北低,地貌复杂多样,大致可分为山地、丘陵、盆(谷)地、岗地、平原五大类型。南部山地、丘陵和盆谷交错,海拔高程一般在200～1000 m;中部丘陵、岗冲起伏,高程一般在15～100 m;北部除一部分破碎的丘陵外,绝大部分为广袤的平原和星罗棋布的河湖港湾,圩区一般高程为7～12 m。南部和东南部山区属天目山山脉,西南部山区属黄山山脉,西部山区属九华山山脉。海拔1000 m以上的山峰有60多座,最高的清凉峰为1787.4 m(位于绩溪县与歙县及浙江临安县交界处)。

宣城市位于扬子陆块,主体位于江南地块皖南褶断带,北西部边缘属下扬子地块南缘褶断带,南东部边缘属浙西地块昌化褶断带,地层由老到新分别为中元古代蓟县系(深灰、灰黑色板岩、粉砂质板岩、粉砂岩,局部夹细砂岩);新元古代青白口系(灰、灰绿、深灰色含砾凝灰质砂岩、凝灰质砂岩、石英砂岩夹粉砂岩)、震旦系(深灰、灰黑色含炭质泥岩、含炭质页岩夹含铁锰质泥岩,底部为含锰白云岩;上段为浅灰色薄层条带状微晶灰岩);古生代寒武系(条带状灰岩夹砾屑灰岩)、奥陶系(深灰色瘤状灰岩与微晶灰岩)、志留系(上中段灰紫、灰白色石英砂岩夹岩屑石英砂岩粉砂岩,下段灰绿、紫红色岩屑砂岩与石英砂岩粉砂岩夹粉砂质泥岩互层)、泥盆系(石英砂岩夹泥质粉砂岩、石英砂岩夹含砾石英砂岩)、石炭系(杂色粉砂岩、泥岩、长石石英砂岩夹煤线)、二叠系(上段上部灰黑色细砂岩、粉砂岩、页岩夹砂质灰岩及煤层,下部黄绿、灰黄色中厚层中粗粒长石砂岩、长石石英砂岩、细砂岩、粉砂岩,下段灰黑色粉砂岩、页岩、细砂岩、炭质页岩夹煤线);中生代三叠系(灰浅灰色微晶灰岩、条带状白云质灰岩夹同生角砾状灰岩及钙质泥岩)、白垩系(上段紫红色细砂岩、粉砂岩与泥质粉砂岩互层夹砾岩及含砾砂岩,中段紫红色砂砾岩、含砾钙质粉砂岩、岩屑石英粉砂岩、钙质粉砂岩互层,下段棕红色块层状砾岩夹含砾粗砂岩、细砂岩及透镜体)及新生代第四系(含砾粉砂质亚粘土,砂质亚粘土,粉砂质亚粘土,顶部为砾石层)。

2. 地质灾害基本状况

宣城市是安徽省地质灾害多发区之一,截至2023年12月底,宣城市在册地质灾害隐患点544处,规模均为小型。其中崩塌隐患309处,占比56.8%;滑坡隐患192处,占比35.3%;泥石流隐患25处,占比4.6%;地面塌陷18处,占比3.3%。威胁全市1322户3984人,威胁财产23591.5万元。

3. 地质灾害防治情况

(1) 调查评价

2015—2016年宣城市先后完成了全区共7个县(市)的1:5万地质灾害详细调查;2000—2023年完成了全区共7个县(市)1:5万地质灾害风险调查;2019年在全市范围内开展了地质灾害隐患全面深入排查工作,共查出切坡建房危险点3476处。

（2）监测预警

全市263处地质灾害隐患点安装了地质灾害普适型监测设备共1246套（用于监测隐患点裂缝变化、坡体变形、降雨量）。每年度汛期前与市气象部门签订地质灾害气象预警协议，进一步整合气象部门雨量监测资源，建立地质灾害气象预警预报机制，市地质环境监测站全体人员参与24小时地质灾害值班值守值班，其中市站站长为值班负责人。

（3）搬迁工程

“十四五”期间，实施地质灾害搬迁避让123处，减少损失2855.5万元，保护受威胁对象211户585人。实施搬迁避让攻坚行动，市政府印发了《宣城市地质灾害搬迁避让攻坚行动实施方案（2022—2024年）》，分年度实施地质灾害搬迁避让，每年度搬迁避让不少于86户，攻坚行动实施以来共搬迁避让177户。

（4）治理工程

“十四五”期间，实施地质灾害治理工程206个，保护受威胁群众418户1355人、财产9563万元。2020年以来争取中央、省级财政资金3315.76万元（中央资金1937.03万元、省级资金1378.73万元），对24处地质灾害隐患点开展了工程治理（宣州区2处、宁国市10处、泾县3处、绩溪县7处、旌德县2处）。

（5）防灾能力建设

一是及时调整充实了宣城市地质灾害防治工作领导组。从省地质矿产勘查局311地质队、安徽省地质环境监测总站等单位抽调技术人员，组建市突发地质灾害应急技术指导组7个组，共计36人，建立了宣城市自然资源和规划局局领导班子成员包干联系县（区）制度，为地质灾害防治工作提供了组织保障和技术支撑。二是积极开展培训、宣传和演练。“十四五”期间，配合相关部门开展地质灾害应急演练80次，2987人参与。结合“4·22世界地球日”“5·12防灾减灾日”等活动开展群测群防员宣传培训43场次，2838人参加。发放“两卡一表”6040份，发放地质灾害防治知识宣传材料8232份。三是加强值班值守制度。宣城市自然资源和规划局每年实行非汛期日常值班及汛期全系统地质灾害防治24小时值班制度，公布值班电话，坚持领导带班，明确工作职责和值班纪律，及时发布预警信息，确保信息畅通。四是及时处置灾险情。接到灾险情报告后，市、县（区）自然资源和规划局均在第一时间组织地质灾害应急技术指导专家赶赴现场进行指导，认定防灾责任主体、划定危险区范围，按照“谁建设、谁负责，谁引发、谁治理”的原则落实地质灾害防治责任。“十四五”期间开展应急调查216次，因地质灾害转移群众5350户14222人次。

（6）信息化建设

建设市级地质灾害监测预警平台，基本实现监测预警、指挥调度、数据库更新等一站式、智能化管理。

(四)六安市地质灾害防治情况

1. 地质环境状况

六安市地处北亚热带与暖温带之间,属湿润季风气候。气温温和,雨量充沛,光照充足,四季分明,无霜期较长,年均无霜期210～230天,全市多年平均降水量1242 mm。1000 mm降水等值线在舒城—六安—叶集一级,随地势的抬升而递增,在接近大别山腹地形成多雨中心,年降水量2000 mm左右,梅雨季节是本地区降雨量集中时段,一般出现在6月下旬至7月上旬;台风一般集中在7、8月份出现。山地面积7631 km^2,占全区总面积的49.38%、丘陵1978 km^2,占全区总面积的12.81%、波状平原5842 km^2,占全区总面积的37.81%。中山区分布西南边境,海拔高程在1000 m以上的高峰有120座,最高峰为白马尖1774 m;低山区分布在中山区外围,海拔高程200～1000 m,山间分布有开阔的盆地。根据六安市地貌类型、地层岩性、岩石强度等地质环境条件,将其区内岩土体划分为7个工程地质岩组。

(1) 碎裂状较软花岗片麻岩强风化岩组(gn)

主要分布在磨子潭断裂带西南侧的中低山区,主要为古老变质侵入体,岩性有花岗片麻岩、二长花岗片麻岩、石英闪长片麻岩、角闪片麻岩、辉长片麻岩;岩石单轴抗压强度一般在15～20 MPa。受NW向磨子潭断裂及NE向断裂影响,岩石风化破碎。

(2) 块状较坚硬花岗岩弱风化岩组(R)

主要分布西南部的山区,岩性有二长花岗岩、钾长花岗岩、石英二长岩、花岗闪长岩等,岩石单轴抗压强度一般都大于50 MPa,抗风化能力较强,多形成高、陡、险的山峰和峡谷。

(3) 片状较软云母石英片岩组(D)

主要分布在磨子潭断裂带北东侧,主要为上元古界佛子岭岩群地层,岩性为二长石英片岩、白云石英片岩、云母片岩,夹浅粒岩、石英岩、白云质大理岩等。岩石单轴抗压强度一般在15～30 MPa。

(4) 中厚层较坚硬碳酸盐岩组(∈)

主要分布在寿县八公山、霍邱县马店、临水等地,主要为震旦系、寒武-奥陶系灰岩、白云质灰岩、白云岩等,岩石单轴抗压强度一般大于30 MPa。

(5) 中厚层较坚硬碎屑岩组(J+K)

主要分布在丘陵区的低丘地带,地层为中生代侏罗—白垩系,岩性为安山岩、粗安岩、凝灰质砂砾岩、页岩及紫红色、砖红色砾岩、砂岩、粉砂岩等。岩石单轴抗压强度一般在30～50 MPa。

(6) 黏性土单层土体(Q_3)

集中地分布在江淮波状平原的岗地上，由上更新统粘性土组成，承载力特征值一般在180～300 kPa，具有弱-中等膨胀潜势。

(7) 黏土、砂卵石双层土体(Q_4)

集中地分布在东淠河河谷的两侧，由全新统粘性土和砂砾石组成，承载力特征值一般在80～200 kPa。

2. 地质灾害基本情况

六安市是安徽省地质灾害多发区之一，据统计，截至2017年底，六安市共有地质灾害隐患点432处；2018年新增29处、核销35处，截至当年汛后共有地质灾害隐患点426处；2019年新增48处、核销83处，截至当年汛后共有地质灾害隐患点391处；2020年新增83处、核销55处，截至当年汛后共有地质灾害隐患点419处；2021年新增17处、核销60处，截至当年汛后共有地质灾害隐患点376处；2022年新增9处、核销41处，截至当年汛后共有地质灾害隐患点344处。2023年新增15处、核销35处，截至当年汛后共有地质灾害隐患点321处。

截至2023年12月底，六安市共有地质灾害隐患点321处，共计威胁726户2830人，18016.5万元财产受到威胁。全市现存崩塌地质灾害隐患点121处，占地质灾害隐患点总数的37.70%；滑坡地质灾害隐患点192处，占地质灾害隐患点总数的59.81%；泥石流地质灾害隐患点8处，占地质灾害隐患总数的2.49%。

3. 地质灾害防治情况

(1) 调查评价

2013—2014年，先后完成了六安市金寨县、霍山县、裕安区、金安区、舒城县1:50000地质灾害调查工作；2019年，在全市范围内开展地质灾害隐患全面深入排查工作，共查出切坡建房隐患点4473处，其中42处已纳入地质灾害隐患点进行管理；截至2022年底，陆续开展并完成了7个县区的1:50000地质灾害风险调查评价。

(2) 监测预警

与市气象局签订合作协议，建立地质灾害气象预警预报机制，并安排市自然资源和规划局以及市地质环境监测站有关人员参与24小时地质灾害应急值班，“十三五”期间，通过市级平台共发布地质灾害黄色以上预警63次，其中红色预警4次、橙色预警15次、黄色预警44次，及时转移受威胁群众4091人次。2022年，六安市共计134处地质灾害点安装了普适性地质灾害监测设备滑坡裂缝仪、自动雨量计及预警广播等。

(3) 搬迁工程

“十三五”期间,实施搬迁避让324处,使626户2237人彻底摆脱了地质灾害威胁。“十三五”以来,累计完成了地质灾害搬迁避让工程332处,累计避险转移643户2296人。

(4) 治理工程

“十三五”期间,共投入地质灾害防治资金1.35亿元,实施地质灾害工程治理20处,排危除险117处,保障了2303人的生命财产安全。“十三五”以来,六安市完成了地质灾害工程治理与排危除险共计206处,3055人的生命安全得到了保障。

(5) 防灾能力建设

成立了地质灾害防治技术中心,先后选派30余名技术人员驻县包乡,技术支撑能力显著提升。强化汛期24小时值班值守,并为值班人员配备专用设备。集中组织宣传培训36场,培训人数5597人,发放地质灾害防灾工作明白卡和避险明白卡12206份;开展避险转移演练24场,参演人员1650人,群众防灾意识和自救、互救能力显著提升。

(6) 信息化建设

信息化服务功能日趋完善,有效提高了地质灾害监测预警效率。完成了六安市地质灾害信息化平台建设;建成了市级地质灾害风险防控智慧服务平台;完成了地质灾害隐患点数据管理平台和切坡建房数据库建设;开通了微信公众号“六安自然资源”;推进了市级地质灾害预警平台建设。

(五) 池州市地质灾害防治情况

1. 地质环境状况

池州市地处亚热带北缘,属温暖湿润的亚热带季风气候,多年平均降雨量1534 mm,梅雨多从每年6月进,7月出。池州市中山最高为1728 m,区内地质构造单元属长期隆起的扬子准地台区(Ⅰ级构造单元),横跨下扬子台坳与江南台隆两个Ⅱ级构造单元;中元古界、上元古界岩性砂岩为主,寒武系、奥陶系、石炭系、二叠系和三叠系以灰岩、大理岩为主夹砂岩、泥岩、页岩,志留系、泥盆系、白垩系和第三系以碎屑岩为主,主要为砂岩、页岩、泥岩;分布于沿江及其支流两侧一带的第四纪地层发育齐全,厚度一般小于50 m,岩性主要为粉细砂、黏土、砂砾石等。

2. 地质灾害基本状况

池州市是安徽省地质灾害多发区之一,2007年最早查明地质灾害隐患点有767处,2014年汛后核查共有地质灾害隐患点401处,2019年汛前调查共有地质灾害隐患点388处。2019

年新增30处，2020年新增33处，2022年新增2处，2023年新增29处；2019年核销1处，2020年核销49处，2021年核销17处，2022年核销67处，2023年核销4处。截至2023年12月底，共有地质灾害隐患点343处。其中：崩塌188处、滑坡121处，泥石流17处，地面塌陷17处；贵池区71处，东至县127处，石台县25处，青阳县89处，九华山31处。共威胁995户3667人，威胁财产约15777.5万元。

崩塌、滑坡、泥石流是全市突发性地质灾害的主要灾种，主要分布于东至县木塔乡、花园乡、官港镇、葛公镇、尧渡镇—贵池区梅街镇、梅村镇—青阳县陵阳镇、杜村乡一线以南的中低山及中高丘陵区，汛期强降水及切坡等工程活动是崩塌、滑坡、泥石流的主要诱发因素。岩溶地面塌陷主要分布于贵池、东至及石台县的碳酸盐岩地区山间谷地等第四系浅覆盖区，大部分为自然因素所引起，个别为矿山抽排水所诱发。地面塌陷主要分布于贵池的牌楼镇、涓桥镇、梅街镇，部分分布于东至县境内，主要由历史小煤矿开采所造成。土洞地面塌陷属地下水侵蚀所造成，规模小型，危害程度小。

3. 地质灾害防治情况

（1）调查评价

池州市于2014年先后完成了安徽省贵池区、东至县、石台县、青阳县（含九华山）1∶50000地质灾害调查工作；2019年，在全市范围内开展地质灾害隐患全面深入排查工作，共查出切坡建房危险点1069户；2020—2023年，安徽省自然资源厅、池州市自然资源和规划局组织并完成了石台县、东至县、青阳县和贵池区的1∶50000地质灾害风险调查工作，基本查明了地质灾害主要类型、分布规律和形成条件，划分了地质灾害风险区。

（2）监测预警

2009年8月，青阳县陵阳镇清泉村长阡组首次安装2台滑坡预警伸缩仪。2011年、2012年分别在贵池区牌楼镇佳山村孙冲组滑坡隐患点、贵池区唐田镇石坡村万寿组滑坡隐患点安装滑坡预警伸缩仪。2014年11月，青阳县陵阳镇陵阳村上西组不稳定斜坡安装滑坡预警伸缩仪。为继续推进安徽省地质环境信息化建设步伐，更好地完成“安徽省国土资源厅野外地质灾害隐患点监测”项目，池州市2016年安装了11台雨量监测仪，2017年安装了10台雨量监测仪。2017年3月，在贵池区里山街道办事处双河村东庄组安装了滑坡灾害裂缝监测仪器三台。2021年底，安徽省自然资源厅实施地质灾害监测预警设备采购及安装、维护技术服务项目，涉及池州26处地灾隐患点，安装普适性设备209台套。2022年，安徽省自然资源厅实施第二批地质灾害监测预警设备采购及安装、维护技术服务项目，涉及池州130处地灾点，其中94处地灾点安装普适性监测设备，36处灾害点安装雨量仪，安装普适性设备640台套。此外，池州市自然资源和规划局与市气象局共同建立地质灾害气象预警协商发布机制，市地质环境监测站全体人员参与24小时地质灾害应急值班值守工作。

(3) 搬迁工程

“十三五”以来,全市共完成地质灾害避让搬迁101处481户1523人。

(4) 治理工程

“十三五”以来,全市共完成地质灾害工程治理29处;完成排危除险30处。

(5) 防灾能力建设

一是及时调整充实了池州市地质灾害工作领导小组。从安徽省地质环境监测总站、省地质矿产勘查局324地质队、池州市规划勘测设计总院等单位抽调技术人员,组建市突发地质灾害应急技术指导组5组和地质灾害应急测绘组1组,共计18人,建立了池州市自然资源和规划局局领导班子成员包干联系县区制度,为地质灾害防治工作提供了组织保障和技术支撑。二是积极开展培训宣传演练工作。“十三五”以来,共计配合相关部门开展地质灾害应急演练工作17次,6851人参与。结合“4·22世界地球日”“5·12防灾减灾日”等活动向广大人民群众普及地质灾害防治知识,开展群测群防员宣传培训48场次,3055人参与。发放防灾工作明白卡、避险明白卡和预案表共计24252份,发放地质灾害防治知识宣传材料42067份。三是加强值班值守制度。池州市自然资源和规划局每年实行非汛期日常值班及汛期全系统地质灾害防治24小时值班制度,公布值班电话,坚持领导带班,明确工作职责和值班纪律,及时发布预警信息,确保信息畅通。四是及时处置灾险情。“十三五”以来共计开展应急调查409次,因地灾转移群众转移3084户8799人。

(6) 信息化建设

2020年,池州市三县一区均建设了地质灾害“网格化”管理平台。2022年,建设完成池州市地质灾害预警信息平台,接入地质灾害普适性监测设备数据,并与气象、应急部门积极沟通,做好数据、信息推送、互通。

(六) 合肥市地质灾害防治情况

1. 地质环境状况

合肥地处长江、淮河两大流域的分水岭两侧,属亚热带湿润性季风气候。年降水量1080.8 mm,最大降水量1732.1 mm(1991年),最小降水量558.1 mm(1978年),梅雨显著,6月进,7月出,夏雨集中。合肥总地势南高、北低,地形坡度2%~3%,地形标高10~409 m之间,地貌形态为平原、垄畈起伏的波状平原和丘陵,主要的微地貌单元有高丘、中丘、低丘、河漫滩、河间平地、缓坡地和冲积洪积裙。合肥市地层跨华北地层大区晋冀鲁豫地层区、华南地层大区南秦岭—大别山地层区桐柏—大别山地层分区和华南地层大区扬子地层区。地层出露由老至新主要有:上太古界、下元古界、中元古界、上元古界、下古生界、上古生界、中生界、下第三系和第四系。地层出露由老至新主要有：上太古界（长片麻岩）；元古界（片麻岩、片岩、白云岩、石英岩、千枚岩）；古生界寒武系、奥陶系、志留系、泥盆系、石炭系、二叠系（页岩、灰岩、砂岩、白云岩）；中生界三叠系、侏罗纪、白垩纪（灰岩、砂岩）；下第三系古新统（细砂岩、泥岩）；第四系更新世（粘土、粉质粘土）；全新世（粉细砂、粉质粘土及炭层）。

2. 地质灾害基本情况

合肥市地质灾害的发生具有明显的季节性，主要集中在多雨季节，每年5～9月为地质灾害多发期。截至2023年12月底，合肥市共有地质灾害隐患点44处。按地质灾害类型划分：滑坡14处、崩塌29处、泥石流1处；按险情等级分，均为小型；按分布区域看，市辖区5处、肥西县6处、巢湖市10处、庐江县20处，肥东3处，隐患点多集中在巢湖市及庐江县境内，约占总数的68.18%。地质灾害隐患点共威胁群众64户217人，威胁财产约1431.3万元。2016—2023年共发生地质灾害6起，其中崩塌1起、滑坡5起，直接经济损失约130万元。合肥市地质灾害隐患点不断动态变化，2019年新增隐患点4处，2020年新增隐患点2处；2018年核销隐患点11处，2019年核销隐患点4处，2020年核销隐患点6处，2021年核销隐患点138处，2022年核销隐患点3处，2023年核销隐患点3处。

3. 地质灾害防治情况

（1）调查评价

全面开展地质灾害风险调查评价。以县级行政区为单元，开展全市9个县（市、区）1∶50000地质灾害风险调查评价工作，完成全市地质灾害高、中、低风险区划。调查成果为合肥市各级政府国土空间规划提供了科学依据，推动地质灾害防治由单一隐患点管控向“隐患点＋风险区”双控转变，进一步查明地质灾害风险底数，强化地质灾害风险源头管控，实现地质灾害防治从减少灾害损失向减轻灾害风险转变。按照“横向到边、纵向到底、不留死角”的要求，开展全市地质灾害隐患全面深入排查。通过排查，初步摸清全市地质灾害隐患、农村村民切坡建房、矿山地质灾害及其他人类工程活动引发的地质灾害隐患情况，全面掌握了隐患点动态变化情况和农村村民切坡建房稳定状态，健全隐患点详细台账，制定防灾方案，为各县（市）、区下一步完善防范措施提供依据。完成合肥市重点区域（庐江县龙桥镇）1∶10000地质灾害详细调查，对龙桥镇行政区域内所有地质灾害点进行了逐一排查，查明了各类地质灾害的数量、规模、分布情况及危害情况，对部分灾害点给出了详细的处置措施。对整个龙桥镇行政区域内进行了地质环境调查，基本摸清了地质环境背景和条件，对重点人类工程活动点进行了详细调查。在重要地质灾害隐患点中选取具有较高勘查意义的两处地质灾害点（田埠滑坡和白山中学崩塌）开展勘查工作，通过灾害点的勘查了解坡体的稳定程度及深部可能出现的位移情况，为评价坡体的稳定性提供有关参数。建立健全地质灾害动态巡查排查制度，各地自然资源部门每年均会同相关部门开展隐患点汛前排查、汛中巡查、汛后核查工作，汛期全市各级自然资源管理部门安排专人对辖区内的隐患点进行定期巡查,强降雨期间组织工作组对地质灾害易发区域进行巡查,汛后采取实地抽查和隐患点所在地乡镇政府自查两种形式,对辖区内地质灾害防治工作进行核查。通过"三查",及时掌握了隐患点动态变化情况,夯实防灾基础数据,为各级政府部门决策提供依据。

(2) 监测预警

充分发挥专业队伍监测作用,对城镇、重大工程所在区域等重点区域,结合全市范围内28个地质灾害雨量站点建设,基本实现重点防治区地质灾害专业监测机构建设,完善专业监测队伍的技术支撑,基本构建群测群防与专业监测有机融合的监测网络。全市范围内网格化建设工作全面展开,各县(市)均已发布网格化建设方案,已建成覆盖全市的网格化监测预警网络。完善全市现有地质灾害监测预警系统,在已有的气象预警预报的基础上,完善地质灾害防灾平台、建立地质灾害监测系统、预警预报系统、视频会议系统等。市自然资源和规划局与市气象局签订了气象预警合作协议,2016—2023年,全市共发布地质灾害黄色及以上预警59次,及时避险转移受威胁群众1050户、2985人,发出地质灾害气象风险提示性短信49100人/次。

(3) 搬迁工程

2016—2023年完成搬迁避让26户75人,保护受威胁财产392万元,完成工程治理与搬迁避让相结合3处,保护受威胁群众1户6人,保护受威胁财产40万元。

(4) 治理工程

全面开展地质灾害治理工程,2016—2023年完成工程治理项目35个,保护受威胁群众31户、141人,保护受威胁财产1237.2万元。

(5) 防灾能力建设

一是"三查"期间,对群测群防员进行宣传培训,普及地质灾害防治知识。"十三五"以来,发放"两卡一表"共计1132余份,二是利用每年"4·22世界地球日""5·12防灾减灾日"等宣传日开展丰富多彩的宣传活动,发放地质灾害防治知识宣传材料3600余份。三是加强值班值守制度,合肥市自然资源和规划局每年实行非汛期日常值班及汛期地质灾害防治24小时值班制度,公布值班电话,坚持领导带班,明确工作职责和值班纪律,及时发布预警信息,确保信息畅通。

(6) 信息化建设

合肥市自然资源和规划局成立了合肥市地质灾害防治指挥中心,加强地质灾害信息共享,重点包括对地质灾害防治指挥中心软、硬件设施进行升级改造,布控省、市、县视频会议专网,提高监测预警信息化水平,提升快速响应和调度指挥能力。

（七）滁州市地质灾害防治情况

1. 地质环境状况

滁州市域跨长江、淮河两大流域，主体为长江下游平原区及江淮丘陵地区。滁州市区与来安县、全椒县以及天长市部分地区属于长江流域，明光市、凤阳县和定远县等县属于淮河流域。滁州市为北亚热带湿润季风气候，年平均降水量1035.5 mm，滁州地区近50年平均梅雨期为23天，多从6月中旬入梅，7月中旬出梅。梅雨量平均为227.5 mm，梅雨期日平均雨量为9.9 mm，雨量梅年比约为21.5%，暴雨日数为1.3天，梅雨强度指数为4.0。全市地貌大致可分为丘陵区、岗地区和平原区三大类型，地势西高东低，全市最高峰为南谯区境内的北将军岭，海拔399.2 m，围绕丘陵分布的平台和波状起伏地带，构成岗地区，滁河、淮河沿岸和女山湖、高邮湖的滨湖地带是主要的平原区和圩区。

滁州市在大地构造单元上以郯庐断裂为界，西北部属中朝准地台淮河台坳的蚌埠台拱、淮南陷褶断带和江淮台隆的一部分，东南部属扬子准地台淮阳台隆的张八岭台拱和下扬子台坳的滁河陷褶断带、沿江拱断褶带的一部分，区内褶皱、断裂构造发育。区域地层以郯庐深断裂为界，跨两个地层大区，西北部属华北地层大区晋冀鲁豫地层区徐淮地层分区的淮南地层小区，东南部属华南地层大区扬子地层区的下扬子地层分区。发育有上太古界五河杂岩(Ar_3W)和霍邱杂岩(Ar_3H)；下元古界凤阳群(Pt_1FY)、中元古界张八岭群(Pt_1Z)；上元古界青白口系八公山群(QnZ_1B)以及震旦系泥岩、白云岩和灰岩；古生界寒武系白云岩、灰岩、泥岩和砂岩；奥陶系灰岩、白云岩和岩粉砂质页(泥)岩；中生界侏罗系凝灰岩、角砾凝灰岩、凝灰角砾岩、气孔安山岩、辉石安山岩夹灰黄、灰黑色砾岩、砂岩和页岩；白垩系中细粒岩屑砂岩、粉砂岩和泥岩、新生界第三系砾岩、砂砾岩夹中粗粒砂岩、泥岩、玄武岩夹玄武角砾熔岩、凝灰质泥岩；第四系砂、砂砾石、粉细砂、黏土和粉质黏土。

2. 地质灾害基本情况

滁州市地质灾害类型主要为崩塌、滑坡和地面塌陷，规模均为小型。滁州市地质灾害隐患点数由2016年汛前的74处减少至2020年汛后的57处，2017年增加5处，2018年减少1处，2019年减少16处，2020年减少5处。

2021年新增地灾点3处，核销16处地灾点；2022年新增地灾点2处，核销10处地灾点；2023年新增地灾点0处，核销15处地灾点。截至2023年12月31日，共有地质灾害隐患点21处，其中崩塌12处、滑坡8处、地面塌陷1处，共威胁64户207人，威胁财产1546万元。

3. 地质灾害防治情况

（1）调查评价

2010年前后，完成了市域范围内1:100000地质灾害区划调查，2015年前后，完成了定远县和全椒县1:50000地质灾害调查。2019年在全市范围内开展地质灾害隐患全面深入排查工作，全市排查出村民切坡建房点187处。按照省自然资源厅统一部署安排，2023年全面完成滁州市及8个县（市）区地质灾害风险调查评价工作。

（2）监测预警

充分发挥专业队伍技术优势，强降雨期间或遭遇极端天气，在地质灾害中高易发区的县（区）和重点乡镇至少安排1名专业技术人员驻地提供技术服务，及时研判地质灾害隐患点变化趋势，及时发送预警信息，提前采取各项防范措施。根据省厅统一部署，2022年在狩猎场北西滑坡、姚村滑坡、张洼滑坡和毛桃洼后山滑坡安装了地质灾害普适性监测设备，为人防＋技防提供了保障。市自然资源和规划局与市气象局签订了地质灾害气象预警合作协议，建立地质灾害气象预警预报机制，并安排市局和市地质环境监测站有关人员参与24小时地质灾害应急值班。

（3）搬迁工程

“十三五”期间，实施搬迁避让6处，44户100人彻底摆脱了地质灾害威胁。2021年完成了武怀昌屋后崩塌地灾点1户2人搬迁避让工程；2022年完成了全椒县黄泥河滑坡、南谯区汪郢滑坡、来安县大平顶滑坡三处地质灾害点的搬迁避让工程，其中黄泥河滑坡搬迁避让工程已通过了省厅验收；2023年完成了明光市韩山北路崩塌、凤阳县小独山崩塌搬迁避让工程。

（4）治理工程

“十三五”期间，共投入地质灾害防治资金约1097.4万元，实施地质灾害综合治理工程项目14处，消除崩塌隐患9处，滑坡隐患4处，地面塌陷1处，保护了52人生命安全，避免了362万元财产损失。2021年完成了琅琊区蓄能电站崩塌、南谯区一棵松公路南斜坡、凤阳县鹿塘东北岸崩塌、明光市苗圃路崩塌、明光市吕赵财屋后崩塌5处地灾点治理工程，并通过专家验收，监测一个水文年后核销；2022年琅琊区龙池花园崩塌、南谯区大柳社区桥东组崩塌、全椒县胡庄滑坡、明光市涧溪镇白沙王村小郭山崩塌已治理验收，待观察一至两个水文年后核销；2023年完成了琅琊山风景区欧阳修纪念馆崩塌工程治理，并通过专家验收，监测一个水文年后核销。

（5）防灾能力建设

一是依托省地质环境监测总站（安徽省地质灾害应急技术指导中心）、华东冶金地质勘查局811地质队等专业技术单位，全面提升地质灾害防治专业支撑能力，建立了市级地质灾害防治技术中心，每年均组织10多名地质灾害防治专业技术人员赴重点乡镇驻县包乡，为基层地质灾害防治工作提供有力技术支撑。二是积极开展培训宣传演练工作。“十三五”期间，配合相关部门开展地质灾害应急演练工作15次，参与人数达1020人，开展群测群防员宣传培训54场次，参与人数达2922人，向广大人民群众普及地质灾害防治知识。三是加强值班值守。滁州市自然资源和规划局执行局领导带班、局机关全员行政值班和滁州市地环站、811地质队技术值班的行政、技术双值班制度，明确工作职责和值班纪律，及时发布预警信息，确保信息畅通。四是及时处置灾险情。接到灾险情报告后，市、县(市、区)自然资源和规划局均在第一时间组织地质灾害应急技术指导专家赶赴现场进行指导，认定防灾责任主体、划定危险区范围，并指导除险，“十三五”以来共计开展应急调查17次。

(6) 信息化建设

不断优化地质灾害网格化管理体系，继续推进以县级为单位，乡(镇、街道)、村、国土资源所、专业技术单位“四位一体”协同管理的地灾防治网格化管理体系，实现任务到岗、责任到人、落实到位，确保强降雨期间24小时有人值守、有人监测、有人巡查、有人预警。

(八) 马鞍山市地质灾害防治情况

1. 地质环境状况

马鞍山市地处北亚热带，属亚热带季风性湿润气候。气候特点是四季分明，温暖湿润，季风显著，雨量充沛，区内降水季节性强，时空分布不均，梅雨集中，5～9月降雨约占全年降雨的60%以上。本区位于沿江丘陵平原区，地形起伏较大，地面标高5.4～488.8 m，总体上来说，中部和东南部沿江平原区地势低平，西部和东北部丘陵区地势较高。平原区面积1686 km^2，占比41.71%；低山丘陵区面积1360 km^2，占全市面积的33.65%；圩区及洲滩地996 km^2，占24.64%。马鞍山地层区划属于扬子地层区下扬子地层分区芜湖—安庆地层小区，区内除上太古界、下元古界、中元古界、上元古界青白口系地层缺失外，其余地层均有不同程度的发育。基岩除在丘陵区出露外，其余均被第四系所覆盖；出露的前第四纪地层有上元古界震旦系，下古生界寒武系、奥陶系、志留系，上古生界泥盆系、石炭系、二叠系、中生界三叠系、侏罗系、白垩系及新生界第三系。其中震旦系(岩性主要为安山岩、砂岩、灰岩和白云岩等)；寒武系(岩性主要为白云岩、灰岩和泥岩等)；奥陶系(岩性主要为浅灰、深灰色中厚层灰岩、粗晶灰岩)；志留系(岩性主要为黄绿色细砂岩、粉砂岩及页岩等)；泥盆系(岩性主要为灰白色、褐黄色砂岩)；石炭系(岩性主要为灰色灰岩、灰黄色页岩)；二叠系(岩性主要为页岩、粉砂岩)；三叠系(岩性主要为白云质灰岩、膏溶灰岩、钙质页岩)；侏罗系(岩性主要为长石石英砂岩、安山岩、粗安岩)；白垩系(岩性主要为安山岩、石英安山岩、英安岩)；下第三系(岩性主要为粉砂岩、泥岩等)；上第三系(岩性主要为灰黑色致密及气状橄榄玄武岩夹凝灰质砂砾岩及玄武质集块岩);第四系(岩性主要为粉质黏土、含砾黏土及砂砾石)。

2. 地质灾害基本情况

马鞍山市地质灾害类型主要为滑坡、崩塌、地面塌陷等,点多面广,主要分布在公路切坡沿线、建房切坡处,边坡稳定性差的山区,县、乡公路沿线等区域。每年5～9月为地质灾害多发期,具有明显的季节性。2016年马鞍山市原有地质灾害隐患点62处;2016—2020年新增地质灾害隐患点16处,消除地质灾害隐患点41处;2021年新增0处,核销2处;2022年新增1处,核销12处;2023年新增2处,核销5处。截至2023年12月31日,全市有地质灾害隐患点21处,其中崩塌14处,滑坡4处,地面塌陷3处,危险等级均为小型;稳定程度为8处不稳定,13处基本稳定;共威胁39户112人,威胁财产1190万元。

3. 地质灾害防治情况

(1) 调查评价

马鞍山市深入推进地质灾害调查评价工作,严格执行汛前调查、汛中巡查、汛后核查制度,建立了全市地质灾害隐患点数据库,基本实现了地质灾害的动态监管。马鞍山市先后开展了地质灾害隐患全面深入排查工作,组织开展了全市1:5万地质灾害详细调查工作,查明了辖区内的地质灾害发育情况,夯实了防灾基础数据。截止2023年底,共完成地质灾害危险性评估1600余例。

(2) 监测预警

市自然资源和规划局与市气象局联合印发了《马鞍山市地质灾害气象风险预警工作方案》,联合开展辖区内地质灾害气象风险预警发布等工作,市地质环境监测站作为市局技术支撑单位参与预警产品制作和发布,同时配合市局参与24小时地质灾害应急值班。2022年先后在当涂县百纻山崩塌、含山县吴山村崩塌、雨山区九华三片崩塌等3个重要地质灾害隐患点安装了自动监测预警设备。

(3) 搬迁工程

2023年底,马鞍山市对花山区马鞍山西坡滑坡、经开区乌山嘴滑坡、含山县吴山村滑坡等7处重要地质灾害隐患点实施了搬迁避让工作,共投入资金约2600万元。

(4) 治理工程

2023年底,马鞍山市对含山县东关中学后山滑坡、当涂县大悲庵崩塌、慈湖高新区猫子山崩塌等44处重要地质灾害隐患点实施了工程治理,共投入资金约6000万元。

(5) 防灾能力建设

通过网络、短信、电视等多种信息渠道,多次发布地质灾害气象风险预警通知、预警短信等。每年以“4·22世界地球日”“5·12防灾减灾日”和“6·25全国土地日”为契机，会同市其他部门开展科普宣传，普及地质灾害防治和应急避险的基本常识，介绍防灾减灾的基本知识、有关政策法规和防灾避险与救护技能，累计参与群众达1万余人，发放宣传材料1.5万余份。每年开展1次地质灾害应急演练，约200人参加。平均每年开展2次地质灾害监测人和监测责任人培训，参加培训近500人/次，建立了地质灾害防治工作良好的群众基础，提高了全社会应对地质灾害的能力。

(6) 信息化建设

马鞍山市地质灾害防治工作，建立各项规章制度，使地质灾害防治工作进一步规范化、制度化。建立了地质灾害应急指挥平台，提供地质灾害信息实时查询服务，构建了为全社会服务的地质灾害信息网络。地质灾害防治网格化管理，将地质灾害隐患排查、应急演练、信息报送、应急值守纳入管理范畴，细化网格责任，严格网格责任人、协管员、管理员及专管员日常工作绩效考核，确保地质灾害防治各项措施落实到每一个地质灾害隐患点。建立了市级地质灾害气象风险预警信息平台，健全了地质灾害气象风险预警协调机制。

(九) 铜陵市地质灾害防治情况

1. 地质环境状况

铜陵市属于中亚热带湿润季风气候，地处沿江丘陵平原区，地形复杂多样，平原、丘陵、山地兼有，总体地势东南高、西北低。多年平均降水量1375.9 mm，梅雨多从每年6月进，7月出。铜陵市最高山为三公山，标高674.9 m。丘陵区面积865.97 km^2，占比28.79%；平原区面积2141.88 km^2，占比71.21%。地质构造单元上属于位于扬子陆块下扬子凹陷中的沿江褶断带，属于凹陷中的次级隆起。地层由老到新分别为古生界志留系（泥岩、泥质粉砂岩及石英砂岩）、泥盆系（石英砂岩、粉砂质页岩、砾岩）、石炭系（生物屑泥晶灰岩、细晶灰岩、砂屑灰岩）、二叠系（硅质页岩夹泥晶白云岩、石英砂岩、硅质岩、硅质页岩、灰质白云岩、白云质灰岩）；中生界三叠系（砂岩、粉砂岩、灰岩夹瘤状灰岩、页岩）、侏罗系（凝灰质角砾岩、粗面玄武岩、粗安岩、凝灰岩、细砂岩、粉砂质页岩）、白垩系（粉砂岩、石英砂岩，砾岩、粗面岩、粗面质凝灰岩）及新生界古近系（泥岩、泥质粉砂岩、砾岩、砂岩）、新近系（砂岩、长石石英砂岩）和第四系（黏土、砂砾层、砂土层）。

2. 地质灾害基本情况

2001年查明铜陵市有地质灾害隐患点40处，2002年新增22处，2005年新增3处，2007年新增8处，2008年新增9处，2010年新增7处，2011年新增2处，2012年新增12处，2013年新增2处，2014年新增3处，2016年新增61处，2017年新增3处，2019年新增1处；2007年核销1处，2009年核销20处，2010年核销24处，2011年核销5处，2013年核销58处，2014年核销3处,2015年核销1处,2016年核销1处,2018年核销6处,2019年核销5处,2020年核销9处,2021年核销5处,2022年核销5处。2023年核销6处。截至2023年12月底,全市共有地质灾害隐患点17处,其中:崩塌共4处、滑坡6处,泥石流1处,地面塌陷6处,共威胁150户431人,威胁财产约5106万元。

3. 地质灾害防治情况

(1) 调查评价

2016—2020年完成了铜陵市、枞阳县全域的1:50000地质灾害详细调查;开展了铜陵幅岩溶地面塌陷1:50000综合地质调查;2019年在全市范围内开展地质灾害隐患全面深入排查工作,共查出切坡建房欠稳定点48处,不稳定点13处;2020—2023年完成了铜陵市一县三区地质灾害风险调查评价工作。

(2) 监测预警

市自然资源和规划局与市气象局签订了地质灾害气象预警合作协议,建立地质灾害气象预警预报机制,并安排市局和市地质环境监测站有关人员参与24小时地质灾害应急值班。2018年,义安区五峰山滑坡地质灾害隐患点安装了滑坡预警仪,五峰山滑坡自动化监测内容包括地面位移监测、深部位移监测、地下水浸润线监测和裂缝位移监测;2022年,在枞阳县枞阳镇留庄崩塌、白梅乡山前组滑坡等两处隐患点安装了普适型监测预警设备。

(3)搬迁工程

自2011年始,区内陆续开展搬迁避让工程,至2023年累计搬迁40户139人。

(4) 治理工程

“十三五”以来,共计完成治理工程29个。其中铜官区4处,义安区1处,郊区3处,枞阳县21处。治理完工后通过了相关自然资源主管部门验收,相应的地质灾害隐患点完成了核销工作。

(5) 防灾能力建设

2016年至2023年,在新桥矿岩溶塌陷、将军山滑坡、五峰山滑坡等地质灾害隐患点所在地开展了5场专项应急疏散演练;累计举办地质灾害群测群防员培训班和地质灾害防治知识培训班6场,培训300余人次。

(6) 信息化建设

2020年,铜陵市三区一县均开展了地质灾害网格化管理,并与气象、应急部门积极沟通,与气象部门开展联合预警预报,做好数据、信息推送、互通。

（十）淮南市地质灾害防治情况

1. 地质环境状况

淮南市地处淮北平原与江淮波状平原过渡地带，属于暖温带半湿润季风气候区，多年平均降雨量928 mm，梅雨多从每年6月进，7月出；台风多于每年的7至9月穿境。淮南市丘陵最高242.6 m，丘陵区面积160.46 km^2，占比2.9%；平原区面积5372.54 km^2，占比97.1%。地质构造单元上属于中朝准地台南缘的淮河台坳与江淮台隆的复合部位。地层分区属华北地层大区晋冀鲁豫地层区，徐淮地层分区淮南地层小区，由老到新分别为上太古界霍邱群；元古界青白口系（主要为碎屑岩及碳酸盐岩）、震旦系（主要为碳酸盐岩夹碎屑岩）；古生界寒武系（主要为碳酸盐岩夹碎屑岩）、奥陶系（以碳酸盐岩为主，主要为灰岩、白云质灰岩）、石炭系（主要为生物碎屑灰岩、粉砂岩和铝质泥岩互层夹煤线等）、二叠系（主要为砂岩、泥岩和煤等，属煤系地层）；中生界三叠系（主要为砂岩、泥岩和页岩等）、白垩系（主要为泥岩、砂岩和砂砾岩等）及新生界新近系（主要为砂岩、砾岩和泥岩等）和第四系（主要为黏土、粉质黏土和细砂等）。

2. 地质灾害基本情况

2021年（“十四五”规划初始年）查明淮南市有地质灾害隐患点18处，2021年核销1处，2022年核销1处，2023年核销2处。截至2023年年底，共有地质灾害隐患点14处，按灾害类型：崩塌7处、滑坡3处、岩溶塌陷4处；按危险等级：中型点1处（岩溶塌陷），小型点15处；按区域统计，凤台县崩塌3处、滑坡1处；寿县崩塌2处、滑坡2处；谢家集崩塌1处、岩溶塌陷1处；八公山区崩塌1处、岩溶塌陷3处，共威胁96户359人，威胁财产约2735万元。

3. 地质灾害防治情况

（1）调查评价

淮南市于2016—2018年先后完成了古沟集幅、九龙岗幅、寿县幅3个图幅1:50000岩溶地面塌陷调查工作；2017年完成了安徽省凤台县（含淮南市）1:50000地质灾害调查工作；2018年完成土坝孜岩溶塌陷地质灾害勘查工作；2019年完成大瓜地岩溶塌陷地质灾害勘查工作。2023年完成7个县区1:50000地质灾害风险调查评价工作。

（2）监测预警

在凤台县放牛山滑坡、凤台县山口村3#崩塌、寿县西套山滑坡1#、八公山区土坝孜岩溶塌陷及八公山地质公园二十四节气广场崩塌等5处地质灾害隐患点安装了普适性监测预警设备。普适性监测预警设备主要为地下水动态监测设备、裂缝仪、自动雨量计及预警广播等。市自然资源和规划局和市气象局签订了气象预警合作协议,在气象预警预报的基础上,进一步整合气象监测资源,建立地质灾害气象预警预报机制,并安排市自然资源和规划局及市地质环境监测站有关人员参与24小时地质灾害应急值班。

(3) 搬迁避让

2016年土坝孜统建楼发生岩溶塌陷时,当地人民政府立即启动应急预案,转移避让36户102人;在2020年土坝孜岩溶塌陷复发时,当地人民政府紧急避险搬迁8户18人。

(4) 工程治理

“十四五”以来共计完成治理工程4处,其中大通区2处、凤台县2处。2021年大通区上窑村崩塌、2022年大通区垃圾站崩塌、2023年凤台县山口村2#、烟墩山崩塌完成治理工程。以上4处地质灾害隐患点治理竣工后通过了自然资源主管部门验收,同时完成了地质灾害隐患点核销工作。

(5) 防灾能力建设

建立各级地质灾害防治体系和应急机制,完善了市、县(区)、乡镇(街道)、村(组)、村民五级群测群防工作机制。2021年成立了淮南市地质灾害防治指挥部,2022年组建了淮南市地质灾害防治专家组,同时依托地质灾害防治技术单位完善了技术支撑机构,提升了地质灾害防治专业技术水平和公共服务能力。“十四五”以来利用“4·22世界地球日”、“5·12防灾减灾日”、“行风热线”广播栏目等发放地质灾害宣传材料万余份,提供12次技术咨询;开展地质灾害防治培训4次;实施地质灾害防治演练3次。

(6) 信息化建设

根据年度地质灾害汛前排查、汛中巡查、汛后核查等工作及时更新地质灾害隐患点数据库;通过安徽省地质环境业务平台系统及时校核更新地质灾害隐患点基础信息。2015年原淮南市国土资源局与淮南市气象局签订联合开展地质灾害风险预警信息发布合作协议,在双方建立共享机制的前提下,通过预警信息平台发布地质灾害预警信息。

(十一) 芜湖市地质灾害防治情况

1. 地质环境状况

芜湖市地处沿江丘陵平原,属于北亚热带湿润季风气候区,气候温暖湿润,四季分明,雨量充沛,梅雨显著,日照充足,无霜期长。多年平均降雨量1198.1 mm,其中6月15日~7月15日为梅雨期。根据地貌形态,结合海拔高度,芜湖市地貌类型可划分为低山、丘陵、平原三种,标高6~558 m,以平原为主,占总面积的49.8%,丘陵占26.7%,低山占23.5%。地质构造单元上位于扬子准地台、下扬子台拗、沿江拱断裙带大地构造单元。地层由老到新分别为上太古界二叠系灰岩、页岩硅质岩；中生界三叠系灰岩、页岩、角砾岩及砂岩，侏罗系砂岩、石英砂岩、安山岩、角砾岩、流纹岩、凝灰岩及泥岩，白垩系砾岩、砂砾岩及粉砂岩；新生界第三系泥岩、粉砂质泥岩、粉砂岩、石英砂岩及砾岩；第四纪上更新统黏土、亚黏土及第四纪全新统亚黏土、黏土及粉细砂。

2. 地质灾害基本情况

芜湖市发育的地质灾害主要灾种包括崩塌、地面塌陷等。

近年来，芜湖市自然资源和规划局积极发挥职能部门作用，地质灾害综合治理工作干在实处、走在前列。为从根本上消除地质灾害隐患，提出全面“清零”在册地质灾害隐患点的工作目标。同时，本着隐患点“清零不清责任”的原则，对新增地质灾害隐患点做到“随发现、随治理”，及时消除隐患。2020年至今，共计投入地质灾害综合治理资金6187万元，累计实施地质灾害隐患点综合治理41处，共计消除1083户1465人生命威胁。

截至2023年汛后，芜湖市现有地质灾害隐患点4处，包括崩塌2处、地面塌陷2处，其中南陵县4处，共威胁5户12人，威胁财产约95万元，全部为小型点。

3. 地质灾害防治情况

（1）调查评价

每年开展地质灾害汛前排查、汛中巡查、汛后核查等工作。根据省自然资源厅工作部署，2019年开展了切坡建房隐患大排查，基本查明切坡建房风险点分布情况，为地质灾害防治管理提供决策依据。完成了1:50000芜湖市城市地质调查，进行了突发性地质灾害和特殊土等城市地质环境评价与适宜性分区，提出了环境地质问题防治对策建议。2020—2023年，芜湖市陆续开展了7个县（市、区）1:50000万地质灾害风险调查工作。

（2）监测预警

地质灾害防治网格化管理实现全覆盖，并逐步由群测群防向专群结合转变。建立了地质灾害信息采集与动态监测系统、信息系统及预警指挥系统。各县（市、区）组织专业技术人员进行调查评价、监测预警等工作，及时掌握地质灾害隐患点动态变化趋势。每年汛期开展地质灾害风险预报预警，采用短信、广播等方式，通过省、市、县三级平台进行地质灾害风险预警，有效保障了人民群众的生命和财产安全。

（3）搬迁工程

“十三五”期间，芜湖市投入资金11993万元，采用工程治理、搬迁避让等措施，消除地质灾害隐患点89处，其中搬迁避让消除隐患点37处。

（4）治理工程

“十三五”期间，采用工程治理消除隐患点35处，通过排危除险、确定责任主体等其他措施消除隐患点17处。保护受威胁群众268户966人,保护受威胁财产3088万元。

(5)防灾能力建设

“十三五”期间,各市、县(区)地质环境管理职能基本到位,地质灾害防治法规得到进一步落实,相应的规章制度进一步完善。建立了市、县(区)两级地质灾害防治行政管理体系,市、县(区)均成立了由分管市长、县(区)长为组长,相关部门参加的地质灾害防治工作领导小组,建立了灾情速报、汛期三查、汛期值班、向受地质灾害威胁居民发放避险明白卡等具体制度。落实了地质灾害属地责任,明确地质灾害防治任务和分工,提升了地质灾害防治管理水平,地质灾害防治已初步走向法治化、规范化道路。“十三五”期间,共组织地质灾害防治知识培训5次,共450余人参加;应急演练3次,共340余人参加;利用“4·22世界地球日”“5·12防灾减灾日”等宣传日举行宣传活动并发放相关宣传材料6000余册,基层地质灾害防治组织管理、技术支持和临灾避险能力进一步提升。专业技术人员驻地并提供技术服务,协助开展趋势预测、巡查排查、监测预警等防灾工作,协助应对突发地质灾害。

(6)信息化建设

智慧防灾稳步推进,信息化服务功能日趋完善。建立完善了地质灾害隐患点数据库,初步实现地质灾害信息管理、监测预警和指挥调度信息化。开发完善了芜湖市地质灾害监测预警移动端APP,满足管理人员、技术人员及地质灾害隐患点监测人员日常监管需要。

(十二)蚌埠市地质灾害防治情况

1. 地质环境状况

蚌埠市属亚热带湿润到暖温带半湿润季风气候的过渡地带,气候温和、四季分明、降水适中、光照充足、无霜期长、季风显著,冬夏长、春秋短,冬季干旱、夏季炎热多雨。降水、气温在年际、年内变化较大。多年平均降水量903.2 mm,强降水的分布时段多集中在每年的6~8月份,占年降水量的60%左右,11月至次年2月降水量仅占全年的10%左右。区内地形总体趋势是南高北低。以淮河为界,淮河以北属淮北平原,地形平坦开阔,由西北倾向东南,坡降万分之一左右,地面标高15~20 m。蚌埠市丘陵海拔50~300 m,最高点涂山海拔338.7 m,丘陵区面积629.80 km^2,占比10.58%;平原区面积4903.20 km^2,占比82.40%;水域面积417.89 km^2,占比7.02%。蚌埠在大地构造的分区上,位于中华北陆块南缘徐淮地块,地跨淮北断褶、蚌埠隆起和淮南褶断带三个构造单元。地层属华北地层区,由老到新分别为上太古界六河群;下元古界凤阳群;上古生界青白口系、震旦系;古生界寒武系、奥陶系、石炭系、二叠系;中生界三叠系、侏罗系、白垩系及新生界第三系、第四系。基岩主要出露于淮河以南,淮河以北有零星露头。地层岩性,晚太古界为变质岩,震旦系、寒武系为碳酸盐岩夹碎屑岩,奥陶系以碳酸盐岩为主,余皆以碎屑岩为主。新生界松散沉积物广布全区。第三系隐伏于第四系之下，分布于淮河两岸，下第三系以碎屑岩为主；上第三系岩性以黏土及厚层中、粗砂层为主。第四系淮河以南厚0～40 m，淮河以北增至80 m，最厚处达135 m。下更新统地表未见露头，厚度小于70 m，岩性为亚黏土及粉细砂；中更新统在淮河以南广泛分布，岩性为亚黏土夹细、中砂；上更新统及全新统广泛出露地表，厚20～40 m，岩性为亚黏土夹粉细砂；全新统分布在近河地带，岩性为亚砂土，远河地带为亚黏土、亚砂土互层。成因类型主要为冲积、冲湖积、坡洪积和残坡积。

2. 地质灾害基本情况

根据2009年、2010年地质灾害排查、再排查结果，结合蚌埠市辖区、五河县、怀远县地质灾害调查与区划报告，全市共设立地质灾害隐患点43处。2013年核销28处，将4处不稳定斜坡灾害点并为1处，2015年核销3处，2016年核销1处，2017年核销3处，2018年核销1处，2019年新增6处、核销4处，2021年新增1处、核销1处，2022年新增0处、核销0处。2023年新增3处，核销0处。截至2023年12月底，蚌埠市共有地质灾害隐患点9处，均为小型崩塌地质灾害隐患点，其中怀远县6处，市辖区3处，威胁10户33人，威胁财产约742万元。

3. 地质灾害防治情况

（1）调查评价

开展汛前排查、汛中巡查、汛后核查工作，认真制定年度地质灾害防治方案，完善制度建设。2021年蚌埠市对辖区内三县四区开展地质灾害风险调查项目，共动用专项资金435万元，其中部级资金185万元，省级资金250万元。

（2）监测预警

“十三五”期间，通过市级平台共发布地质灾害黄色以上预警30余次，预警信息通过短信、网站、传真、电视节目等多种途径对外发布，有效保障了人民群众的生命和财产安全。地质灾害防治实现了全覆盖的网格化管理，并逐步由群测群防向专业技术人员的群专结合转变，各县（区）地质灾害易发区均指派专业技术人员进行调查评价、监测预警等工作，以便及时掌握地质灾害隐患点的动态变化趋势。2020年，蚌埠市自然资源和规划局与市气象局签订合作协议框架，在气象预警预报的基础上，进一步整合气象部门雨量监测资源，建立地质灾害气象预警预报机制，并安排市自然资源和规划局及市地质环境监测站有关人员参与24小时地质灾害应急值班。

（3）搬迁工程

“十三五”以来，未实施地质灾害搬迁工程。

（4）治理工程

“十三五”以来，共完成地质灾害隐患点治理2处，分别为怀远县进山路西巷崩塌和怀远县城关镇健康路北首2-1崩塌。进山路西巷崩塌治理项目于2015年施工，2016年通过专家验收并报省厅对该点予以核销。怀远县城关镇健康路北首2-1崩塌治理实施时间为2019年3月20日至2019年10月22日，于2021年通过专家验收，后报省厅对该点予以核销。

(5) 防灾能力建设

科学制定避险转移预案，发放“两卡一表”。严格按照地质灾害网格化管理要求，每处地质灾害隐患点都编制防灾避险转移预案，建有预案表、防灾工作明白卡和避险明白卡，明确了预定避灾地点、报警信号，组建了抢排险、治安保卫和医疗救护小组，并确定监测责任单位、相关责任人和联系方式。建有执行值班值守、领导带班制度并建立速报月报制度，及时汇总上报灾情险情信息。在2018年建立了蚌埠市地质灾害防治群，成员涵盖市、县(区)自然资源分管领导、自然资源所和所有地质灾害防治相关人员，群内实行汛期每日地质灾害险情、灾情零报告制。制定考核办法，优化地质灾害防治网格化管理体系。做好技术支撑，落实易发区和重点乡镇技术人员驻地服务。

(6) 信息化建设

建立了全市地质灾害隐患点动态数据库及地质灾害大数据管理平台；建有以县级为单位，乡(镇、街道)、村、国土资源所、专业技术单位“四位一体、网格管理、区域联防、绩效考核”的地质灾害防治网格化管理体系；依托省级地质灾害信息管理平台，建立市、县地质灾害信息管理系统，建设地质灾害隐患点全息数据库，实现市、县地质灾害信息管理的互联互通，实行地质灾害防治全流程信息化管理，实现地质灾害调查评价、监测预警、工程治理、搬迁避让和灾险情信息等“一张图”管理，为管理人员提供决策支撑服务，为技术人员提供技术指导服务，为群测群防人员和受威胁群众推送预报预警信息，为社会公众提供信息查询和地质灾害危险路段提醒服务。

(十三) 宿州市地质灾害防治情况

1. 地质环境状况

宿州市地处淮北平原中部，属于暖温带半湿润季风气候区，多年平均降雨量865 mm，梅雨多从每年6月进，7月出。宿州市低山区内最高峰馒顶山海拔标高387.7 m，低山区面积204.74 km^2，占比2.06%；丘陵区面积402.53 km^2，占比4.05%；平原区面积9331.73 km^2，占比93.89%。

地质构造单元上属中朝准地台淮河台坳，区内地层由老至新发育有上元古界青白口系(石英砂岩、钙质页岩)、震旦系(灰岩、白云岩、砂岩)；下古生界寒武系(灰岩、白云岩、页岩)、奥陶系(灰岩、白云岩、白云质灰岩)；上古生界石炭系(砂岩、泥岩、页岩、灰岩、粉砂岩、砂质页岩、含煤层)、二叠系(砂岩、砂质页岩、泥岩、粉砂岩)；中生界三叠系(长石石英砂岩、泥岩、粉砂岩、钙质泥岩)、侏罗系(砂质页岩、粉砂岩、安山岩凝灰质砂岩安山质角砾岩粗凝灰岩)、白垩系(砂质泥岩、粉砂岩、细砂岩、含砾砂岩、粉砂质泥岩);新生界古近系(泥岩、砾岩、砂砾岩、砂岩、砂质页岩)、新近系(泥岩、泥灰岩、半胶结砂、砂砾石含石膏)、第四系(粉质粘土、粘土、粉细砂、粉土)。

2. 地质灾害基本情况

宿州市地质灾害主要为突发性地质灾害和缓变性地质灾害。2018年地质灾害隐患点2处,于2018年12月完成工程治理任务,均已通过验收并核销;2019年新增4处,2021年核销1处,2022年无新增核销点。截至2023年12月底,全市共有地质灾害隐患点3处,均位于萧县皇藏峪风景区,均为崩塌隐患点,规模为小型,威胁对象主要为游客和景区管理人员,共威胁24人,威胁财产约1200万元。

3. 地质灾害防治情况

(1) 调查评价

每年开展汛前排查、汛中巡查、汛后核查工作,认真制定年度地质灾害防治方案,完善制度建设;2008年开展砀山县、萧县、泗县、灵璧县、埇桥区地质灾害调查与区划工作;2017年开展宿州市地面沉降调查监测,完成宿州市地面沉降控制区范围划定工作;2019年在全市范围内开展地质灾害隐患全面深入排查工作,共查出切坡建房危险户13户。2023年完成宿州市四县一区地质灾害风险调查评价(1:50000),未发现新增地质灾害隐患点。

(2) 监测预警

① 现有地质灾害隐患点监测预警工作:皇藏峪风景区管委会已完成皇藏洞、三仙洞和美人洞三处崩塌隐患点附近4条栈道改道工作,并安装拉绳式裂缝计20个、崩塌计20个等辅助部件用于监测预警,对地质灾害隐患点位移及应变实现实时监测。② 地面沉降监测工作:已完成地面沉降划定、地面沉降防治规划的编制工作,初步建立了地面沉降监测网络,现有地面沉降地下水监测孔6眼,光纤孔2眼,基岩标1个,二等以上水准点17个。其中,地下水监测孔已全部安装自计水位仪,进行实时水位监测。光纤孔2眼分布在埇桥区、砀山县。2019—2022年连续四年开展埇桥区、砀山县分布式光纤地面沉降监测孔监测数据采集、综合分析并提交数据分析报告。③ 市自然资源和规划局和市气象局签订合作协议,在气象预警预报的基础上,进一步整合气象部门雨量监测资源,建立地质灾害气象预警预报机制,并安排市自然资源和规划局及市地质环境监测站有关人员参与24小时地质灾害应急值班。

(3) 搬迁工程

“十三五”以来无搬迁工程。

(4) 治理工程

“十三五”以来共计完成治理工程2个,分别为灵璧县朝阳镇母猪山崩塌地质灾害隐患点和萧县永堌镇马庄村石水牛山崩塌地质灾害隐患点,均于2018年治理完工,通过市县自然资源主管部门验收,并完成了地质灾害隐患点核销工作。

(5) 防灾能力建设

宿州市持续加强地质灾害防治知识的宣传及培训,增强防灾意识。以“4·22世界地球日”“5·12防灾减灾日”“6·25全国土地日”等为契机,利用发放宣传手册、设立宣传咨询台、校园讲座等形式,开展地质灾害防治宣传,增强了群众防灾意识和识别地质灾害的能力。2018年至今,开展集中宣传17场,发放宣传材料3000余份,开展地灾知识培训3次,开展地质灾害突发应急演练(桌面推演)2次。依托地质灾害防治专业技术单位成立宿州市地质灾害防治中心和宿州市地质灾害应急技术指导中心,提升了地质灾害防治专业技术水平和公共服务能力。

(6) 信息化建设

宿州市地质灾害隐患点基础数据信息全部建档入库,并根据每年度地质灾害调查结果及时更新。

(十四) 亳州市地质灾害防治情况

1. 地质环境状况

亳州市地处淮北平原,属于暖温带半湿润季风气候区,多年平均降雨量829.1 mm,无梅雨期;台风较少。亳州市地势总体平坦,西北高,向东南微倾斜,地面标高一般21.8~42.5 m,东北部局部残丘处最高海拔达105.31 m(涡阳龙山),地层由老到新主要有震旦系的石英砂岩夹砂质灰岩,寒武系、奥陶系的碳酸盐岩及石炭系、二叠系的砂、页岩、煤层等;新生代地层主要为下第三系砂岩、粉砂岩、泥岩及上第三系和第四系松散砂层和黏性土层。

2. 地质灾害基本情况

亳州市是安徽省地质灾害较少地区,最早2010年查明地质灾害隐患点32处,2013年核销9处,2014年核销1处,2015年新增1处,2016年核销10处,2017年核销2处,2018年核销6处,2019年核销2处,2020年核销1处,2022年核销0处,2023年新增1处。截至2023年底,全市共有地质灾害隐患点3处。其中:崩塌2处、地面沉降1处,威胁财产约646万元。

3. 地质灾害防治情况

（1）调查评价

亳州市于2007年编制了“亳州市1:50000地质灾害调查与区划（市级）”；2017年完成了“亳州市地面沉降控制区范围划定”工作；2019年在全市范围内开展地质灾害隐患全面深入排查工作，未发现切坡建房危险点。

（2）监测预警

2020年开展了为期三年的“亳州市地面沉降调查监测（2020—2022年）”项目；2022年完成了“亳州市地面沉降InSAR遥感”项目。市自然资源和规划局和市气象局签订合作协议，在气象预警预报的基础上，进一步整合气象部门雨量监测资源，建立地质灾害气象预警预报机制，并安排市自然资源和规划局及市地质环境监测站有关人员参与24小时地质灾害应急值班。

（3）搬迁工程

“十三五”以来无搬迁工程。

（4）治理工程

“十三五”以来共计完成地质灾害治理工程2个，其中蒙城县1个，涡阳县1个。蒙城县马虎山崩塌于2017年治理完工，涡阳县石弓山耿楼取土坑崩塌2019年治理完工。治理完工后通过了相关自然资源主管部门验收，并完成了地质灾害隐患点核销工作。

（5）防灾能力建设

为做好亳州市地质灾害防治工作，成立了市级地质灾害防治专家队伍，制定地质灾害防治方案、汛期地质灾害防治值班通知等文件。根据时间节点，及时开展汛前排查、汛中巡查、汛后核查，严格落实雨前排查、雨中巡查、雨后核查等工作。“十三五”以来集中组织宣传培训10场，培训人数300余人，发放地质灾害防灾工作明白卡、避险明白卡、预案表50份；每年均组织开展地质灾害应急预案演练；举办进校园科普知识讲座3场次，参与讲座人员300余人。借助“4·22世界地球日”“5·12防灾减灾日”等特殊时间节点，开展地质灾害防治科普宣传，旨在增强群众的防灾减灾意识，提升识灾、辨灾、自救、互救能力。发放宣传材料2000余份，接受现场咨询280余人次，发送公益短信9.7万余条。

（6）信息化建设

依托省地质环境信息平台进行地质灾害隐患点管理；完成了市、县地质灾害风险调查评价数据库建设。

(十五)阜阳市地质灾害防治情况

1. 地质环境状况

阜阳市位于黄淮海平原南端,淮北平原西部,安徽省西北部;位于暖温带南缘,属暖温带半湿润季风气候,季风明显,四季分明,气候温和,雨量适中。由于阜阳地区南临淮河,而淮河以南属北亚热带湿润季风气候,因此阜阳地区气候具有以暖温带向北亚热带渐变的过渡带气候特征。阜阳市大地构造单元属中朝准地台华北坳陷南端,新构造分区属豫皖断块区,处于周口凹陷和淮河台坳区内。地层岩性由老到新分别为上太古界霍邱群斜长片麻岩,角闪黑云变粒岩,斜长角闪片岩,夹混合岩、五河群片麻岩、大理岩、变流纹岩;古生界寒武系灰岩、砂岩、泥岩、钙质泥岩、白云质灰岩等、奥陶系灰岩、钙质页岩、砂岩、二叠系泥岩、粉砂岩、砂砾岩;中生界三叠系石英砂岩、泥岩夹含砾砂岩、白垩系砾岩、粉砂质泥岩、砂砾岩;新生界第三系砾岩、砂岩、泥岩等;第四系细砂、粉砂、粉土、粉质粘土等。

2. 地质灾害基本情况

阜阳市地质灾害单一,分布有地质灾害1处,为地面沉降,属于缓变性地质灾害,威胁财产约23000万元。

3. 地质灾害防治情况

(1)调查评价

2013年,阜阳市实施了阜阳市城市地质调查,投入760万元;2015年,阜阳市实施了阜阳市地面沉降调查与监测,投入393万元;2017年,阜阳市实施了阜阳市地面沉降区域划定,投入805万元;2019年,阜阳市开展了全市范围内大的切坡建房隐患大调查,未发现地质灾害问题;2019年,阜阳市编制了《阜阳市地质灾害防治规划(2019—2025年)》。

(2)监测预警

2020年,开展了阜阳市地面沉降骨干监测网(一期基岩标)建设,省自然资源厅投入533.6万元;2021年开展了地面沉降基地、监测设施和信息化一体建设,阜阳市自筹资金投资2800万元;2022年,开展了阜阳市地面沉降骨干监测网(二期基岩标)建设,省自然资源厅投入2000多万元,自2020—2023年阜阳市开展了每年的INSAR和部分的地面沉降测量工作。。

(3)搬迁工程

“十三五”以来无搬迁工程。

(4)治理工程

“十三五”以来无治理工程。

(5) 防灾能力建设

“十三五”以来建立并完善了各级地质灾害防治体系和应急机制，完善了市、县(区)、乡镇(街道)、村(组)、村民五级群测群防工作机制。2020年，编制了阜阳市地面沉降防治工作方案，定期开展地面沉降联席会议，成立地质灾害防治工作领导小组。2021年，依托地质灾害防治专业技术单位完善了地质灾害应急机构，提升了地质灾害防治专业技术水平和公共服务能力。

(6) 信息化建设

根据年度地质灾害汛前调查、汛后核查等工作及时更新地质灾害隐患点数据库；阜阳市自然资源和规划局正在建设信息平台。

(十六) 淮北市地质灾害防治情况

1. 地质环境状况

淮北市地处温暖带半湿润季风气候区，属北方大陆性气候区与湿润性气候区的过渡地带，夏季高温多雨，冬季寒冷干燥。多年平均降雨量为982.34 mm，多年最大降雨量为1441.4 mm，最小为502.4 mm，多年平均蒸发量为1077.4 mm，多年平均相对湿度为70.49%，梅雨多从每年6月进，8月出。最高山峰老龙脊海拔362.9 m，丘陵地带面积386.5 km^2；平原区面积2354.5 km^2占比85%。

淮北市范围内所处大地构造单元，属中朝准地台淮河台坳淮北陷褶断带宿州凹断褶束。境内地层隶属华北地层区淮河地层分区中的淮北小区，为标准的北相地层。按地层时代，由老至新为上古元界、古生界、新生界、缺失中生界。上古元界：震旦系岩性以砂质、泥质灰岩、灰质白云岩、白云岩为主，产叠层石及各种藻类化石。古生界：境内古生代地层除缺失泥盆系、志留系、奥陶系上统、石炭系下统外，其余地层均存在。由老至新分别为寒武系、奥陶系、石炭系、二叠系。寒武系岩性均系滨海相碎屑岩、浅海相碳酸盐沉积；奥陶系仅发育其下统及中统部分，下统岩性有钙质页岩、白云质灰岩、灰岩、含硅质结核灰岩、豹皮状白云质灰岩等，中统岩性为灰质白云岩夹薄层灰岩；境内奥陶系的古风化壳上仅沉积了石炭系上统，下部岩性为钙铝质黏土岩，含灰岩一层、赤铁矿结核及夹铝土页岩，上部岩性为灰岩、砂岩、泥岩、炭质泥岩、薄煤层3～11层；二叠系岩性主要为砂岩、粉砂岩、泥岩互层，是境内主要的含煤地层。新生界：下第三系岩性为砖红色和浅灰色砾岩、砂岩、砂质页岩、泥岩，局部夹薄层石膏；第四系岩性主要为黏土、粉土、粉质黏土、砂土。

2. 地质灾害基本情况

淮北市(截至2023年汛后)无地质灾害隐患点。

3. 地质灾害防治情况

(1) 调查评价

淮北市于2018—2023年在全市范围内开展地质灾害隐患全面深入排查工作,根据地质环境条件及地质灾害发生规律和特点分析,汛前调查主要对原有地质灾害隐患点及全市防范的重点区域进行调查。调查过程中采取调查为主、走访询问为辅的方法,利用无人机航拍、卫星影像投影等多种新技术手段,充分掌握调查点的基础信息,结合淮北市三区一县1:50000地质灾害风险调查成果,以及各县区局开展的野外调查,形成了调查成果,市局会同省地质环境监测总站淮北站对调查结果进行了研判。根据调查结果,2018—2023年汛后全市未发生崩塌滑坡等突发性地质灾害,无重大地质灾害隐患点。

(2) 监测预警

2023年度淮北自然资源和规划局为做好地质灾害防治工作,与市气象局形成了会商机制,并安排市局和市站有关人员参与24小时地质灾害应急值班。进入汛期后,市局与气象局密切配合,建立地质灾害气象预警预报及监测信息网络,采取电话、电视、传真、手机等方式,及时传达气象预警预报信息,做好重要地质灾害隐患点的监测和预警预报工作,保证信息畅通。2023年度淮北市未发生地质灾害,未发布地质灾害气象预警。

(3) 搬迁工程

“十三五”以来无搬迁工程。

(4) 治理工程

“十三五”以来无治理工程。

(5) 防灾能力建设

借助“4·22世界地球日”“5·12防灾减灾日”“6·16安全咨询日”等特殊时间节点,在市区举行了地质灾害防治宣传咨询活动。通过设置地质灾害防治展板、发放应急避险手册以及和群众交流互动等方式向社会公众和从业人员宣传淮北市地质灾害基本概况、地质灾害防治及应急避险知识。依托省地质环境监测总站淮北站及省地矿局325队技术力量,为淮北市地灾防治提供了技术支撑。在重点防范期内,对本行政区域内的地质灾害易发区的城镇、学校、居民点、交通干线、旅游景区、重要工程等进行巡查,因地制宜,采取防治措施。

(6) 信息化建设

根据年度地质灾害汛前调查、汛后核查等工作及时上报地质灾害隐患点基础信息,及时更新安徽省地质灾害监测预警平台数据库。